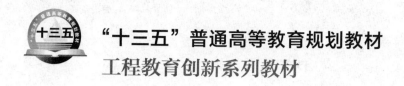

"十三五"普通高等教育规划教材

工程教育创新系列教材

单片机应用开发技术

——基于 Proteus 单片机仿真和 C 语言编程

第二版

主　编　瓮嘉民

副主编　宋东亚　仝战营　徐忠根　张国栋

编　写　段朝伟　李　昊　李小魁　李富强

主　审　于军琪

U0317161

中国电力出版社

CHINA ELECTRIC POWER PRESS

内 容 提 要

本书为"十三五"普通高等教育规划教材，工程教育创新系列教材。

本书首先介绍了单片机开发软件 Proteus7.10 和 Keil μVison 4.0 快速入门及其联调；然后以 AT89S51 单片机为主体，通过大量实例介绍了单片机开发软硬件知识、常用接口技术和典型芯片的应用等；并针对单片机初学者编程普遍存在的不规范问题，介绍嵌入式编程规则和思想及状态机建模方法。书中所有例子均采用 C 语言编程，大部分例子采用 Proteus 进行仿真，使单片机课堂教学可视化；同时提供项目案例的实物制作方法，使读者真正做到理论和实践相结合，在动手实践中掌握单片机开发的基本方法和技能。本书在重点章节设置了二维码，读者可扫描观看相关教学视频。

本书在编写时力求通俗、易懂，硬件原理讲解以"有用、够用、实用"为原则，内容讲解以实战为特色，配套有电子教案、习题答案、例程 Proteus 仿真、项目案例及其微课视频。

本书可作为普通高等院校电子、电气、通信、自动化、机电一体化等工科专业本专科教材，也可供电子工程、自动化技术人员和单片机爱好者参考。

图书在版编目（CIP）数据

单片机应用开发技术：基于 Proteus 单片机仿真和 C 语言编程/瓮嘉民主编 . —2 版 . —北京：中国电力出版社，2018.8

"十三五"普通高等教育规划教材

ISBN 978 - 7 - 5198 - 2224 - 8

Ⅰ.①单… Ⅱ.①瓮… Ⅲ.①单片微型计算机－系统仿真－应用软件－高等学校－教材 ②C 语言－程序设计－高等学校－教材 Ⅳ.①TP368.1②TP312.8

中国版本图书馆 CIP 数据核字（2018）第 161358 号

出版发行：中国电力出版社
地　　址：北京市东城区北京站西街 19 号（邮政编码 100005）
网　　址：http://www.cepp.sgcc.com.cn
责任编辑：乔　莉（010-63412535）
责任校对：黄　蓓　李　楠
装帧设计：王英磊　赵姗姗
责任印制：吴　迪

印　　刷：北京雁林吉兆印刷有限公司
版　　次：2010 年 2 月第一版　2018 年 8 月第二版
印　　次：2018 年 8 月北京第三次印刷
开　　本：787 毫米×1092 毫米　16 开本
印　　张：17.5
字　　数：426 千字
定　　价：43.00 元

序

近年来，计算机、通信、智能控制等前沿技术的日新月异给高等教育的发展注入了新活力，也带来了新挑战。而随着中国工程教育正式加入《华盛顿协议》，高等学校工程教育和人才培养模式开始了新一轮的变革。高校教材，作为教学改革成果和教学经验的结晶，也必须与时俱进、开拓创新，在内容质量和出版质量上有新的突破。

教育部高等学校自动化类专业教学指导委员会按照教育部的要求，致力于制定专业规范和教学质量标准，组织师资培训、大学生创新活动、教学研讨和信息交流等工作，并且重视与出版社合作编著、审核和推荐高水平的自动化类专业课程教材，特别是"计算机控制技术""自动检测技术与传感器""单片机原理及应用""过程控制""检测与转换技术"等一系列自动化类专业核心课程教材和重要专业课程教材。

因此，2014年教育部自动化类专业教学指导委员会与中国电力出版社合作，成立了自动化专业工程教育创新课程研究与教材建设委员会，并在多轮委员会讨论后，确定了"十三五"普通高等教育本科规划教材（工程教育创新系列）的组织、编写和出版工作。这套教材主要适用于以教学为主的工程型院校及应用技术型院校电气类专业的师生，按照中国工程教育认证标准和自动化类专业教学质量国家标准的要求编排内容，参照电网、化工、石油、煤矿、设备制造等一般企业对毕业生素质的实际需求选材，围绕"实、新、精、宽、全"的主旨来编写，力图引起学生学习、探索的兴趣，帮助其建立起完整的工程理论体系，引导其使用工程理念思考，培养其解决复杂工程问题的能力。

优秀的专业教材是培养高质量人才的基本保证之一。这批教材的尝试是大胆和富有创造力的，参与讨论、编写和审阅的专家和老师们均贡献出了自己的聪明才智和经验知识，也希望最终的呈现效果能令大家耳目一新，实现宜教易学。

前　言

随着"互联网＋"和现代电子信息技术的发展，单片机在工业控制、生产自动化、航空航天、通信导航、汽车电子、家用电器等领域，得到了广泛的应用。

修订的内容主要有：

（1）针对单片机初学者编程普遍存在的不规范问题，增加了单片机程序编写的规则和状态机建模方法。

（2）为适应模块化、项目化教学的要求，精心挑选了18个单片机典型系统项目案例进行分析。

（3）增加了通过扫描二维码观看相关教学视频的微课。

本书主要特色是：

（1）单片机开发软件快速入门：Proteus7.10、Keil μVison4.0。

（2）例题通过Proteus仿真，方便教师上课演示，生动直观，宜作教材。免费提供所有例题源程序、电路图和Proteus仿真的资源下载。

（3）例题编程采用当前流行的C语言，易学易用，移植性和通用性好。

（4）项目案例模块化，符合单片机模块化案例教学改革要求，并配有源程序、原理图、PCB图及微课视频。

（5）帮助单片机初学者养成嵌入式编程思维，学会编写通用程序，掌握状态机建模方法。

（6）有利于教师指导学生进行单片机课程设计和毕业设计。

本书由瓮嘉民任主编，宋东亚、仝战营、徐忠根、张国栋任副主编。河南工程学院的瓮嘉民编写了第九章和第十章，并负责全书的组织和统稿；李小魁编写了第一章第四节和第十一章。郑州工业应用技术学院的宋东亚编写了第一章第二节和第四章，张国栋编写了第八章。河南工学院的仝战营编写了第一章第一节和第三节及第七章，段朝伟编写了第二章和第三章，李昊编写了第十二章第一节至第六节。商丘工学院徐忠根编写了第五章和第六章。河南农业大学李富强编写了第十二章第七节至第十二节。

本书承蒙西安建筑科技大学于军琪教授主审，提出了宝贵的修改意见；另外，本书的编写得到2017年北京智联友道科技有限公司产学合作协同育人"单片机原理及应用"教学内容和课程体系改革项目的大力支持，在此一并表示感谢。

由于时间仓促，水平有限，书中疏漏之处在所难免，敬请读者和同仁批评指正，读者可通过1277109919@qq.com致信于我，或发邮件到229713442@qq.com与本书策划编辑进行交流。

编　者

2018年5月

第一版前言

随着电子信息技术的迅猛发展，单片机在国民经济的各个领域得到了广泛的应用。单片机以体积小、功能全、性价比高等诸多优点在工业控制、生产自动化、机电一体化设备、电器、智能仪器仪表、家电、航空航天、通信导航、汽车电子等领域得到了广泛的应用。单片机开发技术已成为电子信息、电气、通信、自动化、机电一体化等相关专业的学生、技术人员必须掌握的技术。

本书主要特色有：

（1）实例通过 Proteus 仿真，方便教师上课演示，生动直观。

（2）实例编程采用当前流行的 C 语言，易学易用，移植性和通用性好。

（3）注重实战。单片机应用开发技术是一门实践性非常强的课程，本教材选用配套的 SP-28 IJSB 开发板集成了目前流行的、经典的、应用模块电路，只需一条 USB 线就可以做单片机实验，加上 RS-232 串口即可进行硬件仿真，方便读者自学。

（4）提供良好的技术支持。随书光盘提供所有例程源程序、电路图和 Proteus 仿真文件等。

本书由瓮嘉民主编，冯建勤和陶春鸣任副主编。河南工程学院的瓮嘉民老师编写第二章、第五章、第七章，并负责全书的统稿、大量实例验证和仿真。河南工程学院的陶春鸣老师编写第一章、第十章，陈涛老师编写了第十二章，雷万忠老师编写了第四章。郑州轻工业学院冯建勤老师编写了第六章、第十一章，郑州轻工业学院陈志武老师编写了第三章、第十三章，河南工业大学梁义涛老师编写了第八章，河南职业技术学院屈芳升老师编写了第九章，中州大学何淑霞老师编写了第十四章。

在本书编写过程中得到郑州金聚宝电子科技有限公司宋占李经理和家人的大力支持，在此一并表示感谢。

编　者

2010 年 1 月

目　　录

第一章　单片机开发软件快速入门

本章主要讲述单片机开发两个软件的快速入门及其联调：单片机仿真软件 Proteus7.10 和单片机开发软件 Keil μVision 4.0。

第一节　Proteus7.10 快速入门

Proteus 软件能对单片机应用系统同时进行软件和硬件的仿真，为设计单片机应用系统提供了一个非常好的平台。

一、Proteus7.10 的主要功能特点

本书采用 Proteus7.10 英文版，其特点如下：

（1）实现了单片机仿真和 SPICE 电路仿真相结合。

（2）具有模拟电路仿真、数字电路仿真、单片机及其外围电路组成的系统的仿真、RS-232 动态仿真、I^2C 调试器、SPI 调试器、键盘和 LCD 系统仿真的功能，还有各种虚拟仪器，如示波器、逻辑分析仪、信号发生器等。

（3）支持主流单片机系统的仿真。

（4）目前支持的单片机类型有 68000 系列、8051 系列、AVR 系列、PIC12 系列、PIC16 系列、PIC18 系列、Z80 系列、HC11 系列，以及各种外围芯片。

（5）提供软件调试功能。

（6）仿真系统具有全速、单步、设置断点等调试功能，同时可以观察各个变量、寄存器的当前状态。

（7）支持第三方的软件编译和调试环境，如 Keil C51。

（8）具有强大的原理图绘制功能。

（9）在 Proteus 仿真系统中可以快速、方便地绘制出单片机应用系统的原理图。

二、功能感受—Proteus 仿真单片机播放音乐

通过一个实例，来感受 Proteus 的强大功能。步骤如下：

（1）打开配套数字资源（源程序）中的"**第一章　单片机开发软件快速入门/歌曲**"文件夹，双击"**歌曲 .DSN**"彩色图标，弹出如图 1-1 所示的 Proteus 仿真原理图。

（2）用鼠标右键单击单片机 AT98S51（标号 U1），选择 Edit Properties 选项，弹出如图 1-2 所示的"Edit Component"对话框，单击"Program File"右侧文本框旁边的打开按钮，选取目标文件"PlayMusic. Hex"。

（3）在"Clock Frequency"（时钟频率）文本框中输入 6MHz，使仿真系统以此频率运行。

 注意

如没有特别说明，本书所有实例均采用 12MHz 的频率进行仿真。

（4）单击"OK"按钮返回 Proteus 工作界面。

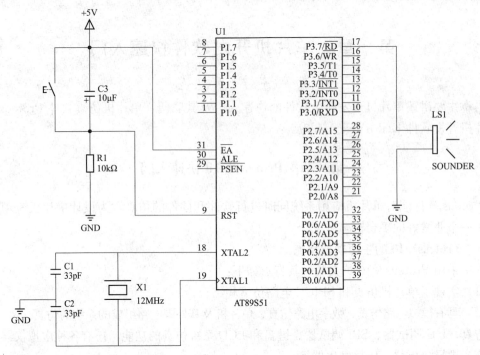

图 1-1　歌曲播放的 Proteus 仿真原理图

（5）单击"Debug"菜单下的"Execute"命令，或按下"F12"键，或者直接单击仿真工具栏中的"play"按钮，系统就会启动仿真。只要计算机上接有音箱或耳机，就会听到《挥着翅膀的女孩》《同一首歌》《两只蝴蝶 》三首优美的音乐。

三、Proteus 软件的界面与操作介绍

本书只介绍 Proteus 原理图输入系统（ISIS）的工作环境和基本操作。

单击"开始→程序→Proteus 7.10 Professional→ISIS 7.10 Professional"或者双击快捷图标，即可进入图 1-3 所示的 Proteus ISIS 的工作界面。它是一种标准的 Windows 界面，下面简单介绍各部分的功能。

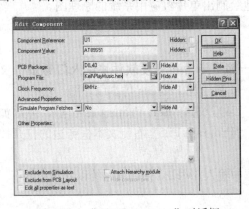

图 1-2　"Edit Component"对话框

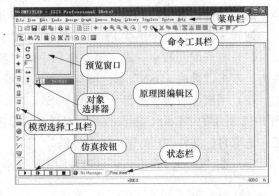

图 1-3　Proteus ISIS 工作界面

1. 原理图编辑区

原理图编辑区用来绘制原理图。它是各种电路、单片机系统的 Proteus 仿真平台。元器件要放到编辑区。

> **注意**
>
> 原理图编辑窗口没有滚动条，可通过预览窗口改变原理图的可视范围。

2. 预览窗口

预览窗口可显示两个内容：一个是在元器件列表中选择一个元器件时，显示该元器件的预览图；另一个是鼠标焦点落在原理图编辑窗口时，显示整张原理图的缩略图，并会显示一个绿色的方框，绿色的方框里面的内容就是当前原理图窗口中显示的内容。通过改变绿色的方框的位置，可以改变原理图的可视范围。

3. 对象选择器

对象选择器用来选择元器件、终端、图表、信号发生器和虚拟仪器等。对象选择器上方有一个条形标签，表明当前所处的模式及其下所列的对象类型。如图1-4所示，当前模式为"选择元器件模式"，选中的元器件为"SOUNDER"，该元器件会出现在预览窗口。单击"P"按钮可将选中的元器件放置到原理图编辑区。

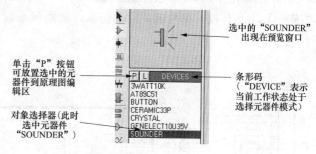

图1-4　对象选择器

4. 模型选择工具栏

模型选择工具栏包括主模式选择按钮、小工具箱按钮和 2D 绘图按钮。这里只列出主模式选择按钮和小工具箱按钮的功能。

（1）主模式选择按钮：

：用于即时编辑元器件参数（先单击该按钮再单击要修改的元器件）。

：选择元器件（默认选择）。

：放置连接点。

：放置网络标号连接标签（用总线量会用到）。

：放置文本。

：用于绘制总线。

：用于放置子电路。

（2）小工具箱按钮：

：终端接口，有 VCC、地、输出、输入等接口。

：器件引脚，用于绘制各种引脚。

：仿真图表，用于各种分析，如噪声分析（Noise Analysis）。

：录音机。

：信号发生器。

：电压探针，用于仿真图表。

：电流探针，用于仿真图表。

🖥：虚拟仪表，有示波器等（可显示工作波形）。

5．Proteus 操作特性

下面列出了 Proteus 不同于其他 Windows 软件的操作特性。

（1）在元器件列表中选择元器件后可对其进行放置操作。

（2）用鼠标右键选择元器件后，弹出快捷菜单。

（3）双击鼠标右键可删除元器件。

（4）先单击鼠标右键后单击鼠标左键可以编辑元器件的属性。

（5）连线用鼠标左键，可通过双击鼠标右键来删除画错的连线。

（6）改连接线走线方式，可先单击鼠标右键连线，再单击鼠标左键拖动。

（7）滚动鼠标中键可放缩原理图。

四、Proteus 仿真设计快速入门

本实例采用 Proteus 软件绘制如图 1-5 所示的原理图，再将编译好的流水灯控制程序"流水灯 . hex"载入单片机，启动仿真，观察流水灯点亮效果。表 1-1 列出了所需添加的元器件。

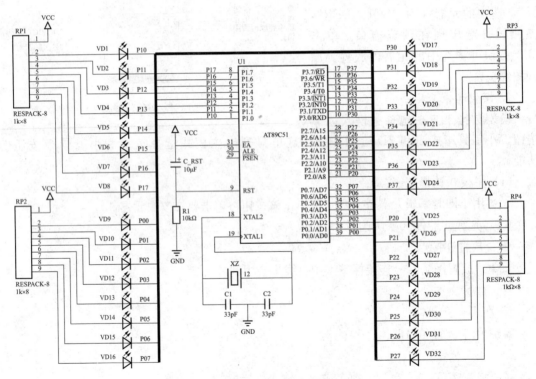

图 1-5　单片机控制流水灯的原理图

表 1-1　　　　　　　　　**单片机控制流水灯仿真所需元器件**

元　器　件	名　称	描　述
单片机 U1	AT89C51	—
电阻排 RP1～RP4	RESPACK - 8	—
电阻 R1	resistors	10kΩ（0.6W）

续表

元 器 件	名 称	描 述
发光二极管 VD1～VD32	led-yellow（黄色）	—
电容 C1～C2	capacitors	33pF（50V）
电容 C_RST	capacitors	$10\mu F$ 50V
晶振 XZ	crystal	—

1. 新建设计文件

打开 Proteus ISIS 工作界面，单击菜单"File→New Design"命令，弹出选择模板窗口，从中选择 DEFAULT 模板，单击"OK"按钮，然后单击"Save Design"按钮，弹出如图 1-6 所示的"Save I-SIS Design File"对话框。设置好保存路径，在文件名框中输入"流水灯"后，单击"保存"按钮，则完成新建设计文件的保存，文件自动保存为"流水灯 . DNS"。

2. 从元器件库中选取元器件

单击图 1-7 所示元器件选择器上的"P"按钮，弹出"Pick D evices"对话框，如图 1-8 所示。

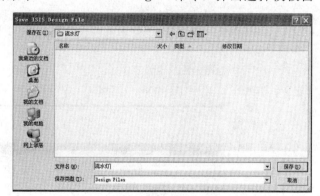

图 1-6　"Save ISIS Design File"对话框

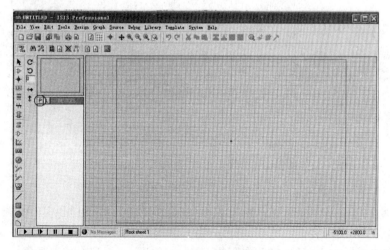

图 1-7　调取元器件库

（1）添加单片机。打开"Pick Devices"对话框，在"Keywords"（关键字）文本框中输入"AT89C51"，然后从"Results"列表中选择所需要的型号。此时在元器件预览窗口中分别显示出元器件的原理图和封装图，如图 1-9 所示。单击"OK"按钮，或者直接双击"Results"列表中的"AT89C51"，均可将元器件添加到对象选择器。

（2）添加电阻和电阻排。打开"Pick Devices"对话框，在"Keywords"文本框中输入

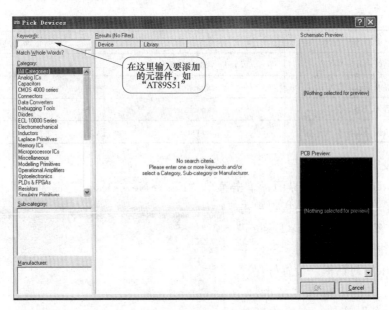

图 1-8 "Pick Devices" 对话框

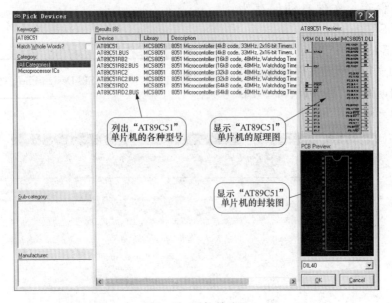

图 1-9 添加单片机

"resistors 10k"，"Results"列表中则显示出各种功率的 10kΩ 电阻，如图 1-10 所示。在 "Results"列表中双击"10k 0.6W"电阻，将其添加到对象选择器。

用同样方法添加 4 个"1k×8"电阻排（RESPACK-8）到对象选择器。

（3）添加发光二极管。打开"Pick Devices"对话框，在"Keywords"文本框中输入 "led-yellow"，"Results"列表中只有一种黄色发光二极管，双击该元器件，将其添加到对象选择器。

（4）添加晶振。打开"Pick Devices"对话框，在"Keywords"文本框中输入"crystal"，"Results"列表中只有一种晶振类型，双击该元器件，将其添加到对象选择器。

（5）添加电容。

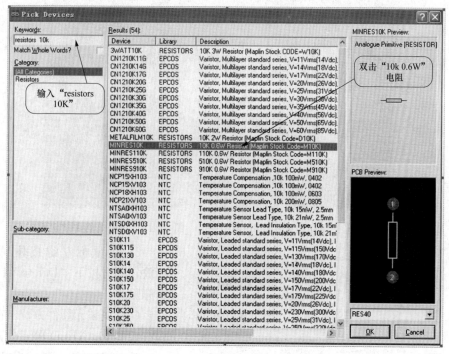

图 1-10 10kΩ 0.6W 电阻的选择

1）添加 33pF 电容。打开"Pick Devices"对话框，在"Keywords"文本框中输入"capacitors"，"Results"列表中列出了各种类型的电容，在"Keywords"文本框中接着输入"33pF"，则专门显示出各种型号的 33pF 电容。任选一个"50V"电容，双击将其添加到对象选择器。

2）添加 10μF 电解电容。打开"Pick Devices"对话框，在"Keywords"文本框中输入"capacitors 10μ"（不要输入 10μF），"Results"列表中则专门显示出各种型号的 10μF 电容。选择"50V Radial Electrolytic"（圆柱形电解电容），双击将其添加到对象选择器。

元器件添加完毕后对象选择器中的元器件列表如图 1-11 所示。

3. 放置、移动、旋转、删除和设置元器件

下面以单片机 AT89C51 的放置介绍元器件的放置与编辑操作。

（1）放置元器件。在元器件列表中，选择"AT89C51"，然后将光标移动到原理图编辑区，在任意位置单击鼠标左键，即可出现一个随光标浮动的元器件原理图符号，如图 1-12 所示。移动光标到适当位置单击鼠标左键即可完成该元器件的放置，效果如图 1-13 所示。

（2）移动和旋转元器件。用鼠标右键单击 AT89C51 单片机，弹出如图 1-14 所示的快捷菜单。本例需要对单片机进行垂直翻转操作，所以选择"Y-Mirror"命令即可。

（3）删除元器件。用下面 3 种方法可以将原理图上的单片机删除。

1）将鼠标放到单片机 AT89C51 上，用鼠标右键双击，可将其删除。

2）用鼠标左键框选 AT89C51，然后按下"Delete"键，可将其删除。

图 1-11 对象选择器中的
元器件列表

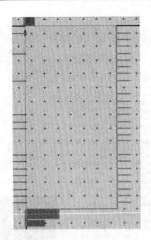

图 1-12   随光标浮动的单片机符号

图 1-13   放置后的单片机符号

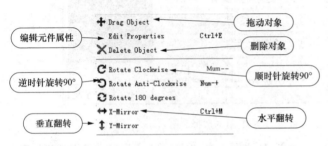

图 1-14   右键单击元器件弹出的快捷菜单（部分）

3）用鼠标左键按住 AT89C51 不放，同时按下"Delete"键，可将其删除。

（4）调整元器件方位。在编辑窗口右击 LED - YELLOW，使其高亮显示，单击旋转 ↻、↺ 或 ⟳ 按钮，最终调整 LED - YELLOW 至合适方向。

（5）元器件属性设置。用鼠标右键单击 AT89C51 单片机，从弹出的快捷菜单中选择"Edit Properties"命令，弹出"Edit Component"对话框，对单片机的属性进行设置，结果如图 1-15 所示。

用类似的方法放置和编辑其他元器件，放置后各元器件的位置如图 1-5 所示。

4. 网格单位

如图 1-16 所示，单击菜单"View→Snap 0.1in"命令即可将网络单位设置为 100th（0.1in＝100th）。若需要对元器件进行更精确的移动，可将网格单位设置为 50th 或 10th。

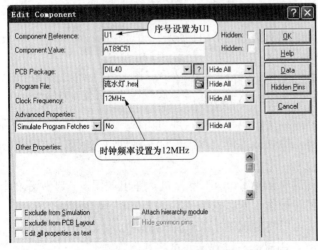

图 1-15   单片机属性设置

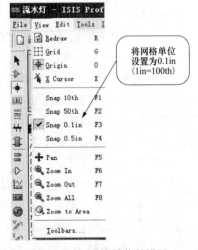

图 1-16   网格单位的设置

5. 放置电源和地（终端）

单击小工具箱的终端按钮 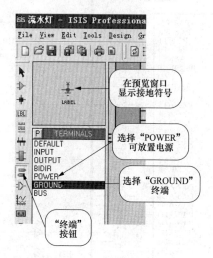，则在对象选择器中显出各种终端，从中选择 "GROUND" 终端，可在预览窗口看到电源地的符号，如图 1－17 所示。此时，将鼠标移到原理图编辑区，即可看到一个随光标浮动的电源地终端符号。将光标移动到适当位置，单击鼠标左键即可将电源地终端放置到原理图中。然后在电源地终端符号上双击鼠标左键，在弹出的 "Edit Terminal Label" 对话框内的 "String" 文本框中输入 "GND"，如图 1－18 所示。最后单击 "OK" 按钮完成电源地终端的放置。

图 1－17　电源地终端的放置

图 1－18　电源地终端的编辑

6. 画总线

单击模型选择工具栏中的总线按钮，可在原理图中放置总线，放置方法及放置位置如图 1－19 所示。

7. 电路图布线

系统默认自动捕捉功能有效，只要将光标放置在要连线的元器件引脚附近，就会自动捕捉到引脚，单击鼠标左键就会自动生成连线。当连线需要转弯时，只要单击鼠标左键即可转弯。电源和电阻排 RP1 引脚 1 之间布线如图 1－20 所示。用类似的方法完成其他元器件之间的布线。

8. 添加网络标号

各元器件引脚与单片机引脚通过总线的连接并不表示真正意义上的电气连接，需要添加网络标号。与 Protel 软件一样，Proteus 仿真时会认为网络标号相同的引脚是连接在一起的。

单击模型选择工具栏的 **LBL** 按钮，然后在需要放置网络端口的元器件引脚附近单击鼠标左键，弹出如图 1－21 所示的 "Edit Wire Label" 对话框。在 "String" 文本框中输入网络标号 "P30"，单击 "OK" 按钮即可完成网络标号的添加。

9. 电气规则检查

设计完电路图后，单击菜单 "Tools→Electrical Rule Check" 命令，则弹出如图 1－22 所示的电气规则检查结果对话框。如果电气规则无误，则系统给出 "No ERC errors found" 的信息。

10. 仿真运行

到目前还没有学习单片机的程序设计，因此这里先使用编译好的一个流水灯控制程序来验证仿真效果。将配套资料中"第一章 单片机开发软件快速入门/流水灯/keil"文件夹内的"流水灯.hex"文件载入单片机 AT89C51（U1），再将其时钟频率设置为 12MHz。最后单击仿真运行按钮，系统就会启动仿真。可以看到，发光二极管 VD1～VD32 被轮流点亮。

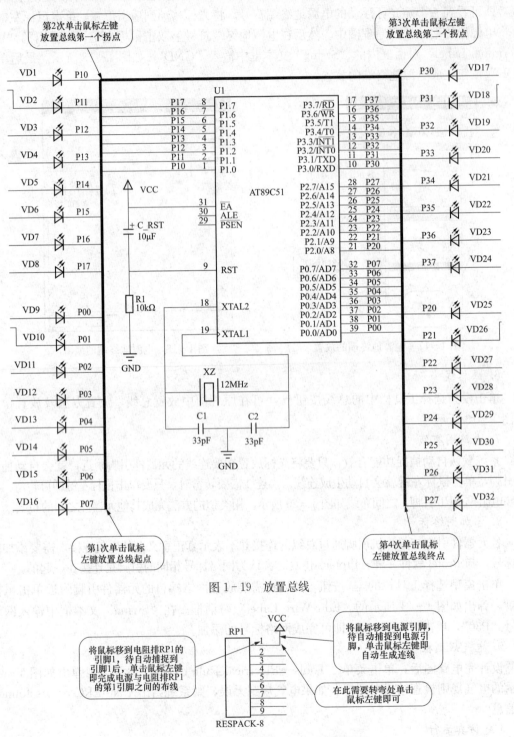

图 1-19　放置总线

图 1-20　RP1 的引脚 1 与电源之间的布线

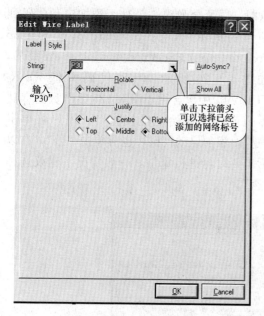

图 1-21　添加网络标号

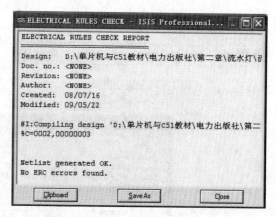

图 1-22　电气规则检查结果对话框

第二节　Keil µVision4 快速入门

单片机软件 Keil C51 开发过程为：

（1）建立一个工程项目，选择芯片，确定目标选项；

（2）建立汇编或 C 源文件；

（3）生成各种应用文件；

（4）检查并修改源文件中的各种错误；

（5）编译连接通过后进行软件仿真或硬件仿真；

（6）下载程序；

（7）脱机运行。

一、建立一个工程项目，选择芯片并确定选项

流水灯的文件夹中建立一个名为 keil 的子文件夹，然后双击 Keil µVision4 快捷图标，进入 Keil C51 开发环境，点击"Project"菜单，选择"New µVision Project"，如图 1-23 所示。接着弹出"Create New Project"文件对话窗口，如图 1-24 所示。在"文件名"中输入程序项目名称"流水灯"，选择保存路径，单击保存。随后弹出图 1-25 所示的选择目标元器件对话框。

单击 Atmel 前的"＋"号，选择 Atmel 公司的"AT89S51"单片机后按"确定"按钮。

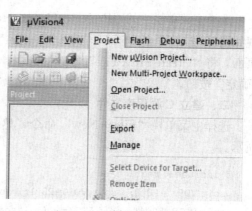

图 1-23　New Project 菜单

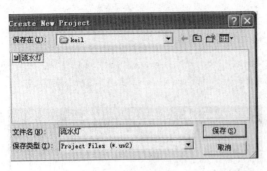

图 1-24 文件窗口

这时，屏幕会弹出一个是否添加启动代码到项目的提示（Copy Standard 8051 Startup Code to Project Folder and Add File to Project?），如图 1-26 所示。启动代码文件 STARTUP. A51 中包含用于清除 128 字节数据存储器的代码及初始化堆栈指针。用户可单击"是"，添加启动代码，也可单击"否"，在以后需要时再进行添加，一般情况下建议选择"否"。

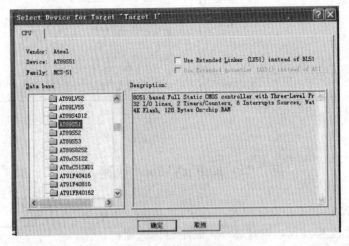

图 1-25 选取芯片

图 1-26 启动代码选择

选择主菜单栏中的"Project→Options for Target 'Target 1'"或单击 快捷按钮，出现如图 1-27 所示的对话框。选择"Target"页面，时钟改为 12MHz。然后选择"Output"页面，将"Create HEX File"复选框选中，如图 1-28 所示。其他设置采用默认，最后单击"确定"按钮。

二、建立 C 源程序文件

选择主菜单栏"File→New"命令，然后在编辑窗口中输入以下源程序，如图 1-29 所示。

```
# include < reg51. h>
  sbit VD9  = P0^0;  sbit VD10=P0^1;  sbit VD11=P0^2;  sbit VD12=P0^3;
  sbit VD13=P0^4;  sbit VD14=P0^5;  sbit VD15=P0^6;  sbit VD16=P0^7;
```

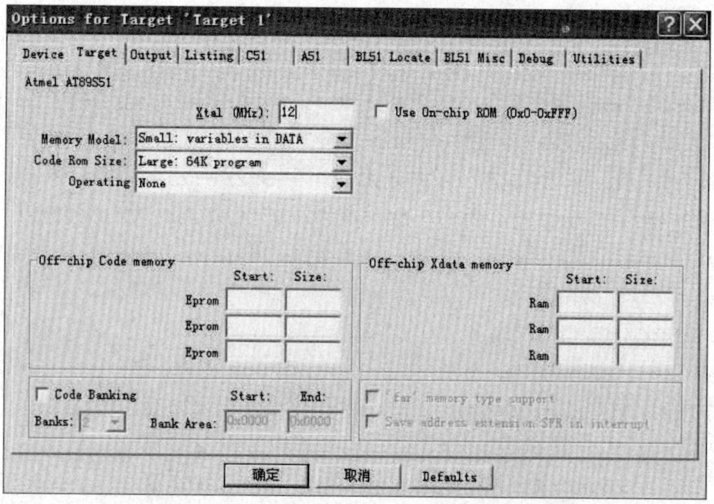

图 1-27 选择"Target"页面

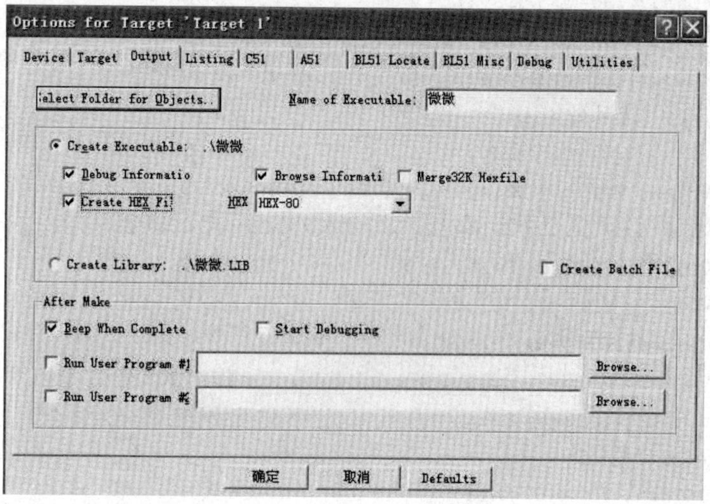

图 1-28 选择"Output"页面

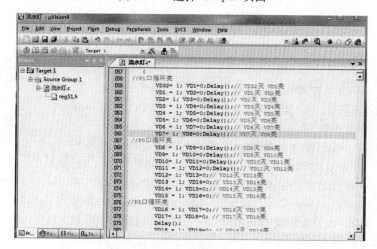

图 1-29 编辑源文件

```
sbit VD1  =P1^0;  sbit VD2=P1^1;  sbit VD3=P1^2;sbit VD4=P1^3;
sbit VD5  =P1^4;  sbit VD6=P1^5;  sbit VD7  =P1^6;  sbit VD8  =P1^7;
sbit VD17=P2^0;  sbit VD18=P2^1;  sbit VD19=P2^2;  sbit VD20=P2^3;
sbit VD21=P2^4;  sbit VD22=P2^5;  sbit VD23=P2^6;  sbit VD24=P2^7;
sbit VD25=P3^0;  sbit VD26=P3^1;  sbit VD27=P3^2;  sbit VD28=P3^3;
sbit VD29=P3^4;  sbit VD30=P3^5;  sbit VD31=P3^6;  sbit VD32=P3^7;
void Delay(){ unsigned char  i, j ; for(i=0;i<255;i++ ) for(j=0;j<255;j++ );}
void main()
{    while(1){  //P1 口循环亮
        VD32=1; VD1=0; Delay();              // VD32 灭 VD1 亮
        VD1=1; VD2=0; Delay();               // VD1 灭 VD2 亮
        VD2=1; VD3=0; Delay();               // VD2 灭 VD3 亮
        VD3=1; VD4=0; Delay();               // VD3 灭 VD4 亮
        VD4=1; VD5=0; Delay();               // VD4 灭 VD5 亮
        VD5=1; VD6=0; Delay();               // VD5 灭 VD6 亮
        VD6=1; VD7=0; Delay();               // VD6 灭 VD7 亮
        VD7=1; VD8=0; Delay();               // VD7 灭 VD8 亮
        //P0 口循环亮
        VD8=1; VD9=0; Delay();               // VD8 灭 VD9 亮
        VD9=1; VD10=0; Delay();              // VD9 灭 VD10 亮
        VD10=1; VD11=0; Delay();             // VD10 灭 VD11 亮
        VD11=1; VD12=0; Delay();             // VD11 灭 VD12 亮
        VD12=1; VD13=0; Delay();             // VD12 灭 VD13 亮
        VD13=1; VD14=0; Delay();             // VD13 灭 VD14 亮
        VD14=1; VD15=0; Delay();             // VD14 灭 VD15 亮
        VD15=1; VD16=0; Delay();             // VD15 灭 VD16 亮
        //P3 口循环亮
        VD16=1; VD17=0; Delay();             // VD16 灭 VD17 亮
        VD17=1; VD18=0; Delay();             // VD17 灭 VD18 亮
        VD18=1; VD19=0; Delay();             // VD18 灭 VD19 亮
        VD19=1; VD20=0;Delay();              // VD19 灭 VD20 亮
        VD20=1; VD21=0;Delay();              // VD20 灭 VD21 亮
        VD21=1; VD22=0;Delay();              // VD21 灭 VD22 亮
        VD22=1; VD23=0;Delay();              // VD22 灭 VD23 亮
        VD23=1; VD24=0;Delay();              // VD23 灭 VD24 亮
        //P2 口循环亮
        VD24=1; VD25=0; Delay();             // VD24 灭 VD25 亮
        VD25=1; VD26=0; Delay();             // VD25 灭 VD26 亮
        VD26=1; VD27=0; Delay();             // VD26 灭 VD27 亮
        VD27=1; VD28=0; Delay();             // VD27 灭 VD28 亮
        VD28=1; VD29=0; Delay();             // VD28 灭 VD29 亮
        VD29=1; VD30=0; Delay();             // VD29 灭 VD30 亮
        VD30=1; VD31=0; Delay();             // VD30 灭 VD31 亮
```

```
        VD31=1; VD32=0; Delay();              // VD31灭 VD32亮
    }              }
```

输完程序后，选择"File→Save As"命令，将该文件以扩展名为".c"格式（流水灯.c）保存在 keil 子文件夹中，这时程序单词有了不同的颜色，说明 Keil 的 C 语法检查生效了。

三、添加文件到当前项目组中及编译文件

如图 1-30 鼠标在屏幕左边的 Source Group1 文件夹图标上右击弹出菜单，在这里可以对项目进行增加、减少文件等操作。选"Add File to Group 'Source Group 1'"弹出文件窗口，选择刚刚保存的文件，按"ADD"按钮，关闭文件窗，程序文件已加到项目中了。这时在"Source Group1"文件夹图标左边出现了一个小"＋"号，说明文件组中有了文件，点击它可以展开查看。

C 程序文件被加到项目中后，就可以进行编译了。图 1-31 中按钮 1、2、3 都是编译按钮，不同的是按钮 1 是用于编译单个文件；按钮 2 是编译当前项目，如果先前编译过一次之后文件没有再做编辑改动，这时再点击是不会再次重新编译的；按钮 3 是重新编译，每单击一次均会再次编译链接一次，不管程序是否有改动。在按钮 3 右边的是停止编译按钮，只有点击了前三个中的任一个，停止按钮才会生效。5 是菜单中的编译命令。这个项目只有一个文件，按 1、2、3 按钮中的任一个都可以编译。在 4 中可以看到编译的错误信息和使用的系统资源情况等，以后要查错就依靠它。有一个小放大镜的按钮，这就是开启\关闭调试模式的按钮，它也存在于菜单"Debug→Start/Stop Debug Session"，快捷键为Ctrl＋F5。

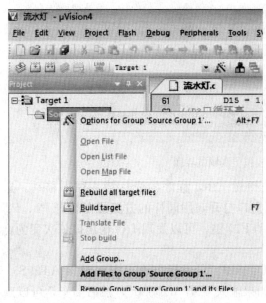

图 1-30 把文件加入到项目文件组中

图 1-31 编译程序

四、检查并修改源程序中的错误

用户可以根据输出窗口的错误或者警告提示重新修改源程序，直至编译通过为止。如图 1-32 所示，编译通过后将产生一个来自"流水灯.omf"后缀为".hex"的十六进制文件，

本例为"流水灯 . hex"。

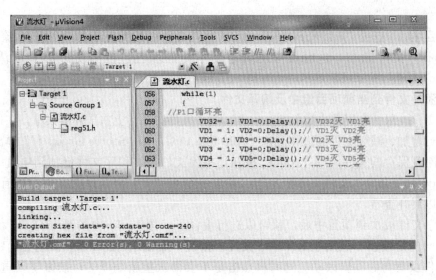

图 1 - 32　编译修改文件

五、软件模拟仿真调试

在主菜单栏中选择"Debug →Start/Stop Debug Session"或单击 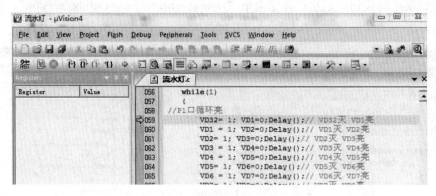 快捷按钮进入调试模式，如图 1 - 33 所示。

图 1 - 33　软件模拟仿真调试界面

选择"Debug →Step Over"或者使用快捷键 F10，程序的光标箭头往下移动。选择"Peripherals→I/O - Ports→P0"，将 P0 输出窗口打开，用同样的方法可以打开 P1、P2 和 P3 输出窗口，如图 1 - 34 所示。随后连续按动 F10 键，可以发现 I/O 输出口依次变为低电平（打勾消失）。

在图 1 - 34 中 Address 窗口右侧输入"D：0x30"，然后回车，可以观察 AT89S51 单片机片内 RAM，0x30 是片内 RAM 地址；如果输入"X：0x0030"，然后回车，可以观察 AT89S51 单片机片外 RAM，0x0030 是片外 RAM 地址；同理若输入"C：0x0030"，然后回车，可以观察 AT89S51 单片机片程序存储器 ROM 内的指令代码，0x0030 是 ROM 地址。

软件仿真调试通过后，关闭 keil C51 开发环境。

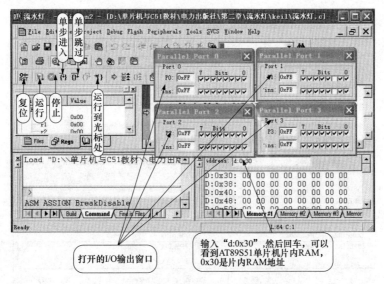

图 1-34　打开 I/O 输出窗口

六、下载程序

不同的 51 单片机下载方式和接口不同，此处略。

七、脱机运行程序

程序下载到实验板上，单片机 AT89S51 会立即进入工作状态，可以观察到 32 个发光二极管依次被点亮，蜂鸣器会发出鸣叫。

第三节　Proteus 与 Keil 联调

用 Proteus 进行单片机电路的仿真时，一般情况下是全速运行，但在程序调试过程中，可以让程序单步运行，过程单步和设置断点等，以便于观察程序的运行效果，更好地编写程序和解决程序的问题。

Proteus 与 Keil 联调步骤如下：

（1）安装联调驱动程序 vdmagdi。

（2）在 Proteus 中 "Debug" 菜单中选中 "Use Remote Debug Monitor"。

（3）进入 Keil 的 Project 菜单 "Option for Target '工程名'"。Output 框下将 "Create HEX file" 前打钩，使得在编译成功后能生成 .hex 文件，用于在 Proteus 中作仿真，也是用于烧录的。

（4）在 Debug 选项中右栏上部的下拉菜单选中 "Proteus VSM Simulator"，如图 1-35 所示。再进入 "Settings"，Host IP 设为 127.0.0.1，端口号 Port 为 8000。

（5）使用 Keil μVision4 与 Proteus 联调。打开 Keil μVision4 与 Proteus，分别显示如图 1-36 所示。在 Keil 上点击 進入调试，如图 1-36 所示。

成功进入调试后如图 1-37 所示。点击 Keil 上的运行（Run），切换到 Proteus 的窗口，即可看到实验现象，如图 1-38 所示。联调即是把 Proteus 当作实验箱，而把 Keil 当作调试平台。

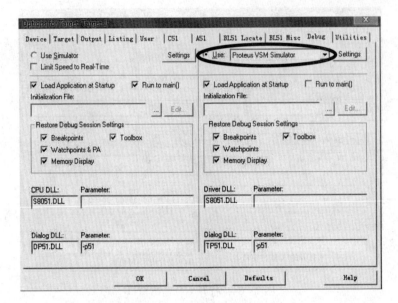

图 1-35　"Debug"设置

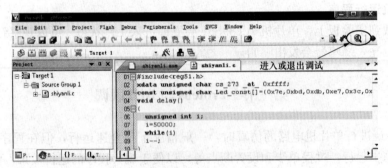

图 1-36　进入调试

图 1-37　调试界面

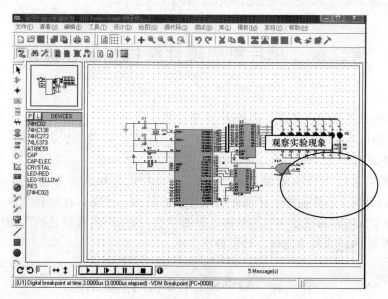

图 1-38 调试结果显示

1. Proteus 软件的基本功能有哪些？
2. 用 Proteus 画出流水灯电路。
3. 如何用 Keil 新建工程？
4. Proteus 和 Keil 联调的步骤和设置有哪些？

第二章　单片机的硬件结构和工作原理

目前，对于很多初学者来讲，都是从51单片机入手学习单片机系统设计开发的。51单片机实际上是指以51内核扩展出的一系列单片机。世界上51单片机芯片国内外生产公司很多，比较著名的有 AT（Atmel）、Philips（飞利浦）、Siemens（西门子）、Winband（华邦）、Intel（英特尔）、STC（宏晶）等。由于51单片机公司及芯片型号太多，本章将以Atmel公司 AT89S51芯片为例，详细介绍单片机的结构、性能、存储器结构及工作原理等内容。通过对本章内容和后续内容的掌握，只要学会一种51内核单片机的操作，其他的单片机，不管是51内核或其他内核，就很容易上手。

第一节　AT89S51 单片机的基本结构

一、AT89S51 单片机的基本组成

AT89S51 单片机的基本结构示意图如图 2-1 所示。由图 2-1 可知，AT89S51 单片机主要由以下几部分组成，各部分由系统内部总线连接。

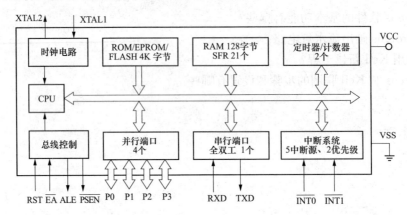

图 2-1　AT89S51 单片机基本结构示意图

（1）一个 8 位微处理器 CPU。

（2）数据存储器 RAM 和特殊功能寄存器 SFR。

（3）内部程序存储器 ROM。

（4）两个定时器/计数器，用以对外部事件进行计数，也可用作定时器。

（5）四个 8 位可编程的 I/O（输入/输出）并行端口，每个端口既可作输入，也可作输出。

（6）一个串行端口，用于数据的串行通信。

（7）中断控制系统。

（8）内部时钟电路。

二、AT89S51 单片机内部结构

AT89S51 单片机由微处理器（含运算器和控制器）、存储器、I/O 端口以及专用寄存器 SFR 等构成，片内总体结构如图 2-2 所示。

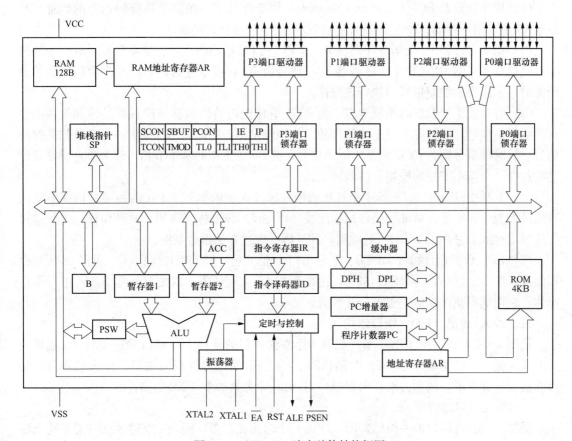

图 2-2　AT89S51 片内总体结构框图

1. 运算器

运算器由 8 位算术逻辑运算单元 ALU（Arithmetic Logic Unit）、8 位累加器 ACC（Accumulator）、8 位寄存器 B、程序状态字寄存器 PSW（Program Status Word）、8 位暂存寄存器 TMP1 和 TMP2 等组成。

（1）ALU：主要进行算术逻辑运算操作。如 8 位数据的算术加、减、乘、除和逻辑与、或、异或、求补、取反以及循环移位等操作。

（2）累加器 ACC（简称累加器 A）：在算术运算和逻辑运算时，常将累加器 A 存放一个参加操作的数，经暂存器 2 作为 ALU 的一个输入，与另一个进入暂存器 1 的数进行运算，运算结果又送回 ACC。它是 CPU 中最繁忙的寄存器。

（3）程序状态寄存器 PSW：相当于一般微处理器的标志寄存器，为 8 位寄存器。用于表示当前指令执行后的信息状态。详见特殊功能寄存器介绍。

（4）寄存器 B：为 8 位寄存器，主要用于乘、除运算存放操作数和运算后的一部分结果，也可用作通用寄存器。

2. 控制器

控制器主要由程序计数器 PC、指令寄存器 IR、指令译码器 ID、堆栈指针 SP、数据指针 DPTR、时钟发生器及定时控制逻辑等组成。

（1）程序计数器 PC（Program Counter）：用于存放下一条将要执行的指令的地址，是一个 16 位专用寄存器。改变 PC 中的内容就改变了程序执行的顺序。

（2）指令寄存器 IR 及指令译码器 ID：CPU 从 PC 指定的程序存储器地址中取出来的指令，经指令寄存器 IR 送到指令译码器 ID，然后由 ID 对指令进行译码，并产生执行该指令所需的一定序列的控制信号以执行该操作。

（3）时序发生器及定时控制逻辑：由 8051 单片机内的振荡器外接石英晶体和微调电容可产生振荡信号，时钟发生器是此信号的二分频触发器，由此向芯片提供一个 2 节拍的时钟信号。该时钟信号即为 CPU 的基本时序信号，是 8051 工作的基本节拍，整个单片机系统就是在这样一个基本节拍的控制下协调地工作。

（4）堆栈指针 SP：AT89S51 单片机的堆栈区设在片内 RAM 中，因而通常情况下堆栈空间最大为 128 字节。对堆栈操作包括压栈（PUSH）和出栈（POP）两种操作，并且遵循先进后出（或后进先出 FILO）的原则，其具体操作过程见指令系统。

（5）16 位数据地址指针 DPTR：它由 DPL（低 8 位）和 DPH（高 8 位）两个 8 位寄存器组成，字节地址分别为 82H、83H，用来存放 16 位地址值，以便对外部 RAM 进行读写操作，它们既可整体赋值，也可分开赋值。

三、输入/输出（I/O）端口结构

从图 2-2 可知，AT89S51 单片机有 4 个双向并行的 8 位 I/O 端口 P0～P3，P0 端口为三态双向端口，可驱动 8 个 TTL 电路，P1、P2、P3 端口为准双向端口（作为输入时，端口线被拉成高电平，故称为准双向端口），其负载能力为 4 个 TTL 电路。

1. P0 端口的结构

图 2-3 是 P0 端口的一位结构图，它由一个输出锁存器、两个三态输入缓冲器和输出驱动及控制电路组成。

（1）P0 端口作为 I/O 端口。P0 作为输出端口使用时，内部控制端发 0 电平使"与"门输出为 0，场效应管 VT1 截止，此时多路开关 MUX 与锁存器的 $\overline{Q}$ 端接通。输出数据时，内部数据加在锁存器 D 端，当 CL 端的写脉冲出现后，与内部总线相连的 D 端数据取反后出现在 $\overline{Q}$ 端，经场效应管 VT2 反向出现在 P0 的引脚上。由于输出驱动为漏极开路式，需要外接上拉电阻，阻值一般为 5～10kΩ。

当作输入端口时，端口中的两个缓冲器用于读操作。当执行一般的端口输入指令时，读脉冲将图 2-3 中下方的三态输入缓冲器 1 打开，这样端口上的数据经缓冲器送至内部总线。图 2-3 中上方的缓冲器 2 并不直接读端口引脚上的数据，而是读锁存器 Q 端的数据，Q 端与引脚上的数据是一

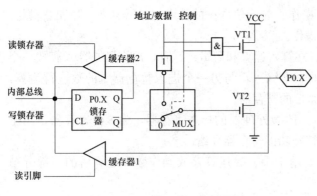

图 2-3　P0 端口的一位结构图

致的。这样设计的目的是为了适应所谓"读—修改—写"类操作指令。

作为一般 I/O 端口使用时，P0 端口也是一个准双向端口，即在输入数据时，应先向端口锁存器写 1，即使 $\overline{Q}$ 为 0，使两个场效应管都截止，引脚处于悬浮状态，作为高阻抗输入。

（2）P0 端口作为地址/数据总线。当用作输出地址/数据总线使用时，控制端信号为高电平 1，此时多路开关 MUX 将 CPU 内部地址/数据经反向器输出端与场效应管 VT2 接通，同时"与"门开锁。输出的地址或数据信号通过"与"门驱动上拉场效应管 VT1，又通过反向器驱动下拉场效应管 VT2。这种结构大大增加了负载驱动能力。

P0 端口作输入数据端口时，当"读引脚"信号有效时，打开下面的输入缓冲器使数据进入内部总线。

2. P1 端口的结构

P1 端口是通用 I/O 准双向静态端口，输出的信息有锁存。图 2-4 是 P1 端口的一位结构图。由图可见，P1 端口与 P0 端口的主要区别在于，P1 端口用内部上拉电阻代替了场效应管 VT1，且输出信号仅来自内部总线。若输出时 D 端的数据为 1，VT 截止输出为 1；若 D 端数据为 0，则 VT 导通，引脚输出为低电平。当作输入使用时，必须向锁存器写 1，使场效应管截止，才可以作输入用。

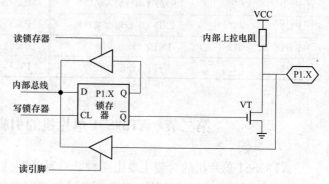

图 2-4　P1 端口的一位结构图

P1 端口是单片机中唯一仅有单功能的 I/O 端口，输出信号锁存在端口上，故又称为通用静态端口。

3. P2 端口的结构

P2 端口的一位结构图如图 2-5 所示。和 P1 端口比较，P2 端口多了转换控制部分。当 P2 端口作通用 I/O 端口使用时，多路开关 MUX 连接锁存器的 Q 端，构成一个准双向端口。

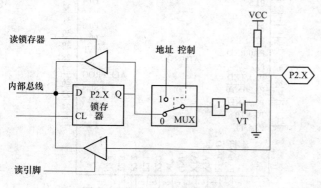

图 2-5　P2 端口的一位结构图

当系统扩展片外程序存储器时，P2 端口就用来周期性地输出从外存中取指令的高 8 位地址（A8～A15），此时 MUX 在 CPU 的控制下切换到与内部地址总线相连。因地址信号是不间断的，此时 P2 端口就不能用作 I/O 端口使用了。

4. P3 端口的结构

P3 端口的一位结构图如图 2-6 所示。和 P1 端口比较，P3 端口增加了一个与非门和一个缓冲器，使其各端口线有两种功能选择。当处于第一功能时，第二输出功能（复用功能）线为 1，此时输出与 P1 端口相同，内部总线信号经锁存器和场效应管输出。当作输入时，"读引脚"信号有效，下面的三态缓冲器打开（增加的一个为常开），数

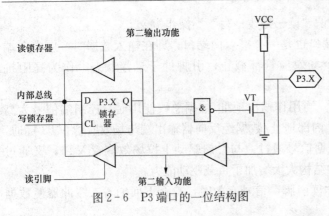

据通过缓冲器送到 CPU 内部总线。

当处于第二功能（复用功能）时，锁存器由硬件自动置 1，使与非门对第二功能信号畅通。此时，"读引脚"信号无效，左下的三态缓冲器不通，引脚上的第二输入功能信号经右下的缓冲器送入"第二功能输入端"。P3 端口的第二功能见表 2-1。

图 2-6 P3 端口的一位结构图

表 2-1　　　　　　　　　　　　P3 端口的第二功能表

位线	引脚	第二功能	位线	引脚	第二功能
P3.0	10	RXD（串行输入端口）	P3.4	14	T0（定时器 0 的计数输入）
P3.1	11	TXD（串行输出端口）	P3.5	15	T1（定时器 1 的计数输入）
P3.2	12	INT0（外部中断 0）	P3.6	16	WR（外部数据存储器写脉冲）
P3.3	13	INT1（外部中断 1）	P3.7	17	RD（外部数据存储器读脉冲）

第二节　AT89S51 单片机的引脚及片外总线结构

AT89S51 单片机的封装主要由两种，一种是双列直插式塑料封装，即 DIP40 封装，如图 2-7（a）所示；第二种是方形扁平式封装 TQFP44 封装，如图 2-7（b）所示。下面以 DIP40 封装为例说明引脚功能，对于 TQFP44，其引脚封装功能相同，只是引脚号不同。

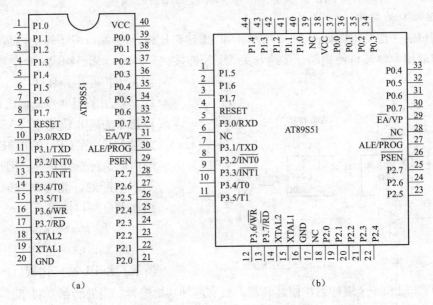

图 2-7　AT89S51 单片机的引脚图

(a) DIP40 封装 AT89S51；(b) TQFP44 封装 AT89S51

一、AT89S51 单片机芯片引脚描述

1. 主电源引脚 VCC 和 GND

VCC（40 脚）：电源端，接+5V；

GND（20 脚）：接电源地。

2. 外接晶振引脚 XTAL1 和 XTAL2

XTAL1（19 脚）：接外部晶振的一个引脚。当单片机采用外部时钟信号时，外部时钟信号由此引脚接入。

XTAL2（18 脚）：接外部晶振的另一个引脚。当单片机采用外部时钟信号时，此引脚悬空。

3. 控制或复位引脚

（1）RESET/VPD（9 脚）：复位端。

当输入的复位信号持续 2 个机器周期以上高电平，单片机复位。

（2）ALE/$\overline{\text{PROG}}$（30 脚）：地址锁存控制端。

在系统扩展时，ALE 用于控制把 P0 端口输出的低 8 位地址送入锁存器锁存起来，以实现低位地址和数据的分时传送。此外由于 ALE 是以 1/6 晶振频率的固定频率输出，因此可以作为时钟或外部定时脉冲使用，还可作为输入编程脉冲 EPROM。

（3）$\overline{\text{PSEN}}$（29 脚）：外部程序内存的读选通信号端。

在读外部 ROM 时 $\overline{\text{PSEN}}$ 有效（低电平），以实现外部 ROM 单元的读操作。

（4）$\overline{\text{EA}}$/VPP（31 脚）：访问程序存储器控制信号。

当 $\overline{\text{EA}}=1$（即高电平）时，访问内部程序存储器，当 PC 值超过内 ROM 范围（0FFFH）时，自动转执行外部程序存储器的程序；

当 $\overline{\text{EA}}=0$（即低电平）时，只访问外部程序存储器。

4. 输入/输出引脚

P0～P3：四个 I/O 端口，每个端口 8 线，共计 32 根 I/O 端口线。

二、AT89S51 单片机的片外总线结构

由图 2-8 可知，单片机的片外总线有地址总线（AB）、数据总线（DB）和控制总线（CB）。

1. 地址总线（AB）

地址总线宽度为 16 位，由 P0 端口经地址锁存器提供低 8 位地址（A0～A7）；P2 端口直接提供高 8 位地址（A8～A15）。地址信号是由 CPU 发出的，故地址总线是单方向的。

2. 数据总线（DB）

数据总线宽度为 8 位，用于传送数据和指令，由 P0 端口提供。

3. 控制总线（CB）

控制总线随时掌握各种部件的状态，并根据需要向有关部件发出命令。

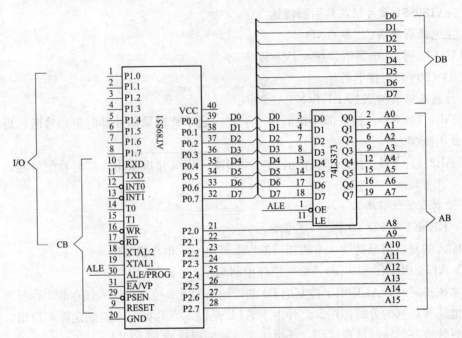

图 2-8　AT89S51 片外总线结构示意图

第三节　AT89S51 单片机的存储器配置

　　AT89S51 系列单片机的存储器在物理结构上有四个存储空间：片内数据存储器、片外存储器、片内程序存储器和片外程序存储器。其中，片内数据存储器用 8 位地址，S51 系列有 128B 数据存储器，S52 系列有 256B 的数据存储器；片外为 64KB 的数据存储器，用 16 位地址；程序存储器片内和片外统一进行编址，共 64KB。当然对那些无片内程序存储器的类型来说，64KB 的程序存储器空间就全部在片外。下面分别介绍各自的结构特点。

一、片内数据存储器

　　片内数据存储器的 8 位地址共可寻址 256 个字节单元，51 系列单片机将其分为两个区：00H～7FH 的 128 个单元为片内 RAM 区，可以读、写数据；80H～FFH 的高 128 个单元为专用寄存器，其结构如图 2-9（a）所示。

　　在片内数据存储器低 128 个字节单元中，前 32 个单元（地址为 00H～1FH）为通用工作寄存器区，共分为四组（寄存器 0 组、1 组、2 组和 3 组），每组 8 个工作寄存器由 R0～R7 组成，共占 32 个单元。当前 CPU 选用哪一组由程序状态字 PSW 中的 RS1 和 RS0 这两位的组合决定，后面将详细介绍。CPU 在复位时自动选中 0 组工作寄存器组。

　　20H～2FH 的 16 个单元为位寻址区，每个单元 8 位，共 128 位，其位地址范围为 00H～7FH。位寻址区的每一位都可以当作软件触发器，由程序直接进行位处理。程序中通常把各种程序状态标志、位控变量设在位寻址区。同样，位寻址区的 RAM 单元也可以作为一般的数据存储器按字节单元使用。其具体位地址单元见表 2-2。

　　AT89S51 共有 22 个专用寄存器，有 21 个是可寻址的（PC 指针寄存器不可寻址），不同 51 系列的芯片根据需要增加了相应的专用寄存器，具体的详情可查看相关厂家的数据手

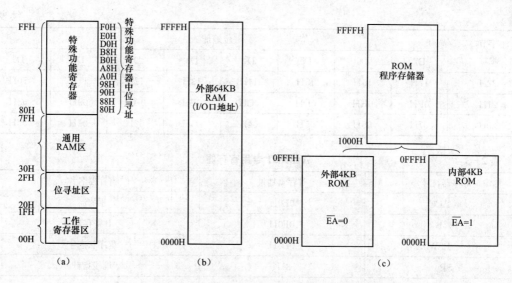

图 2-9　AT89S51 单片机存储器结构

(a) 内部数据存储器；(b) 外部数据存储器；(c) 程序存储器

册。这些可寻址寄存器的名称、符号及地址专用寄存器的地址映像见表 2-3 所列。

在 21 个可寻址的专用寄存器中，有 11 个寄存器是可以位寻址的，即表 2-3 中在寄存器符号前标星号（*）的寄存器。AT89S51 专用寄存器中可寻址位共有 83 个，其中许多位还有其专用名称，寻址时既可使用位地址，也可以使用位名称。专用寄存器的可寻址位加上位寻址区的 128 个通用位，构成了 AT89S51 位处理器的整个数据位存储空间。各专用寄存器的位地址/位名称见表 2-4。

表 2-2　　　　　　　　　　　内部数据存储器中的位地址

字节地址	位地址							
	D7	D6	D5	D4	D3	D2	D1	D0
2FH	7FH	7EH	7DH	7CH	7BH	7AH	79H	78H
2EH	77H	76H	75H	74H	73H	72H	71H	70H
2DH	6FH	6EH	6DH	6CH	6BH	6AH	69H	68H
2CH	67H	66H	65H	64H	63H	62H	61H	60H
2BH	5FH	5EH	5DH	5CH	5BH	5AH	59H	58H
2AH	57H	56H	55H	54H	53H	52H	51H	50H
29H	4FH	4EH	4DH	4CH	4BH	4AH	49H	48H
28H	47H	46H	45H	44H	43H	42H	41H	40H
27H	3FH	3EH	3DH	3CH	3BH	3AH	39H	38H
26H	37H	36H	35H	34H	33H	32H	31H	30H
25H	2FH	2EH	2DH	2CH	2BH	2AH	29H	28H
24H	27H	26H	25H	24H	23H	22H	21H	20H
23H	1FH	1EH	1DH	1CH	1BH	1AH	19H	18H

续表

字节地址	位地址							
	D7	D6	D5	D4	D3	D2	D1	D0
22H	17H	16H	15H	14H	13H	12H	11H	10H
21H	0FH	0EH	0DH	0CH	0BH	0AH	09H	08H
20H	07H	06H	05H	04H	03H	02H	01H	00H

表 2-3　　　　　　　　　　　　AT89S51 专用寄存器

寄存器符号	寄存器地址	寄存器名称
＊ ACC	0E0H	累加器
＊ B	0F0H	B 寄存器
＊ PSW	0D0H	程序状态字
SP	81H	堆栈指针
DPL	82H	数据指针低 8 位
DPH	83H	数据指针高 8 位
＊ IE	0A8H	中断允许控制寄存器
＊ IP	0B8H	中断优先控制寄存器
＊ P0	80H	I/O 端口 0
＊ P1	90H	I/O 端口 1
＊ P2	0A0H	I/O 端口 2
＊ P3	0B0H	I/O 端口 3
PCON	87H	电源控制及波特率选择寄存器
＊ SCON	98H	串行端口控制寄存器
SBUF	99H	串行数据缓冲寄存器
＊ TCON	88H	定时器控制寄存器
TMOD	89H	定时器方式选择寄存器
TL0	8AH	定时器 0 低 8 位
TL1	8BH	定时器 1 低 8 位
TH0	8CH	定时器 0 高 8 位
TH1	8DH	定时器 1 高 8 位
WDTRST	0A6H	看门狗寄存器 AT89S51/52 特有

表 2-4　　　　　　　　　　　　专用寄存器位地址表

寄存器符号	MSB→位地址/位名称 →LSB							
B	0F7H	0F6H	0F5H	0F4H	0F3H	0F2H	0F1H	0F0H
A	0E7H	0E6H	0E5H	0E4H	0E3H	0E2H	0E1H	0E0H
PSW	0D7H	0D6H	0D5H	0D4H	0D3H	0D2H	0D1H	0D0H
	CY	AC	F0	RS1	RS0	OV	/	P

寄存器符号	MSB→位地址/位名称 →LSB							
IP	0BFH	0BEH	0BDH	0BCH	0BBH	0BAH	0B9H	0B8H
	/	/	/	PS	PT1	PX1	PT0	PX0
P3	0B7H	0B6H	0B5H	0B4H	0B3H	0B2H	0B1H	0B0H
	P3.7	P3.6	P3.5	P3.4	P3.3	P3.2	P3.1	P3.0
IE	0AFH	0AEH	0ADH	0ACH	0ABH	0AAH	0A9H	0A8H
	EA	/	/	ES	ET1	EX1	ET0	EX0
P2	0A7H	0A6H	0A5H	0A4H	0A3H	0A2H	0A1H	0A0H
	P2.7	P2.6	P2.5	P2.4	P2.3	P2.2	P2.1	P2.0
SCON	9FH	9EH	9DH	9CH	9BH	9AH	99H	98H
	SM0	SM1	SM2	REN	TB8	RB8	TI	RI
P1	97H	96H	95H	94H	93H	92H	91H	90H
	P1.7	P1.6	P1.5	P1.4	P1.3	P1.2	P1.1	P1.0
TCON	8FH	8EH	8DH	8CH	8BH	8AH	89H	88H
	TF1	TR1	TF0	TR0	IE1	IT1	IE0	IT0
P0	87H	86H	85H	84H	83H	82H	81H	80H
	P0.7	P0.6	P0.5	P0.4	P0.3	P0.2	P0.1	P0.0

1. 累加器 A

累加器 A 是一个最常用的专用寄存器，其自身带有全零标志 Z，若（A）＝0 则（Z）＝1；若（A）≠0 则（Z）＝0。该标志常用作程序分支的判断条件。

2. 程序状态字寄存器 PSW

PSW 的定义格式见表2-5。

表 2-5　　　　　　　　　　　PSW 的 定 义 格 式

位序	D7	D6	D5	D4	D3	D2	D1	D0
	PSW.7	PSW.6	PSW.5	PSW.4	PSW.3	PSW.2	PSW.1	PSW.0
位名称	CY	AC	F0	RS1	RS0	OV	X	P

表中：

CY：进位/借位标志，位累加器。在运算时有进、借位时，CY＝1，否则 CY＝0。

AC：辅助进/借位标志，用于十进制调整。当 D3 向 D4 有进、借位时，AC＝1，否则 AC＝0。

F0：用户定义标志位，软件置位/清零。

RS1、RS0：寄存器区选择控制位，功能见表2-6（适用于汇编语言编程）或表3-5（适用于 C 语言编程）。

表 2-6   工作寄存器组选择控制表

RS1	RS0	选择工作寄存器组
0	0	0 组（00H～07H）
0	1	1 组（08H～0FH）
1	0	2 组（10H～17H）
1	1	3 组（18H～1FH）

OV：溢出标志。当运算结果超出 $-128\sim+127$ 的范围时，OV=1，否则 OV=0。

X：保留位。

P：奇偶标志。每条指令执行完后，根据累加器 A 中 1 的个数来决定，当有奇数个 1 时，P=1，否则 P=0。

3. 看门狗寄存器 WDTRS

AT89S51 和 AT89S52 单片机特有的看门狗寄存器，具体使用详见本章第四节。

二、片外数据存储器

片外数据存储器又称外部 RAM。当片内 RAM 不能满足数量上的要求时，可通过总线端口和其他 I/O 端口扩展外部数据 RAM。其最大容量可达 64KB，结构如图 2-9（b）所示。

在片外数据存储器中，数据区和扩展的 I/O 端口是统一编址的，使用的指令也完全相同，因此，用户在应用系统设计时，必须合理地进行外部 RAM 和 I/O 端口的地址分配，并保证译码的唯一性。

三、程序存储器

程序存储器的结构如图 2-9（c）所示，包括片内和片外程序存储器两个部分。其主要用来存放编好的用户程序和表格常数，它以 16 位的程序计数器 PC 作为地址指针，故寻址空间为 64KB。

单片机复位后，程序计数器 PC 的值为 0000H，单片机自动从 0000H 开始取指令执行，但从 0003H～002BH 有 6 个中断入口地址，主程序一般放在 0030H 之后的存储器单元中。编程时，一般都在 0000H 放一条绝对跳转指令，用户程序则从转移后的地址开始执行。以下是六个中断入口地址（8n+3，n 为中断编号，取值为 0～5，详见第三章中表 3-5）：

0000H——系统复位，PC 指向此处；

0003H——外部中断 0 入口；

000BH——T0 溢出中断入口；

0013H——外中断 1 入口；

001BH——T1 溢出中断入口；

0023H——串口中断入口；

002BH——T2 溢出中断入口（52 系列特有）。

第四节　CPU 的时序及辅助电路

一、单片机的时钟电路

单片机时钟电路通常有内部振荡方式和外部振荡方式两种形式。

1. 内部振荡方式

AT89S51 单片机片内有一个用于构成振荡器的高增益反相放大器，引脚 XTAL1 和 XTAL2 分别是此放大器的输入端和输出端。把放大器与作为反馈元件的晶体振荡器或陶瓷谐振器连接，就构成了内部自激振荡器并产生振荡时钟脉冲，如图 2-10 所示。

电容 C1 和 C2 的典型值为 30pF。晶体的振荡频率范围是 1.2～12MHz。晶体振荡频率越高，则系统的时钟频率也高，单片机运算速度也就快；但反过来，运行速度快，对存储器的速度要求就高，对印制电路板的工艺要求也高。8051 在通常应用情况下，使用振荡频率为 6、11.0592MHz（51 单片机通信中选用，波特率误差小）或 12MHz 的石英晶体。

2. 外部振荡方式

外部振荡方式就是把外部已有的时钟信号直接连接到 XTAL1 端引入单片机内，XTAL2 端悬空不用，如图 2-11 所示。

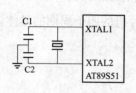

图 2-10　内部振荡方式

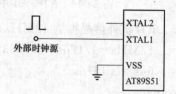

图 2-11　外部振荡方式

二、振荡周期、时钟周期、机器周期和指令周期

振荡电路产生的振荡脉冲并不能直接使用，而是经分频后才能为系统所用，如图 2-12 所示。由图 2-12 可知，时钟电路产生的振荡脉冲，经过触发器进行二分频之后才能作为单片机的时钟脉冲信号。在二分频的基础上再三分频产生 ALE 信号（这就是在前面介绍 ALE 所说的"ALE 是以晶振 1/6 的固定频率输出的正脉冲"），在二分频的基础上再六分频得到机器周期信号。

振荡周期、时钟周期、机器周期和指令周期之间的相互关系如图 2-13 所示。

（1）振荡周期：为单片机提供时钟信号的振荡源的周期。

（2）时钟周期：是振荡源信号经二分频后形成的时钟脉冲信号。因此时钟周期是振荡周期的两倍，时钟周期（又称状态周期，S 周期）被分成两个节拍，即 P1 节拍

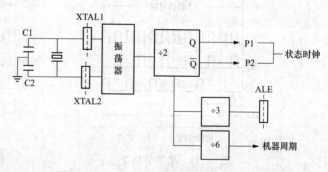

图 2-12　AT89S51 单片机的时钟电路框图

和 P2 节拍。在每个时钟的前半周期，P1 信号有效，这时 CPU 通常完成算术逻辑操作；在每个时钟的后半周期，P2 信号有效，内部寄存器与寄存器之间的数据传输一般在此状态发生。

（3）机器周期：是完成一个基本操作所需的时间。一个机器周期由 6 个状态（12 个振荡脉冲）组成，即 6 个时钟周期，是单片机完成一个基本操作所用的时间，如读操作、写操作等。

（4）指令周期：是指 CPU 执行一条指令所需要的时间。一个指令周期通常含有 1～4 个机器周期。在 AT89S51 中，除了乘、除两条指令需四个机器周期外，其余都为单周期或双周期指令。

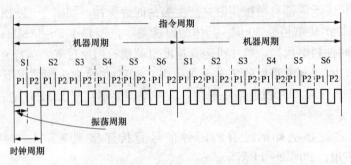

图 2-13　AT89S51 单片机各种周期的相互关系

若 AT89S51 单片机外接晶振为 12MHz 时，则单片机的四个周期的具体值为：

振荡周期＝1/12MHz＝1/12μs＝0.0833μs；

时钟周期＝1/6μs＝0.167μs；

机器周期＝1μs；

指令周期＝1～4μs。

三、AT89S51 单片机指令的取指和执行时序

1. 单周期指令时序

单字节指令的时序如图 2-14 所示。在 S1P2 开始把指令操作码读入指令寄存器，并执行指令，但在 S4P2 开始读的下一指令的操作码要丢失，且程序计数器 PC 不加 1。

双字节指令的时序如图 2-15 所示。在 S1P2 开始把指令操作码读入指令寄存器，并执行指令。在 S4P2 开始再读入指令的第二字节。

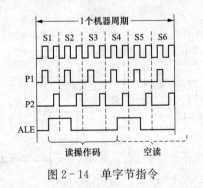

图 2-14　单字节指令

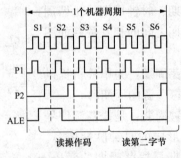

图 2-15　双字节指令

单字节、双字节指令均在 S6P2 结束操作。

2. 双周期指令时序

对于单字节指令，在两个机器周期之内要进行 4 次读操作，只是后 3 次读操作无效，如图 2-16 所示。由图 2-16 可知，每个机器周期中 ALE 信号有效 2 次，具有稳定的频率，可以将其作为外部设备的时钟信号。但应注意，在对片外 RAM 进行读/写操作时，ALE 信号会出现非周期现象，如图 2-17 所示。由图 2-17 可见，在第 2 机器周期无读操作码的操作，而是进行外部数据存储器的寻址和数据选通，所以在 S1P2～S2P1 间无 ALE 信号。

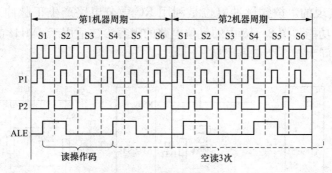

图 2-16 双周期指令时序

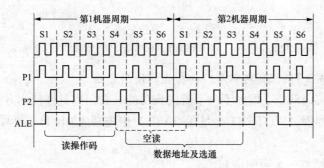

图 2-17 访问外部 RAM 的双周期指令时序

四、单片机复位电路及复位状态

1. 单片机的外部复位电路

当 RST 引脚出现两个机器周期以上的高电平时，单片机复位。复位后，P0～P3 输出高电平，SP 寄存器为 07H，其他寄存器全部清 0，不影响 RAM 状态。单片机复位后特殊功能寄存器的具体状态见表 2-7。

表 2-7　　　　　　　　　　　单片机复位后特殊功能寄存器的状态

特殊功能寄存器	初始状态	特殊功能寄存器	初始状态
A	00H	TMOD	00H
B	00H	TCON	00H
PSW	00H	TH0	00H
SP	07H	TL0	00H
DPL	00H	TH1	00H
DPH	00H	TL1	00H
P0～P3	FFH	SBUF	XXXXXXXXB
IP	XXX00000B	SCON	00H
IE	0XX0000B	PCON	0XXXXXXXB

复位操作有上电自动复位和按键手动复位两种方式。上电自动复位是通过外部复位电路的电容充电来实现的，其电路如图 2-18（a）所示。这样，只要电源 VCC 的上升时间不超过 1ms，就可以实现自动上电复位，即接通电源就完成了系统的复位、初始化。

按键手动复位又分为按键电平复位和按键脉冲复位，按键电平复位是将复位端经电阻与

VCC 电源接通而实现的，按键脉冲复位是利用 RC 微分电路产生正脉冲来达到复位目的，它们兼具上电复位功能。图 2-18 中的复位电路的阻容参数适用于 6MHz 晶振，能保证复位信号高电平持续时间大于 2 个机器周期。

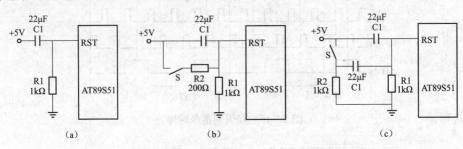

图 2-18　复位电路

(a) 上电复位电路；(b) 按键电平复位电路；(c) 按键脉冲复位电路

2. AT89S51 与 AT89S52 内部看门狗功能的使用方法

AT89S51 只比 AT89C51 增加了一个看门狗功能，看门狗具体使用方法如下：在程序初始化中向看门狗寄存器（WDTRST 地址是 0A6H）中先写入 01EH，再写入 0E1H，即可激活看门狗。

在 C 语言中要增加一个声明语句。

在 AT89X51.h 声明文件中增加一行 sfr WDTRST = 0xA6，程序如下：

```
main()
{
    WDTRST=0x1E;
    WDTRST=0xE1;//初始化看门狗。
    while (1)
    {
        WDTRST=0x1E;
        WDTRST=0xE1;//喂狗指令
    }
}
```

特别提示：

(1) AT89S51 的看门狗必须由程序激活后才开始工作，所以必须保证 CPU 有可靠的上电复位，否则看门狗也无法工作。

(2) 看门狗使用的是 CPU 的晶振。在晶振停振的时候看门狗也无效。

(3) AT89S51 只有 14 位计数器。在 16383 个机器周期内必须至少喂狗一次，而且这个时间是固定的，无法更改。当晶振为 12MHz 时每 16ms 需喂狗一次。

喂狗注意事项：

(1) 喂狗间歇不得大于看门狗溢出时间；

(2) 避免在中断中喂狗；

(3) 避免多处喂狗。

第五节 I/O 端口应用举例

一、P0、P1、P2 和 P3 作为输出端口

详见第一章流水灯。

二、P1 作为输入端口

1. 硬件设计

P1 端口的高四位 P14、P15、P16 和 P17 分别接 4 个独立按键 S01、S02、S03 和 S04 及 4 个 LED VD5、VD6、VD7 和 VD8；当独立按键按下时，对应发光二极管亮，比如 S01 按下时，VD5 被点亮，同时 P30 输出低电平 VD17 被点亮，如图 2-19 所示。仿真元器件 见表 2-8。

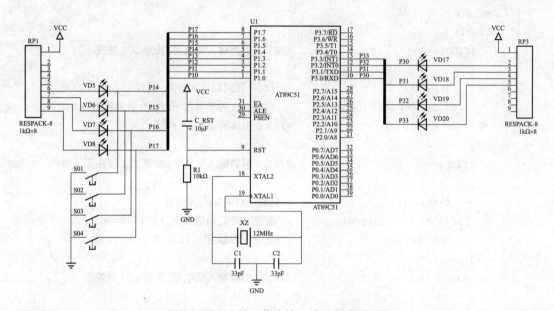

图 2-19 P1 端口作为输入端口电路原理图

表 2-8 **P1 端口作为输入端口仿真所需元器件**

元 器 件	名 称	描 述
单片机 U1	AT89C51	—
电阻排 RP1	RESPACK-8	—
电阻 R1	resistors	10kΩ (0.6W)
发光二极管 VD5~VD8	led-yellow（黄色）	—
电容 C1、C2	capacitors	33pF (50V)
电容 C_RST	capacitors	10μF、50V
晶振 XZ	crystal	—
按键 S01~S04	BUTTON	—

2. C 源程序

```
# include < reg51.h>
sbit S01=P1^4;
sbit S02=P1^5;
sbit S03=P1^6;
sbit S04=P1^7;
sbit VD17=P3^0;
sbit VD18=P3^1;
sbit VD19=P3^2;
sbit VD20=P3^3;
void delay()//延时程序
{ unsigned char i,j;for(i=0;i<100;i++)    for(j=0;j<100;j++);}
void main()
{ while(1)
    { if(S01==0)                        //P1.4 引脚输入低电平,按键 S01 被按下
      {
          delay();                      //延时一段时间再次检测,消抖
        if(S01==0) VD17=0;              // 按键 S01 的确被按下,P3.0 引脚输出 0,VD17 亮
          else VD17=1;                  //P3.0 引脚输出 1,VD17 灭
      }
      if(S02==0)                        //P1.5 引脚输入低电平,按键 S02 被按下
      {
          delay();                      //延时一段时间再次检测
        if(S02==0)  VD18=0;             // 按键 S02 的确被按下,P3.1 引脚输出 0,VD18 亮
          else VD18=1;                  //P3.1 引脚输出 1,VD18 灭
      }
      if(S03==0)                        //P1.6 引脚输入低电平,按键 S03 被按下
      {
          delay();                      //延时一段时间再次检测
        if(S03==0) VD19=0;             //按键 S03 的确被按下,P3.2 引脚输出 0,VD19 亮
          else VD19=1;                  //P3.2 引脚输出 1,VD19 灭
      }
      if(S04==0)                        //P1.7 引脚输入低电平,按键 S04 被按下
      {
          delay();                      //延时一段时间再次检测
        if(S04==0)  VD20=0;            // 按键 S04 的确被按下,P3.3 引脚输出 0,VD20 亮
          else VD20=1;                  //P3.3 引脚输出 1,VD20 灭
      }        }    }
```

3. Proteus 仿真

经 Keil 软件编译通过后，可利用 Proteus 软件进行仿真，详见配套资料"**第二章 单片机的硬件结构和工作原理图/P1 作为输入口**"。在 Proteus ISIS 编辑环境中绘制仿真电路图，将编译好的"P1 输入口 .hex"文件加入 AT89C51。启动仿真，可以看到 S01 按下，VD17

被点亮。

三、花样灯

使用 P0、P1、P2 和 P3 端口控制 VD1～VD32 进行花样显示。显示规律为：

（1）32 个 LED 依次左移单个点亮。

（2）32 个 LED 依次右移逐个点亮。

（3）32 个 LED 依次左移逐个熄灭，然后再从（1）进行循环。

1. 硬件设计

硬件设计如图 2-20 所示。详见配套数字资源（源程序）"**第二章　单片机的硬件结构和工作原理图/花样灯**"，仿真元件见表 2-9。

表 2-9　　　　　　　　　　　　　　花样灯仿真所需元器件

元 器 件	名 称	描 述
单片机 U1	AT89C51	—
电阻排 RP1～RP4	RESPACK-8	—
电阻 R1	resistors	10kΩ（0.6W）
发光二极管 VD1、VD9、VD17 和 VD25	led-red（红色）	—
发光二极管 VD3、VD11、VD19 和 VD27	led-green（绿色）	—
其余发光二极管	led-yellow（黄色）	—
电容 C1、C2	capacitors	33pF（50V）
电容 C_RST	capacitors	10μF，50V
晶振 XZ	crystal	—

2. C 源程序

```
# include < reg51. h>
unsigned char code tab1[]={0xfe,0xfd,0xfb,0xf7,0xef,0xdf,0xbf,0x7f,0xff};//左移单个点亮
unsigned char code tab2[]={0x7f,0x3f,0x1f,0x0f,0x07,0x03,0x01,0x00};//右移逐个点亮
unsigned char code tab3[]={0x01,0x03,0x07,0x0f,0x1f,0x3f,0x7f,0xff};//左移逐个熄灭
void Delay(){unsigned char i,j;for(i=0;i<255;i++ ) for(j=0;j<255;j++ ); }
void main()
{
    unsigned char i;
    while(1){                                        //左移单个点亮
        for(i=0;i<9;i++ ) {P1=tab1[i]; Delay();}     //单个点亮 VD1～VD8
        for(i=0;i<9;i++ ) {P0=tab1[i]; Delay();}     //单个点亮 VD9～VD16
        for(i=0;i<9;i++ ) {P3=tab1[i]; Delay();}     //单个点亮 VD17～VD24
        for(i=0;i<9;i++ ) {P2=tab1[i]; Delay();}     //单个点亮 VD25～VD32
                                                     //右移逐个点亮
        for(i=0;i<8;i++ ){P2=tab2[i]; Delay();}      //逐个点亮 VD32～VD25
        for(i=0;i<8;i++ ){P3=tab2[i]; Delay();}      //逐个点亮 VD24～VD17
        for(i=0;i<8;i++ ){P0=tab2[i]; Delay();}      //逐个点亮 VD16～VD9
        for(i=0;i<8;i++ ){P1=tab2[i]; Delay();}      //逐个点亮 VD8～VD1
```

```
                                                      //左移逐个熄灭
for(i=0;i<8;i++ ) {P1=tab3[i]; Delay();}              //逐个熄灭 VD1～VD8
for(i=0;i<8;i++ ) {P0=tab3[i]; Delay();}              //逐个熄灭 VD9～VD16
for(i=0;i<8;i++ ) {P3=tab3[i]; Delay();}              //逐个熄灭 VD17～VD24
for(i=0;i<8;i++ ){P2=tab3[i]; Delay();}               //逐个熄灭 VD25～VD32
  }
}
```

3. Proteus 仿真

经 Keil 软件编译通过后，可利用 Proteus 软件进行仿真，如图 2 - 20 所示。在 Proteus ISIS 编辑环境中绘制仿真电路图，将编译好的"花样灯 . hex"文件加入 AT89C51，启动仿真。

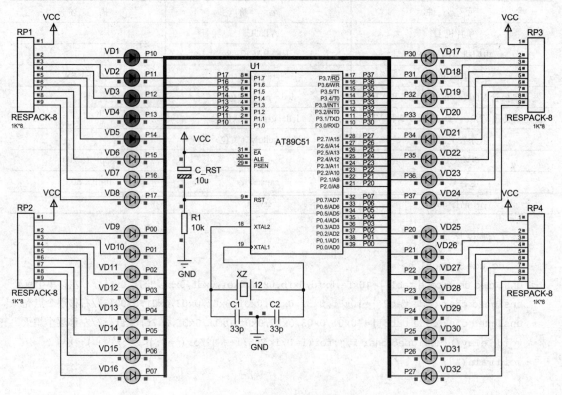

图 2 - 20　花样灯仿真效果图

　习　题

1. 简述 AT89S51 系列单片机种类。

2. AT89S51 内部结构有几部分？有何特点？

3. AT89S51 单片机 DIP 封装有多少引脚？ALE、$\overline{\text{PSEN}}$、$\overline{\text{EA}}$ 作用分别是什么？

4. 51 单片机存储器组织采用何种结构？存储器地址空间如何划分？各地址空间的地址范围和容量如何？在使用上有何特点？

5. 简述 SFR 中各寄存器的名称、功能？

6. 51 单片机的 P0～P3 端口在结构上有何不同？在使用上有何特点？

7. AT89S52 晶振频率为 12MHz，时钟周期、机器周期为多少？

8. 51 单片机的 PSW 寄存器各位标志的意义如何？

9. 51 单片机的当前工作寄存器组如何选择？

10. 51 单片机的控制总线信号有哪些？各信号的作用分别是什么？

11. 51 单片机的程序存储器低端的几个特殊单元的用途是什么？

第三章　C51 语言简介

本章重点介绍了单片机 C51 语言的语法规则，主要内容有 C51 关键字及其数据类型、存储模式、运算符、函数和结构体、数组和指针以及绝对地址的访问方式。

第一节　C51 语言关键字与数据类型

一、C51 语言关键字

1. 关键字

关键字是 C51 语言规定的一批标识符，在源程序中代表固定的含义，不能另作他用。C51 语言除了支持 ANSI 标准 C 语言中的关键字（见表 3 - 1）外，还根据 51 系列单片机的结构特点扩展部分关键字，见表 3 - 2。

表 3 - 1　　　　　　　　　　　　ANSI 标准 C 语言中的关键字

关键字	用　途	说　明
auto	存储种类声明	用于声明局部变量，默认值为此
break	程序语句	退出最内层循环体
case	程序语句	switch 语句中的选择项
char	数据类型声明	单字节整型数或字符型数据
const	存储类型声明	在程序执行过程中不可修改的变量值
continue	程序语句	转向下一次循环
defaut	程序语句	switch 语句中的失败选择项
do	程序语句	构成 do...while 循环结构
double	数据类型声明	双精度浮点数
else	程序语句	构成 if...else 选择结构
enum	数据类型声明	枚举
extern	存储种类声明	在其他程序模块中声明了的全局变量
float	数据类型声明	单精度浮点数
for	程序语句	构成 for 循环结构
goto	程序语句	构成 goto 转移结构
if	程序语句	构成 if...else 选择结构
int	数据类型声明	基本整型数
long	数据类型声明	长整型数
register	存储种类声明	使用 CPU 内部寄存器的变量
return	程序语句	函数返回
short	数据类型声明	短整型数

续表

关键字	用　途	说　明
signed	数据类型声明	有符号数，二进制数据的最高位为符号位
sizeof	运算符	计算表达式或数据类型的字节数
static	存储种类声明	静态变量
struct	数据类型声明	结构类型数据
switch	程序语句	构成 switch 选择结构
typedef	数据类型声明	重新进行数据类型定义
union	数据类型声明	联合类型数据
unsigned	数据类型声明	无符号数据
void	数据类型声明	无符号数据
volatile	数据类型声明	声明该变量在程序执行中可被隐含地改变
while	程序语句	构成 while 和 do...while 循环结构

表 3 - 2　　　　　　　　　　　　C51 编译器的扩展关键字

关键字	用　途	说　明
_at_	地址定位	为变量进行存储器绝对空间地址定位
alien	函数特性声明	用以声明与 PL/M51 兼容的函数
bdata	存储器类型声明	可位寻址的 8051 内部数据存储器
bit	位变量声明	声明一个位变量或位类型的函数
code	存储器类型声明	8051 程序存储器空间
compact	存储器模式	指定使用 8051 外部分页寻址数据存储器空间
data	存储器类型声明	直接寻址的 8051 内部数据存储器
idata	存储器类型声明	间接寻址的 8051 内部数据存储器
interrupt	中断函数声明	定义一个中断服务函数
large	存储器模式	指定使用 8051 外部数据存储器空间
pdata	存储器类型声明	分页寻址的 8051 外部数据存储器
priority	多任务优先级声明	规定 RTX51 或 RTX51 Tiny 的任务优先级
reentrant	再入函数声明	定义一个再入函数
sbit	位变量声明	声明一个可位寻址变量
sfr	特殊功能寄存器声明	声明一个 8 位的特殊功能寄存器
sfr16	特殊功能寄存器声明	声明一个 16 位的特殊功能寄存器
small	存储器模式	指定使用 8051 内部数据存储器空间
task	任务声明	定义实时多任务函数
using	寄存器组定义	定义 8051 的工作寄存器组
xdata	存储器类型声明	8051 外部数据存储器

2. 预定义标识符

预定义标识符是指 C51 语言提供的系统函数的名字（如 printf、scanf）和预编译处理命令（如 define、include）等。C51 语言允许用户把这类标识符另作他用，但将使这些标识符失去系统规定的原意。因此，为了避免误解，建议用户不要把预定义标识符另作他用。

3. 自定义标识符

由用户根据需要定义的标识符，一般用来给变量、函数、数组或文件等命名。程序中使用的自定义标识符除要遵循标识符的命名规则外，还应做到"见名知意"，即选择具有相关含义的英文单词或汉语拼音，以增加程序的可读性。如果自定义标识符与关键字相同，程序在编译时将给出出错信息；如果自定义标识符与预定义标识符相同，系统并不报错。

二、数据与数据类型

（1）数据。具有一定格式的数字或数值称为数据。

（2）数据类型。数据的不同格式称为数据类型。

（3）数据结构。数据按一定的数据类型进行的排列、组合构架称为数据结构。

每写一个程序，总离不开数据的应用，在学习 C51 语言的过程中理解掌握数据类型是非常关键的。C51 编译器提供的数据结构是以数据类型的形式出现的，Keil C51 编译器具体支持的数据类型见表 3-3。

表 3-3　　　　　　　　　　　Keil μVision4 C51 编译器支持的数据类型

数据类型	长度（bit）	长度（byte）	值域范围
unsigned char	8	1	0～255
signed char	8	1	-128～+127
unsigned int	16	2	0～65536
signed int	16	2	-32768～32767
unsigned long	32	4	0～4294967295
signed long	32	4	-2147483648～2147483647
float	32	4	±1.175494E-38～±3.402823E+38
*		1～3	对象的地址
bit[1]	1		0 或 1
sfr[2]	8	1	0～255
sfr16[3]	16	2	0～65536
sbit[4]	1		0 或 1

[1] bit，位类型，这是 C51 编译器的一种扩充数据类型，利用它可以定义一个位变量，但不能定义位指针，也不能定义位数组。

[2] sfr，特殊功能寄存器，这也是 C51 编译器的一种扩充数据类型，利用它可以定义 8051 单片机的所有内部 8 位特殊功能寄存器。sfr 型数据占用一个内存单元，取值范围是 0～255。

[3] sfr16，16 位特殊功能寄存器，它占用两个内存单元，取值范围是 0～65535，利用它可以定义 8051 单片机内部 16 特殊功能寄存器。

[4] sbit，可寻址位，这也是 C51 编译器的一种扩充数据类型，利用它可以定义 8051 单片机内部 RAM 中的可寻址位或特殊功能寄存器的可寻址位。

总之，sbit、sfr 和 sfr16 为 8051 硬件和 C51 及 C251 编译器所特有，它们不是 ANSI C 的一部分，也不能用指针对它们进行存取。

三、C51 数据类型的扩充定义

为了能够直接访问 8051 系列单片机内部的特殊功能寄存器，C51 编译器扩充了关键字 sfr 和 sfr16，利用这种扩充关键字可以在 C 语言源程序中直接对 8051 系列单片机的特殊功能寄存器进行定义。对于大多数初学者而言，这些寄存器的声明已经完全包含在了 51 单片机特殊功能寄存器声明头文件"reg51.h"中，如图 3－1 所示。在 Keil 软件编译器选中"reg51.h"右键打开即可查看，一般而言初学者不需要对特殊功能寄存器进行定义，用一条预处理命令＃include ＜reg51.h＞将这个头文件包含到 C51 程序中，即可直接使用它们的名称。

```
#ifndef   __REG51_H__
#define   __REG51_H__

/*  BYTE Register  */
sfr P0   = 0x80;
sfr P1   = 0x90;
sfr P2   = 0xA0;
sfr P3   = 0xB0;
sfr PSW  = 0xD0;
sfr ACC  = 0xE0;
sfr B    = 0xF0;
sfr SP   = 0x81;
sfr DPL  = 0x82;
sfr DPH  = 0x83;
sfr PCON = 0x87;
sfr TCON = 0x88;
sfr TMOD = 0x89;
sfr TL0  = 0x8A;
```

```
/*  PSW  */
sbit CY  = 0xD7;
sbit AC  = 0xD6;
sbit F0  = 0xD5;
sbit RS1 = 0xD4;
sbit RS0 = 0xD3;
sbit OV  = 0xD2;
sbit P   = 0xD0;

/*  TCON  */
sbit TF1 = 0x8F;
sbit TR1 = 0x8E;
sbit TF0 = 0x8D;
sbit TR0 = 0x8C;
sbit IE1 = 0x8B;
sbit IT1 = 0x8A;
sbit IE0 = 0x89;
sbit IT0 = 0x88;

/*  IE  */
sbit EA  = 0xAF;
sbit ES  = 0xAC;
sbit ET1 = 0xAB;
sbit EX1 = 0xAA;
sbit ET0 = 0xA9;
sbit EX0 = 0xA8;
```

图 3－1　头文件"reg51.h"中定义的 sfr/sfr16 和 sbit 变量

特殊功能寄存器定义方法如下：

sfr　特殊功能寄存器名 ＝ 地址常数；

例如：sfr　P0=0x80; //定义 I/O 端口 P0，其地址为 0x80

注　意

（1）sfr 后面必须跟一个标识符作为寄存器名，名字可任意选取，但应符合一般习惯。

（2）等号后面必须是常数，不允许有带运算符的表达式，而该常数必须在 SFR 的地址范围之内（0x80～0xff）。

（3）新一代 8051 单片机，SFR 经常组合成 16 位来使用。采用关键字 sfr16 来定义。例如对 8052 的定时器 T2，可采用如下方法定义：

sfr16　T2=0xcc;　　//定义 TIMER2，其地址为 T2L=0xcc，T2H=0xcd

这里 T2 为 SFR 名，等号后面是它的低字节地址，其高字节地址必须在物理上直接位于低字节之后。这种方法使用于所有新一代的 8051 中新增加 SFR，但不能用于定时器/计数器 TIMER0 和 TIMER1 的定义。

（4）在 8051 单片机应用系统中，经常需要访问 SFR 中的某些位，C51 编译器为此提供了一种扩充关键字 sbit，利用它可以定义可位寻址对象。例如：

sbit LED1=P0^0;

P0 端口看作是一个 8 位的寄存器，P0^0 表示这 8 位寄存器的最低位，最高位为 P0^7。该语句的功能就是将 P0 端口的最低位声明为 VD1，若以后对 P0 端口的最低位（对应 P0 端口的 P0.0 引脚）进行操作，直接操作 VD1 就即可。

第二节　C51 语言存储种类和存储模式

在 C51 编译器中对变量进行定义的格式如图 3－2 所示。

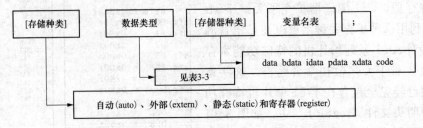

图 3－2　在 C51 编译器中对变量进行定义的格式

在定义格式中除了数据类型和变量名表是必要的，其他都是可选项。存储种类有四种：自动（auto）、外部（extern）、静态（static）和寄存器（register），默认类型为自动（auto）。定义一个变量时，如果省略存储种类选项，则该变量将为自动（auto）变量。定义一个变量时，除了需要说明其数据类型之外，C51 编译器还允许说明变量的存储类型。Keil C51 编译器完全支持 8051 系列单片机的硬件结构和存储器组织，对于每个变量可以准确地赋予其存储器类型，使之能够在单片机系统内准确地定位。表 3－4 列出了 Keil C51 编译器所能识别的存储器类型。需注意，在 AT89S51 芯片中 RAM 只有低 128 位，位于 80H～FFH 的高 128 位则在 52 芯片中才有用，并和特殊寄存器地址重叠。

表 3－4　　　　　　　　　　　Keil C51 编译器所能识别的存储器类型

存储类型	长度（byte）	值域范围	与存储空间的对应关系
data	1	0～255	直接寻址的片内数据存储器（128B），访问速度最快
bdata			可位寻址的片内 RAM（20H～2FH，共 16B），允许位与字节混合访问
idata	1	0～255	间接访问的片内 RAM（256B），允许访问全部片内地址
pdata	1	0～255	分页寻址的片外 RAM（256B），用 MOVX @Ri 指令访问
xdata	2	0～65535	片外 RAM（64KB），用 MOVX @DPTR 指令访问
code	2	0～65535	ROM（64KB），用 MOVC @A+DPTR 指令访问

定义变量时如果省略"存储器类型"选项，则按编译时使用的存储器模式 SMALL、COMPACT 或 LARGE 来规定默认存储器类型，确定变量的存储器空间。函数中不能采用寄存器传递的参数变量和过程变量也保存在默认的存储器空间。C51 编译器的三种存储器模式，对变量的影响如下：

1. SMALL 模式

变量被定义在 8051 单片机的片内数据存储器中，对这种变量的访问速度最快。另外，所有的对象，包括堆栈，都必须位于片内数据存储器中，而堆栈的长度是很重要的，实际堆栈长度取决于不同函数的嵌套深度。

2. COMPACT 模式

变量被定义在分页寻址的片外数据存储器中，每一页片外数据存储器的长度为 256B。

该模式下，对变量的访问是通过寄存器间接寻址（MOVX @Ri）进行的，堆栈位于8051 单片机片内数据存储器中。采用这种编译模式时，变量的高 8 位地址由 P2 端口确定。采用这种模式的同时，必须适当改变启动配置文件 STARTUP. A51 中的参数，即PDATASTART 和 PDATALEN。用 BL51 进行连接时，还必须采用连接控制命令 PDATA来对 P2 端口地址进行定位，这样才能确保 P2 端口为所需要的高 8 位地址。

3．LARGE 模式

变量被定义在片外数据存储器中（最大可达 64KB），使用数据指针 DPTR 来间接访问变量。这种访问数据的方法效率不高，尤其是对于 2 个以上字节的变量，用这种方法非常影响程序的代码长度。

 注意

变量的存储种类与存储器类型是完全无关的，例如：

static unsigned char data x; //在片内数据存储器中定义一个静态无符号字符型变量 x
int y; 　　　　　　　　　//定义一个自动整型变量 y，它的存储器类型由编译器模式确定

第三节　C51 语言运算符

一、算术运算符和算术表达式

1．基本算术运算符

＋：加法运算符；－：减法（取负）运算符；＊：乘法运算符；/：除法运算符;%：取余（模）运算符。

在这些运算符中，加、减和乘法符合一般的算术运算规则。除法运算时，如果是两个整数相除，其结果为整数，舍去小数部分；如果是两个浮点数相除，其结果为浮点数。

而对于取余运算，则要求两个运算对象均为整型数据。

求一个算术运算表达式的值时，要依运算符的优先级进行。算术运算符中取负运算优先级最高，其次为乘法、除法和取余，加法和减法优先级最低。也可以根据需要，在算术表达式中采用括号来改变运算符的优先级。

2．自增、自减运算符

＋＋：自增运算符；－－：自减运算符。

＋＋和－－运算符只能用于变量，不能用于常量和表达式。如，＋＋j 表示先加 1，再取值；j＋＋表示先取值，再加 1。自减运算类同。

3．类型转换

运算符两侧的数据类型不同时，要转换成同种类型。转换方式有两种情况：

（1）自动转换，是指编译器在编译时自动进行的类型转换。顺序为：bit→char→int→long→float，signed→unsigned。

（2）强制类型转换，如，（double）a，将 a 强制转换为 double 类型。

二、关系运算符和关系表达式

1．关系运算符

＜：小于；＜＝：小于等于；＞：大于；＞＝：大于等于；＝＝：等于;!＝：不等于。

关系运算即比较运算，其优先级低于算术运算，高于赋值运算。在以上六种关系运算中，前四种优先级相同，处于高优先级；后两种优先级相同，处于低优先级。

2. 关系表达式

关系表达式的值为逻辑值，即真和假。C51 中用 0 表示假，用 1 表示真。

三、逻辑运算符和逻辑表达式

1. 逻辑运算符

&&：逻辑与；||：逻辑或；!：逻辑非。

在三种逻辑运算中，逻辑非的优先级最高，且高于算术运算符；逻辑或的优先级最低，低于关系运算符，但高于赋值运算符。

2. 逻辑表达式

逻辑表达式的值也为逻辑值，即真和假。

四、位运算符

C51 提供 6 种位运算符：

&：位与；|：位或；^：位异或；~：位取反；<<：左移；>>：右移。

位运算的优先级顺序为：位取反、左移和右移、位与、位异或、位或。

五、赋值和复合赋值运算符

符号"="称为赋值运算符，其作用是将一个数据的值赋给一个变量。赋值表达式的值就是被赋值变量的值。

在赋值运算符的前面加上其他运算符可以构成复合赋值运算符。在 C51 中共有 10 种复合运算符：

+=：加法赋值；-=：减法赋值；*=：乘法赋值；/=：除法赋值；%=：取模赋值；<<=：左移位赋值；>>=：右移位赋值；&=：逻辑与赋值；|=：逻辑或赋值；^=：逻辑异或赋值；~=：逻辑非赋值。

复合赋值运算的一般格式如下：

变量　复合运算赋值符　表达式

它的处理过程：先把变量与后面的表达式进行某种运算，然后将运算的结果赋给前面的变量。其实这是 C51 语言中简化程序的一种方法，大多数二目运算都可以用复合赋值运算符简化表示。例如，i+=6 相当于 i=i+6，i*=5 相当于 i=i*5，j&=0x55 相当于 j=j&0x55，y>>=2 相当于 y=y>>2。

第四节　C51 语言函数

通常 C 语言的编译器会自带标准的函数库，这些都是一些常用的函数，Keil 中也不例外。标准函数已由编译器软件商编写定义，使用者可以直接调用，而无需定义。但是标准的函数不足以满足使用者的特殊要求，因此 C 语言允许使用者根据需要编写特定功能的函数，要调用它必须要先对其进行定义。定义的格式如下：

函数类型　函数名称(形式参数表)

{

　　　　函数体
　　　　　　}

　　函数类型是说明所定义函数返回值的类型。返回值其实就是一个变量，只要按变量类型来定义函数类型即可。如函数不需要返回值，函数类型可写作"void"，表示该函数没有返回值。需要注意的是函数体返回值的类型一定要和函数类型一致，不然会造成错误。函数名称的定义在遵循 C 语言变量命名规则的同时，不能在同一程序中定义同名的函数，否则将会造成编译错误（同一程序中是允许有同名变量的，因为变量有全局和局部变量之分）。形式参数是指调用函数时要传入到函数体内参与运算的变量，它能有一个、几个或没有。对于不需要形式参数的函数，也就是无参函数，括号内可为空或写入"void"表示，但括号不能少。函数体中能包含有局部变量的定义和程序语句，如函数要返回运算值则要使用 return 语句进行返回。在函数的 {} 号中也可什么也不写，这就成了空函数，在一个程序项目中通过写一些空函数，在以后的修改和升级中能方便的在这些空函数中进行功能扩充。

一、函数的调用

　　函数定义好以后，要被其他函数调用了才能被执行。C 语言的函数是能相互调用的，但在调用函数前，必须对函数的类型进行说明，就算是标准库函数也不例外。标准库函数的说明会被按功能分别写在不一样的头文件中，使用时只要在文件最前面用 ♯include 预处理语句引入相应的头文件。如 printf 函数说明就是放在文件名为"stdio.h"的头文件中。调用就是指一个函数体中引用另一个已定义的函数来实现所需要的功能，这个函数体称为主调用函数，函数体中所引用的函数称为被调用函数。一个函数体中能调用数个其他的函数，这些被调用的函数同样也能调用其他函数，也能嵌套调用。在 C51 语言中有一个函数是不能被其他函数所调用的，它就是 main 主函数。调用函数的一般形式如下：

　　　　类型标识符函数名(实际参数表);

　　类型标识符为可选项，"函数名"就是指被调用的函数。实际参数表能为零或多个参数，多个参数间要用逗号隔开，每个参数的类型、位置应与函数定义时的形式参数一一对应。它的作用就是将参数传到被调用函数中的形式参数，如果类型不对应就会产生一些错误。调用的函数是无参函数时不写参数，但不能省略后面的括号。

二、中断服务函数与寄存器组定义

　　中断服务函数只有在中断源请求响应中断时才会被执行，这在处理突发事件和实时控制是十分有效的。C51 编译器支持在 C 语言源程序中直接编写 8051 单片机的中断服务函数程序，从而减轻了采用汇编语言编写中断服务程序的繁琐程度。为满足在 C 语言源程序中直接编写中断服务函数的需要，C51 编译器对函数的定义进行了扩展，增加了一个扩展关键字 interrupt。它是函数定义时的一个选项，加上这个选项即可以将一个函数定义成中断服务函数。定义中断服务函数的一般形式为：

　　　　函数类型　函数名(形式参数表)[interrupt n]　[using m]

　　关键字 interrupt 后面的 n 是中断号，n 的取值范围为 0～31。编译器从 8n＋3 处产生中断向量。具体的中断号 n 和中断向量取决于 8051 系列单片机芯片型号。常用中断源和中断向量见表 3-5（结合本书表 2-6）。

表 3 - 5　　　　　　　　　　　　常用中断号与中断向量

中断号	中断源	中断向量 8n+3	中断号	中断源	中断向量 8n+3
0	外部中断 0	0003H	3	定时器 1	001BH
1	定时器 0	000BH	4	串行口	0023H
2	外部中断 1	0013H	5	定时器 2	002BH（8052 系列特有）

8051 系列单片机可以在片内 RAM 中使用 4 个不同的工作寄存器组，每个寄存器组中包括 8 个工作寄存器（R0～R7）。C51 编译器扩展了一个关键字 using，专门用来选择 8051 单片机中不同的工作寄存器组。using 后面的 m 是一个 0～3 的常整数，分别选中 4 个不同的工作寄存器组。在定义一个函数时，using 是一个选项，如果不用该选项，则由编译器自动选择一个寄存器组作为绝对寄存器组访问。需要注意的是，关键字 using 和 interrupt 的后面都不允许跟带运算符的表达式。

（1）关键字 using 对函数目标代码的影响如下：

1）在函数的入口处将当前工作寄存器组保护到堆栈中；

2）指定的工作寄存器内容不会改变；

3）函数退出之前将被保护的工作寄存器组从堆栈中恢复。

使用关键字 using 在函数中确定一个工作寄存器组时必须十分小心，要保证任何寄存器组的切换都只在自己控制的区域内发生，如果不做到这一点，将产生不正确的函数结果。另外还要注意，带 using 属性的函数原则上不能返回 bit 类型的值，并且关键字 using 不允许用于外部函数。

（2）关键字 interrupt 也不允许用于外部函数，它对中断函数目标代码的影响如下：

1）在进入中断函数时，特殊功能寄存器 ACC、B、DPH、DPL、PSW 将被保护入栈；

2）如果不使用关键字 using 进行工作寄存器组切换，则将中断函数中所用到的全部工作寄存器都入栈保存；

3）函数退出之前所有的寄存器内容出栈恢复；

4）中断函数由 8051 单片机指令 RETI 结束。

下面给出一个带有寄存器组切换的中断函数定义的例子：

```
extern  void alfunc(bit  b0);
extern  bit  alarm;
int  dtime1=0x0a;
void  timer1()  interrupt  3 using  3   // 定时器 T1 中断函数服务程序，
{                                        // 寄存器组切换到寄存器组 3
        alfunc(alarm=1);
        TH1=0x3c;
        TL1=0xb0;
        dtime1=dtime1+1;
        if(dtime1==0)
        {
            P0=0x00;
        }
}
```

（3）编写 8051 单片机中断函数时应遵循以下原则：

1）中断函数不能进行参数传递，如果中断函数中包含任何参数声明，都将导致编译出错。

2）中断函数没有返回值，如果企图定义一个返回值，将得不到正确的结果。因此建议在定义中断函数时将其定义为 void 类型，以明确说明没有返回值。

3）在任何情况下，都不能直接调用中断函数，否则会产生编译错误。因为中断函数的退出是由 8051 单片机指令 RETI 完成的，RETI 指令影响 8051 单片机的硬件中断系统。如果在没有实际中断请求的情况下直接调用中断函数，则 RETI 指令的操作结果会产生一个致命的错误。

4）如果在中断函数中调用其他函数，则被调用函数所使用的寄存器组必须与中断函数相同。用户必须保证按要求使用相同的寄存器组，否则会产生不正确的结果，这一点必须引起足够的注意。如果定义中断函数时没有使用 using 选项，则由编译器自动选择一个寄存器组作绝对寄存器组访问。另外，由于中断的产生不可预测，中断函数对其他函数的调用可能形成递归调用，需要时可将被中断函数所调用的其他函数定义成重入函数。

5）C51 编译器从绝对地址 8n+3 处产生一个中断向量，其中 n 为中断号。该向量包含一个到中断函数入口地址的绝对跳转。在对源程序编译时，可用编译控制命令 NOINTVEC-TOR 抑制中断向量的产生，从而使用户有能力从独立的汇编程序模块中提供中断向量。

单片机 C 语言扩展了函数的定义使它能直接编写中断服务函数，不必考虑出入堆栈的问题，从而提高了工作的效率。

第五节　C51 语言结构

一、C51 选择语句

1. 条件语句

条件语句由关键字 if 构成，有三种条件语句：

（1）if(条件表达式)　语句

若条件表达式的结果为真（非 0 值），则执行后面的语句；反之若条件表达式的结果为假（0 值），则不执行后面的语句。

（2）if(条件表达式)　语句 1

else　语句 2

若条件表达式的结果为真（非 0 值），则执行语句 1；反之若条件表达式的结果为假（0 值），则执行语句 2。例如：

```
if(P1!=0){ W=20;}      // 真,执行语句 1
else { W=0;}           // 假,执行语句 2
```

（3）if(条件表达式 1)　　　语句 1

　　else if(条件表达式 2)　语句 2

　　else if(条件表达式 3)　语句 3

　　……

　　else if(条件表达式 n)　语句 n

```
    else   语句 n+1
```

2. 开关语句

开关语句主要用于多分支的场合。一般形式为：

```
switch(表达式)
{
    case 常量表达式 1:语句 1;  break;
    case 常量表达式 2:语句 2;  break;
    … …
    case 常量表达式 n:语句 n;  break;
    default :             语句 n+1;
}
```

开关语句执行时，将 switch 后面表达式的值与 case 后面各个常量表达式的值逐个进行比较，若匹配则执行相应 case 后面的语句，然后执行 break 语句。break 语句的功能是中止当前语句的执行，使程序跳出 switch 语句。若没有匹配的情况，则执行语句 n+1。

二、C51 循环语句

1. while 语句

一般形式为：

```
while(条件表达式)   语句;//先检查条件,后执行
```

若条件表达式的结果为真（非 0 值），程序就重复执行后面的语句，一直执行到条件表达式的结果变为假（0 值）时为止。这种循环结构是先检查条件表达式给出的条件，再根据检查的结果决定是否执行后面的语句。如果条件表达式的结果一开始就为假，则后面的语句一次也不能执行。

2. do - while 语句

一般形式为：

```
do 语句 while(条件表达式);//先执行,后检查条件
```

该结构的特点是先执行给定的循环语句，然后再检查条件表达式的结果。若条件表达式的值为真（非 0 值），则重复执行循环体语句，直到条件表达式的值变为假（0 值）时为止。对于此种结构，在任何条件下，循环体语句至少会被执行一次。

3. for 语句

一般形式为：

```
for([初值表达式];[条件表达式];[更新表达式])   语句
```

该语句执行时，先计算初值表达式，作为循环控制变量的初值，再检查条件表达式的结果，当满足条件时就执行循环体语句并计算更新表达式，然后再根据更新表达式的计算结果来判断循环条件是否满足，一直进行到循环条件表达式的结果为假（0 值）时退出循环体。

4. if 语句与 goto 语句结合

利用 if 语句与 goto 语句的结合，可以构成循环结构。其可以有两种形式：

（1）当型循环，形式为：

```
loop:
        if(表达式)
    {       语句
            goto loop;
    }
```

（2）直到型循环，形式为：

```
loop:
    {       语句
            if(表达式)  goto loop;
    }
```

5. break 和 continue 语句

break 和 continue 语句通常用于循环结构中，用来跳出循环结构。

（1）break 语句。前面已介绍过用 break 语句可以跳出 switch 结构，使程序继续执行 switch 结构后面的一个语句。使用 break 语句还可以从循环体中跳出循环，提前结束循环而接着执行循环结构下面的语句。它不能用在除了循环语句和 switch 语句之外的任何其他语句中。

（2）continue 语句。continue 语句用在循环结构中，用于结束本次循环，跳过循环体中 continue 下面尚未执行的语句，直接进行下一次是否执行循环的判定。

continue 语句和 break 语句的区别在于：continue 语句只是结束本次循环而不是终止整个循环；break 语句则是结束循环，不再进行条件判断。

6. return 语句

return 语句一般放在函数的最后位置，用于终止函数的执行，并控制程序返回调用该函数时所处的位置。返回时还可以通过 return 语句带回返回值。return 语句格式有两种：

（1）return；

（2）return（表达式）。

第六节　C51 语言指针、数组与绝对地址访问

一、指针

在 C51 中可以定义指针类型的变量。变量的指针就是该变量的地址。为了表示指针变量和它所指向的变量地址间的关系，可以利用运算符 * （取内容）和 & （取地址）。

一般定义形式为：

变量=* 指针变量

指针变量=& 目标变量

取内容运算是将指针变量所指向的目标变量的值赋给左侧的变量；取地址运算是将目标变量的地址赋给左侧的变量。必须注意，指针变量中只能存放指针型数据（即地址），不要将一个非指针型的数据赋给一个指针变量。正确的赋值示例如：

char data * P1; /* 定义指针变量 */

```
P1=30H;            /*  为指针变量赋值,30H 为片内 RAM 地址 * /
```

C51 编译器支持两种指针类型，即一般指针和基于存储器的指针。

1. 一般指针

定义指针变量时，若未指定它所指向的对象的存储器类型时，该指针变量就被认为是一般指针。一般指针占用 3 个字节：第一个字节存放该指针的存储器类型编码（由编译模式确定见表 3－6），第二个和第三个字节分别存放该指针的高位地址和低位地址的偏移量。编码为：

表 3－6　　　　　　　　　　　　存储器类型及对应编码

存储器类型	bdata/data/idata	xdata	pdata	code
编　码	0x00	0x01	0xfe	0xff

例如，xdata 类型，地址为 0x1234 的指针表示为：第一字节为 0x01，第二字节为 0x12，第三字节为 0x34。

一般指针可用于存取任何变量而不必考虑变量在 80C51 单片机存储空间的位置，许多 C51 库函数采用了一般指针。例如：

```
char  * xdata strptr;   /*  位于 xdata 空间的一般指针 * /
int  * data  number;   /*  位于 data 空间的一般指针 * /
```

一般指针所指向对象的存储空间位置在运行期间才能确定，在编译时无法优化存储方式，必须生成一般代码以保证对任意空间的对象进行存取。因此一般指针所产生的代码速度较慢。

2. 基于存储器的指针

定义指针变量时，若指定了它所指向的对象的存储类型时，该指针变量就被认为是基于存储器的指针。基于存储器的指针可以高效访问对象，类型由 C51 源代码中存储器类型决定，且在编译时确定。由于不必为指针选择存储器，因此这些指针的长度可以为 1 个字节（idata *，data *，pdata *）或 2 个字节（code *，xdata *）。

例如：

```
char  data  * str; /*  定义指向 data 空间 char 型数据的指针 * /
int  xdata  * num; /*  定义指向 xdata 空间 int 型数据的指针 * /
long  code  * pow; /*  定义指向 code 空间 long 型数据的指针 * /
```

还可以在定义时指定指针本身的存储器空间位置，例如：

```
char  data  * xdata  str;  /*  指针本身在 xdata 空间 * /
int  xdata  * data  num;  /*  指针本身在 data 空间 * /
long  code  * idata  pow; /*  指针本身在 idata 空间 * /
```

基于存储器的指针长度比一般指针短，可以节省存储器空间，运行速度快，但它所指对象具有确定的存储器空间，兼容性不好。

二、数组

数组不过就是同一类型变量的有序集合。下面是定义一维和多维数组的方式：

数据类型　数组名　[常量表达式];

数据类型　数组名　[常量表达式 1]……[常量表达式 N];

"数据类型"是指数组中的各数据单元的类型,每个数组中的数据单元只能是同一数据类型。"数组名"是整个数组的标识,命名方法和变量命名方法是一样的。在编译时系统会根据数组大小和类型为变量自动分配空间,数组名可以看作是所分配空间的首地址的标识。"常量表达式"是表示数组的长度和维数,它必须用"[]"括起,括号里的数不能是变量只能是常量,一维数组也可以不标明数组的具体长度,即"[]"可不写具体数字,系统会为数组自动分配存储空间。对于单片机初学者来讲,可以不去关心数组中的数据具体如何存储的,并不影响进行单片机开发。例如定义一个 8 个元素的一维数组,可有两种形式:

```
unsigned char table[8]={0xfe,0xfd,0xfb,0xf7,0xef,0xdf,0xbf,0x7f};
unsigned char table[ ]={0xfe,0xfd,0xfb,0xf7,0xef,0xdf,0xbf,0x7f};
```

注意,引用数组中的某一个元素时,必须明确指定其下标,例如:

```
P1=table[2];//把无符号字符型十六进制数 0xfb 给 P1 端口
```

三、访问绝对地址

C51 提供了三种访问绝对地址的方法,分别为绝对宏、关键字"_at_"、连接定位控制。

1. 绝对宏

使用绝对宏时,需要添加头文件"absacc.h",在该文件中定义的绝对宏有 CBYTE、XBYTE、PWORD、DBYTE、CWORD、XWORD、PBYTE、DWORD。

(1) CBYTE:对程序存储区(code)的字节地址进行访问。

例如:i=CBYTE [0X000F];表示 i 指向程序存储区的地址为 0x000F 的存储单元,地址范围为 0X0000~0XFFFF。

(2) XBYTE:对扩展 RAM 区的字节地址进行访问。

例如:i=XBYTE [0X000F];表示 i 指向扩展 RAM 区的地址为 0x000F 的存储单元,地址范围为 0X0000~0XFFFF。

(3) PBYTE:对扩展 RAM 区的字节地址进行访问。

例如:i=PBYTE [0X000F];表示 i 指向扩展 RAM 区的地址为 0x000F 的存储单元,地址范围仅为一页(256B)。

(4) DBYTE:对内部 RAM 区的字节地址进行访问。

例如:i=PBYTE [0X000F];表示 i 指向内部 RAM 区的地址为 0x000F 的存储单元。以 WORD 表示的是为字操作,其余的与以上相同。

2. 关键字"_at_"

使用关键字"_at_"不能对绝对变量进行初始化,位变量及函数不能用该关键字进行指定。使用方法为直接在定义的数据后边加上"_at_",再加上要指向的绝对地址即可。

例如:unsigned char data i _at_ 0x0F;表示 i 指向内部 RAM 区域地址为 0x0f 的单元;

unsigned char xdata i _at_ 0x0F;表示 i 指向扩展 RAM 区域地址为 0x0f 的单元;

unsigned char xdata i _at_ 0x0F;表示数组的起始地址为扩展 RAM 区的 0x0f 单元。

3. 链接定位控制

此法是利用连接控制指令"code xdata pdata \data bdata"对"段"地址进行。如要指定某具体变量地址，则在 C 模块中声明这些变量，并且使用 BL51 连接器/定位器的定位指令来指定绝对地址。

例如，要定义一个数组，需要把它定位到 xdata 区的地址 2000h。首先在 C 模块中声明这个数组：

```
unsigned char xdata i[100];
```

C51 编译器为该 C 模块生成一个目标文件，并且包含了一放在 xdata 存储区的变量段。因为它在这个模块中只有一个变量，那么"i [100]；"是这个段中仅有的变量，这个段名字为"？XD？"，若该模块名为 mokuai. c，则这个段名字为"？XD？ALMCTRL"。BL51 连接器/定位器允许使用定位指令指定任意一个段的基地址，可以通过以下指令指定变量的位置：BL51 … mokuai. obj XDATA （？XD？mokuai（2000h））。

链接定位控制有一定的局限性，使用相对较少，不作详细讨论。

习　题

1. C51 应用程序具有怎样的结构？
2. C51 编译器支持的数据类型有哪些？
3. C51 编译器支持的存储器类型有哪些？与单片机存储器有何对应关系？
4. C51 编译器有哪几种编译模式？每种编译模式的特点如何？
5. 中断函数是如何定义的的？各种选项的意义如何？
6. C51 应用程序的参数传递有哪些方式？特点如何？
7. 一般指针与基于存储器的指针有何区别？
8. 关键字 bit 与 sbit 的意义有何不同？
9. 单片机汇编程序与 C51 程序在应用系统开发上有何特点？

第四章　单片机 C 语言编程

本章主要介绍了程序代码编写的常见规则、前后台程序结构、状态机建模方法和事件触发程序结构。最后介绍了洗衣机控制器的设计项目案例。

第一节　代 码 编 写 规 范

一、项目文件管理

受到简短的 C 语言入门程序范例的影响，单片机初学者往往将所有的代码都写在一个 C 文件中。这是一种非常坏的习惯。当程序逐渐变长，只要超过 3 个屏幕长度，将会发现编辑、查找和调试都将变得非常困难。并且这种代码程序很难移植在别的项目中，除非仔细理顺函数关系，然后寻找并复制每一段函数。

而编写通用程序，将一个大型程序划分为若干个小的 C 文件，将使查找、调试和移植变得简单。在单片机程序中，最常用的划分方法是按照电路功能模块划分，将每个电路功能模块编写为独立的 C 文件。比如一个项目中会用到定时器、12 位 A/D 转换器、LCD1602 显示、键盘，则可以将程序划分为 4 个文件：BasicTimer. c、ADC12. c、LCD1602. c、Key. c。每个电路功能模块的函数写在相应的文件中，然后在相应头文件中声明对外引用的函数与全局变量。

做好文件划分和管理之后，每个文件都不会太长，如果需要修改或调试某个函数，打开相应模块的 C 文件，很容易找到，打开相应的头文件还可查看函数列表。这些通用代码很容易被重复使用。假设另一项目也用到 LCD 显示器，只要把 LCD. c 和 LCD. h 文件复制并添加到新工程内，即可调用各种 LCD 显示函数，避免了不必要的重复劳动。

C 文件与头文件的关系：假设编写一个数据处理功能模块 DataHand. c，其包含两个功能函数，即数据求和与数据求平均值。新建 DataHand. c 并添加进工程，为两个功能写代码：

```
int  Sum(int i, int j, int k)          //3个数据求和函数
{    int y;
     y=i+j+k;
     return (y);
}
float  Average(int i, int j, int k)     //3个数据求平均值函数
{
     float y;
     y=i+j+k;
     return (y/3);
}
```

假设在 main. c 文件内的某函数需要调用 DataHand. c 内的两个函数，需要在 main. c 开头用 extern 关键字声明外部函数，使编译器了解这两个函数位于其他文件，程序如下：

```
extern   int   Sum(int i, int j, int k);        //声明 Sum()是外部函数
extern float   Average(int i, int j, int k);    //声明 Average()是外部函数
```

为了避免重复工作，可以建立 DataHand. h 头文件，将上述写入头文件内。在 main. c 文件开头处包含 "DataHand. h"，相当于做了函数声明。

因此在编写程序时，要为每一个功能模块都写一个 C 文件和一个同名的头文件。在 C 文件内写代码，将对外引申函数声明集中写在头文件内。若在 File_a 文件中需要调用 File_b 文件内的函数，只需在 File_a 文件的开头添加 ♯include "File_b. h" 即可。在 keil 的工程管理器中，还提供了文件夹功能。当文件数目增多的时候，可以通过建立文件夹来分类管理文件。菜单 "Project→Manage→Component，Environment，Books" 命令，弹出 "Component，Environment，Book" 对话框，单击 Groups 右边的 🗅 （new）快捷按钮，输入 key，然后单击 "Files" 下面的 "Add Files" 按钮添加 key. c 和 key. h 两个文件，最后单击 OK 按钮，结果在 Target 1 项目下方出现 key 文件夹，如图 4-1 所示。

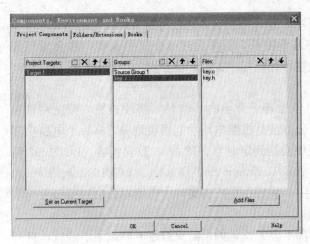

图 4-1 用文件夹功能管理文件

第一种方法是：对于全局变量，也可以通过头文件中的 extern 声明对外引用。例如对于各个 C 文件中都会用到的系统级的全局变量，可以全部单独放到一个 global. c 文件中：

```
int   BattVoltage;              //电源电压测量值存放变量
unsigned int  SystemStatus;     //系统状态存放变量
int   Pressure;                 //压力测量结果存放变量
```

然后再写一个 global. h 文件，将这些全局变量对外引申：

```
extern int BattVoltage;             //声明电池电压测量值存放变量是外部变量
extern unsigned int SystemStatus;   //声明系统状态存放变量是外部变量
extern int  Pressure;               //声明压力测量结果存放变量是外部变量
```

之后在任何 C 文件中，如果需要调用这些全局变量，只需在文件开头处包含 global. h 头文件即可。其优点是只包含 global. h，就可以访问所有的全局变量；缺点是可能会破坏程序的结构性与模块的独立性。例如多个文件中会用到上例中的 BattVoltage 变量，这几个文件都必须通过 global. h 来访问该变量，所以这多个文件之间有了额外的关联，在以后其他工程中重复使用时不能独立出来，必须重写 global. c。

第二种方法是：全局变量隶属哪个模块，就写在哪个 C 文件中，然后在相应的头文件中用 extern 声明对外引用。例如 OverflowFlag 全局变量是前例中数据加法处理模块中的全

局变量，用于指示加法运算曾经出现过溢出。这个全局变量应该隶属于 DataHand. c。在 DataHand. c 中写明函数体，并声明 OverflowFlag 全局变量：

```
unsigned char OverflowFlag;              //加法溢出标志全局变量
int Sum(i int i, int j, int k)           //3 个数据求和函数
{    long int y;     y=i+j+k;
     if(y>65535)  OverflowFlag=1;        //如果加法结果大于 65535,则置溢出标志
     return (y);
}
```

然后在 DataHand. h 中声明求和函数与全局标志变量：

```
extern unsigned char OverflowFlag;       //声明加法溢出标志全局变量是外部变量
extern int Sum(int i, int j, int k);     //声明 Sum() 是外部函数
```

该方法的优点是结构清晰，以后重复使用这个模块时，只需包含该模块的头文件，则不仅包含了功能函数的声明，还包含了相关的全局变量。但对于一些隶属关系含糊的变量，特别是各个文件都会用到的系统级变量，例如系统状态、电池不足告警标识等，不便将其归类，即使强行归属某个模块，很可能因为难以记忆变量属于哪个头文件而给下次重复使用带来困难，所以工程中将这两种方法结合起来。对于隶属关系明确的全局变量，一般写在相应模块的 C 文件中。对于系统级或各个模块都需要访问的全局变量，一般全部写到公共文件 global. c 中。

第三种方法是：使用函数来访问全局变量。对于上例也可以通过编写 GetOverflowFlag () 函数来读取溢出标志全局变量，通过 ClrOverflowFlag() 函数清除溢出标志，代码如下：

```
unsigned char OverflowFlag;              //加法溢出标志全局变量
int Sum(int i, int j, int k)             //3 个数据求和函数
{
     long int y;
     y=i+j+k;
     if(y>65535) OverflowFlag=1;         //如果加法结果大于 65535,则置溢出标志
     return (y);
}
char GetOverflowFlag()                   //访问 OverflowFlag 标志
{     return (OverflowFlag); }
char ClrOverflowFlag()                   //清除 OverflowFlag 标志
{     OverflowFlag=0;}
```

然后在 DataHand. h 中声明这些函数：

```
extern int Sum(int i, int j, int k);     //声明加法溢出标志全局变量是外部变量
extern char GetOverflowFlag();           //声明访问 OverflowFlag 标志的外部函数
extern char ClrOverflowFlag();           //声明清除 OverflowFlag 标志的外部函数
```

这种方法可以让全局变量仅存在于每个功能模块的内部，不对外显露。该办法的结构性与安全性最好，但代码执行效率较低，对于频繁访问操作来说，步骤繁琐。

文件划分和管理不仅方便了阅读和调试，还可以为每个文件独立设置属性，如优化级别

等参数，这些设置都保存在工程文件中。所以，建议初学者在开始就要养成文件管理的习惯，即使对于简单的程序，也要按模块划分和管理文件，对以后提高工作效率有很大帮助。编写程序的时候，也要注意所写的函数尽量能被重复使用。

通过各种项目积累下来的一些通用文件，可以作为程序库使用。在一个开发团队中，长期积累下来的各种程序库是一种宝贵的财富。一个优秀的程序库，应该屏蔽掉底层所有复杂的特征，对外呈现简洁的接口，并且具有通用性和可移植性。

二、程序编写风格

本节浅述编程风格中几个最基本原则。

1. 变量命名规则

变量名尽量使用具有说明性的名称，避免使用 a、b、c、m、n 等毫无实际意义的字符。使用范围大的变量，如全局变量，更应该有一个说明性的名称。变量名尽量使用名词，长度控制在 1～4 个单词最佳。若名称包含多个单词，每个单词首字母大写以便区分单词。例如：

```
int  InputVoltage;                     //输入电压
int  TEMPERATURE;                      //温度
```

当单词间必须要出现空格才好理解的时候，可以用下划线 '_' 代替空格：

```
int Degree_C;                          //℃
int Degree_F;                          //℉
```

当单词较长时，可以适当简写：

```
int NumofInputChr;                     //输入字符数
int InputChrCut;                       //输入字符数
int Deg_F;                             //℉
```

一旦约定以某种方式简写，以后必须保持风格统一。

若多个模块都可能出现某个变量，可以按 "模块名_变量名" 的方式命名：

```
char ADC_Status;                       //ADC 的状态
char BT_IntervalFlag;                  //Basic Timer 定时到达标志
int UART1_RxCharCnt;                   //串口 1 收到的字符总数
```

对于约定俗称的变量，如用变量 i、j 作为循环变量，p、q 作为指针，s、t 表示字符串等，不要改动。

2. 函数命名规则

和变量一样，函数名也应该具有说明性。函数名应采用动词或具有动作性的名字，后面可以跟名词说明操作对象。按照 "模块名_功能名" 的方式命名：

```
unsigned int ADC16_Sample ();          //16 位 ADC 采样
char LCD_Init ();                      //LCD 初始化
char RTC_GetVal ();                    //获取实时时钟的数据
void PWM_SetPeriod ();                 //设置 PWM 周期
void PWM_SetDuty ();                   //设置 PWM 占空比
```

每个单词首字母大写，便于阅读，专有名词或缩略词（ADC/LCD 等）全部大写。遇到太长的单词也可以在不影响阅读的情况下适当简写，例如用 Tx 代替单词 Transmit，Rx 代替单词 Receive，Num 代替单词 Number，Cnt 替换 Count，数字 2 替代单词 To 等（同音）。对于所有模块都通用的函数，如求均值函数，可以不写模块名。

对于返回值是布尔类型值的函数（真和假），名称应清楚反映返回值情况，例如编写某函数检查串口发送缓冲区是否填满：

```
char UART_Checktxbuff ();              //不恰当的函数名
char UART_IsTxBuffFull ();             //意义明确的函数名
```

第一个函数字面意思是"检查发送缓冲区"，若返回真（通常用返回"1"表示）表示什么意思不明确。

第二个函数字面意思是"发送缓冲区满了吗?"，若返回真，有明确意思，即满了。

3. 表达式

表达式应该尽量自然、简洁、无歧义。写代码时，要避免各类"技巧"。

```
if(! (TxCharNum<20) ||! (TxCharNum>=16))    //晦涩的表达式
if((TxCharNum>=20) ||(TxCharNum<16))        //清晰的表达式
```

一个好的表达式应该能够用英语朗读出来，可以以此作为检验表达式好坏的依据。例如：

```
if (UART_IsTxBuffFull ())      UART_ClearTxBuff ();
else                           UART_TxChar (0xaa);
```

上面的表达式可以朗读出来"如果串口发送缓冲区满了，就清空发送缓冲区，否则从串口发送字符 0xaa"，可读性很好。

4. 编程风格一致性

对于书写格式，争议很大，例如括号配对就有两种流行的写法。

一种写法是：

```
for(i=0;i<100;i++ ){
        for(j=0;j<200;j++ ){            //括号配对风格 1
        ...
        }
}
```

另一种写法是：

```
for ( i=0 ; i<100 ; i++ )
{                                       //括号配对风格 2
        for ( j=0 ; i<200 ; i++ )
        {
          ...
        }
}
```

除了书写风格，命名方法也有很多种标准。事实上，最好的格式、最好的命名方法是和惯用风格保持一致。如果加入一个开发团队，团队目前所使用的风格就是最好的格式；如果改写别人写的程序，保持原程序的风格就是最好的风格。总之，程序的一致性比本人的习惯更重要。如果初学者还没有形成自己的风格，可以参考官方提供的范例程序，或者与平台供应商的代码保持风格一致。

5. 注释

注释是帮助读者理解程序的一种手段，但是如果注释只是代码的重复，将会变得毫无意义。若注释与代码矛盾，则会帮倒忙。最好的注释是简洁明了的点明程序的突出特征，或者阐明思路，或者提供宏观的功能解释，或者指出特殊之处，以帮助读者理解程序。比较下面同一段代码的两种注释方法：

一种注释方法是：

```
for ( i=6 ;i>DOT ; i-- )    //从第 6 位 (最高位) 到小数点之间依次递减
{
    if (DispBuff [i] ==0)  DispBuff =' ';        //如果该位数值是 0,则替换成空格
    else     break ;                              //如果不是,则跳出循环
}
```

另一种注释方法是：

```
for ( i =6 ; i>DOT ; i-- )                        //对全部 6 位显示数据进行判断
{
    if ( Dispbuff [ i ] ==0 ) DispBuff [ i ] =' ' ;//消除显示数据小数点前的无效 0
    else break ;
}
```

第 1 种注释方法是每行都有注释，但读者仍然不明白这段程序功能或目的是什么。因为每个注释无非是代码的解释和重复。第 2 种注释方法虽然更短，但简明扼要地说明了这个 for 循环的功能，帮助读者理解程序。写注释时要从读程序的思路来考虑而不要以设计者的角度思考。

对于每个函数，特别是底层函数，都要注释。在函数前面注释该函数的名称、参数、参数值域、返回值、设计思路、功能、注意事项等。如果参与团队开发，还应写出若干典型应用范例，供他人参考。商业化的代码中，注释比程序代码更长的情况很常见。下面以显示库程序 LCD. c 文件中的一个函数为例：

```
/* * * * * * * * * * * * * * * * * * * * * * * * * * * * * * * * * * * * * * * * *
 * 名    称 :LCD_Insert Char ( )
 * 功    能 : 在 LCD 最右端插入一个字符
 * 入口参数: ch  : 插入的字符  可显示字母请参考 LCD_Display. h 中的宏定义
 * 出口参数: 无
 * 说    明 : 调用该函数后，LCD 所有已显示字符左移一位，新的字符插入在最右端一位。该函数
              可以实现滚屏动画效果，或用于在数据后面显示单位
 * 范    例 : LCD_Display Decimal ( 1234, 1 );
              LCD_Insert Char ( PP );
              LCD_Insert Char ( FF ); 显示结果: 123. 4PF
```

```
* * * * * * * * * * * * * * * * * * * * * * * * * * * * * * * * * * * * * * * /
   void LCD _ InsertChar ( char ch )
   {  char i;
      char * pLCD = ( char * ) &LCDM1;              //取 LCD 控制器显存地址
      for (i=6; i> =1 ; i-- ) pLCD [ i ] =pLCD [ i-1];   //已显示内容全部左移一位
      p LCD [ 0 ] =LCD _ Tab [ ch ];                //新字符显示在屏幕最右侧
   }
```

在代码维护、调试和排错时，若修改代码，要养成立即修改注释的习惯。

6. 宏定义

数值没有任何能表达自身含义的可读性，一般可以用宏定义来实现，并且用宏定义来计算常数之间的关系。类似的，可以用宏定义来对常数数值赋予可读性，例如：

```
# define  TXBUFF_ SIZE      (128)                /* 发送缓冲大小* /
# define  LCM_ ROW          (64)                 /* 点阵液晶行数* /
# define  LCM_CLUMN         (128)                /* 点阵液晶列数* /
# define LCM_BUF_SIZE    (LCD_CLUMN* LCD_ROW/8)   /* 点阵液晶缓冲区大小* /
```

将常数值用宏定义之后写出来的代码可读性增强了，例如：

```
unsigned char TxBuff[TXBUFF_SIZE];               //定义发送缓冲区
   char IsTxBuffFull ()
   {
     if ( NumOfTxChars >=TXBUFF _ SIZE ) return ( 1 );  //缓冲区是否满?
     else                          return ( 0 );
   }
```

在上例中，一旦需要改变缓冲区大小，只需要修改宏定义即可。宏定义属于字符型替代，因此在使用宏定义时要注意防止产生歧义。例如数据全部加括号，以免和程序前后文构成意之外的运算优先级错乱。宏定义后的注释使用/ *   * /而不要使用//。

三、程序代码的版本管理

如果读者曾经或正在从事产品软件设计开发工作，每年会写很多不同的程序，特别对于嵌入式开发程序员而言，每个应用都是特殊的，更导致软件版本繁多。加上不同的客户可能会要求在产品上增加或删除某些功能，或者系列化产品中功能差异，都会导致类似功能的不同软件版本。当这些类似的软件不断增多，管理就成了很头痛的问题。

例如：有人反映在 A 版本产品中发现一个 bug，经济部门分析是软件问题，bug 报告被提交到程序设计人员手中，分析后发现一个并不严重的小问题。但随后的问题远比 bug 更可怕：版本 BCDEFG…的软件都存在同样的 bug，于是要对所有版本的软件进行 bug 排查，然后每个版本都要在进行功能测试以确定问题都被消除，并且需要修改 bug 后在不同版本中彻底检查是否会引起新的问题，工作量非常大。

如果程序员不希望自己被卷入类似的无穷无尽的代码维护工作中，首先应该尽量减少软件版本。下面以一个产品为例，示范如何通过版本管理减少软件副本数量。

某公司设计一款手持式测温仪，该系列共有 5 种产品 A、B、…、E。从 A 到 E 功能逐渐增多，价格也依次递增。该测温仪共有甲、乙、丙、丁四家大客户，每家客户面对的购买群体略有差别，对 5 种产品的操作习惯略有不同。比如对于报警功能，客户甲求上下限报警，而客户乙要求双上限报警；丙的应用场合比较特殊，不允许噪声，要求去掉按键声音；丁要求在－20℃低温使用，不能用液晶显示屏，只能用数码管显示屏。这样四乘五组合将有 20 种不同的软件。

读者也许会发现，尽管这个系列产品需要 20 种不同的软件但是这些软件大部分是相同的。事实上，可以通过条件编译来管理并统一这 20 种软件。

新建一个 Config. h 头文件，添加进工程，并在每个 C 文件开头都包含 Config. h 来配置软件的差异。下面摘抄 Config. h 文件的一部分：

```
//- - - - - - - - - - - - - - - - - - - - - - - - - - - - - - - - - - - - -
//功能设置文件
//- - - - - - - - - - - - - - - - - - - - - - - - - - - - - - - - - - - - -
# define ON         1
# define OFF        0
# define NONE       0
# define MAX        1
# define AVE        2
# define NORM       0
# define LCD        1
# define VD         0
//- - - - - - - - - - -
//以下内容供生产部门修改
//- - - - - - - - - - -
# define  MINORCUT   OFF      /* 是否打开小值切除功能   */
# define  RS485      ON       /* 是否打开 RS－485 通信功能   */
# define  DAC        ON       /* 是否打开变送功能    */
# define  STORAGE    OFF      /* 是否打开数据存储功能   */
```

在软件中，用条件编译宏来删除或添加某几段程序，从而改变软件实际功能。

Config. h 文件屏蔽了源程序的复杂性和细节，将研发人员才能进行的复杂的程序修改工作，通过简洁的接口，简化成生产工人也能操作的形式。

第二节　前后台程序

一、前后台程序结构

前后台程序结构是最常用的结构之一，是由主循环程序加中断程序构成。主循环程序称为"后台程序"或"背景程序"，各个中断程序称为"前台程序"。依靠前台程序来实现事件响应与信息收集。后台程序中多个处理任务顺序依次执行，从宏观上看，这些任务将是同时执行的。

1. 任务

（1）单任务程序。如果整个处理器系统只实现一个单一的功能，或者只处理一种事件，成为"单任务"程序。最典型的单任务程序就是一个死循环，永远只执行某一个功能函数，例如：

```
void main(void)
{
    while(1)                    /* 死循环              */
    {
    do_something ();            /* 只执行一个任务      */
    }
}
```

单任务程序一般只有在学习某个部件的使用方法，或者验证某段功能代码时会用到这种单任务程序。

（2）轮询式多任务程序。大多数单片机系统至少包括信息获取、显示、人机交互、数据通信等功能，且要求这些功能同时进行，属于多任务程序。例如：

```
void main(void)
{
  while(1)                              /* 死循环                  */
  {
        ADC_GetTemerature ();           /*  ADC 采集并获取温度信息  */
        Display_Process ();             /* 数值显示                */
        Alarm_Porcess ();               /* 报警功能相关处理         */
        UART_CheckBuff ();              /* 检查串口接收缓冲寄存器   */
        UART_Process ();                /* 解析通信协议并回复数据帧  */
        KBD_ScanKeyIO ();               /* 扫描键盘                */
        KBD_Process ();                 /* 处理键盘事件（菜单）     */
  }
}
```

轮询式的多任务程序要求每个任务都不能长时间占用 CPU，如果 CPU 的处理速度足够快，每个任务都能在很短的时间内间隔依次执行，宏观上看这些任务将是同时执行的。

（3）前台多任务程序。在大部分实际应用中，程序主循环一次运行的时间都较长（数毫秒至数秒）。在轮询式多任务系统中，对于持续时间短于一个循环周期的事件，或者在一个循环周期内出现多次事件，将可能会被漏掉。例如为了接收串口以 9600bit/s 发出的数据流，要求主循环的周期小于 1ms。这在许多系统中都是不现实的。另外，每个任务中必然有大量的分支程序，这将导致循环周期是时间不确定的，对于某些对时间要求严格的任务，如定时采样、VD 循环扫描、按键定时扫描等，不能放在主循环内执行。一个前后台程序结构示例如图 4-2 所示。

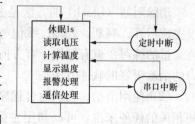

在轮询式多任务系统中把要求快速响应的事件或者时间严格的任务交给中断（前台）处理，主程序（后台）只处理对时间要求不严格的事件。对于突发事件，可以通过中断随时向 CPU "索取" 处理权，这些事件处于前台（foreground），而剩余的时间内，CPU 后台程序默默无闻地执行后台（background）任务。

图 4-2 一个前后台程序结构示例

2．实时性

对于实时性要求特别严格的操作通常有中断（前台）程序来完成。根据持续时间与紧急程度可以分为几类：

（1）实时性最高的事件。它指对于要求零延迟、立即响应或立即动作的事件。例如高速波形的产生、波形采集触发、微秒级脉宽测量等场合，要求响应速度在数十至数百纳秒级，甚至小于单片机的一个指令执行周期。只能通过数字硬件逻辑来实现，如 CMOS 逻辑器件、CPLD/FPGA、单片机的捕获模块来实现。

（2）实时性较高的事件。对于允许数微秒至数十微秒延迟的事件，可以利用中断响应（前台）来处理。但要注意主循环（后台）中不能长时间关闭中断，否则仍会造成实时性下降。同时要求中断（前台）内的处理程序本身的执行时间要短，否则会造成其他中断响应被延迟。

（3）实时性较低的事件。

1）对于允许数微秒至数十微秒延迟的事件，可以在主程序查询处理。只要事件持续时间长于总的循环周期，就不会被漏掉。

2）如果某事件虽然要求实时性较低，但本身出现的时间很短，小于一个循环周期，仍有可能会被漏掉。例如，主循环需要 1s 时间，而按键有可能仅持续 0.2s。这种情况可以在该事件引发的中断（前台）内置标志位，在主程序中查询标志位，保证每次事件都能得到响应。

3）如果上述情况无法产生中断或标志位，可以使用定时中断查询事件，然后置标志位。且要求定时中断周期小于事件持续时间的一半。

4）如果在一个循环周期内，某事件会连续突发出现多次，对事件捕获要求实时性高，但对事件处理的实时性要求不高，可以利用中断获取事件信息，并用 FIFO 将事件信息存储起来，在主循环内将这些信息依次取出逐个处理。最典型的例子就是串口数据帧的接收和处理：对于每个字符都要求立即接受（微秒级响应速度），但数据帧得回应允许数百毫秒延迟，因此在主循环内对数据帧接收缓冲区进行解析。

二、前后台程序的编写原则

实际编写前后台程序时，需要掌握以下几个基本的编程原则：

（1）消除阻塞。"阻塞"的含义是长时间占用 CPU 资源。从前后台程序的结构中可以看出，它之所以可以实现多任务同时执行，本质是快速地依次循环执行各个任务。如果某个任务长时间占用 CPU，后续的任务将无法得到处理从而失去响应。

所以编写前后台多任务程序最重要的原则是任何一个任务都不能阻塞 CPU。每个函数都应尽可能快地执行完毕，将 CPU 让给后续的函数。

消除阻塞（Block）的方法是去除各个子程序的等待、死循环、长延时等环节，让 CPU 仅完成运算、判断、处理、赋值等操作。对于初学者来说，这是编程的难点之一，开始时需要大量的练习。但有规律、有方向可循，例如本章第三节状态机就是一种具有通用性的强有力的消除阻塞的软件方法。

（2）使用节拍。在前后台程序中，如果主循环的周期是固定的，对于定时、延时等与时间相关的任务来说，可以利用主循环内的计数来实现计时，仅在时间到达的时刻做相应处理，消除因等待而产生的阻塞。然而主循环本身很难在不同的程度的分支下保持时间一致。

但如果利用周期性的定时中断来启动主循环，且定时中断的周期大于主循环最长执行时间，主循环的周期将由定时中断时间决定，将是严格相等的。这为编程带来了很大的便利，而且在超低功耗系统中，定时唤醒本身就是一种低功耗手段。

比如，让 P1.0 端口的 VD 每秒闪烁 1 次，P1.1 端口的 VD 每秒闪烁 2 次，P1.2 端口的 VD 每秒闪烁 4 次。假设主循环周期为 1/16（s），3 个任务分别编写函数，要求不阻塞 CPU。

```c
# include  < reg52. h>
# include "BasicTimer. h"
void  VD1_Process ()                              /* 任务 1* /
{
  static int VD1_Timer;
  VD1_Timer++ ;                                   // VD1 任务计时
  if (VD1_Timer>=8) {VD1_Timer=0; P1_0=! P1_0;}   //每 0.5s 取反一次
}
/* * * * * * * * * * * * * * * * * * * * * * * * * * * * * * * * * * * * * /
void VD2_Process ()                              /* 任务 2* /
{
  static int VD2_Timer;
  VD2_Timer++ ;                                   // VD2 任务计时
  if (VD2_Timer>=4) {VD2_Timer=0; P1_1=! P1_1;}   //每 0.25s 取反一次
}
/* * * * * * * * * * * * * * * * * * * * * * * * * * * * * * * * * * * * * /
void VD3_Process ()                              /* 任务 3* /
{
  static int VD3_Timer;
  VD3_Timer++ ;                                   // VD3 任务计时
  if (VD3_Timer>=2) {VD3_Timer=0; P1_2=! P1_2;}   //每 0.125s 取反一次
}
/* * * * * * * * * * * * * * * * * * * * * * * * * * * * * * * * * * * * * /
void main ( void )
{  WDTCTL= WDTPW+ WDTHOLD;                         //停止看门狗
   P1=0;                                          //初始状态 3 个 VD 全灭
   BT_Init (16);                                  //BasicTimer 设为 1/16 (s) 中断一次
   while (1)
   {
        CPU_SleepWaitBT ();       //休眠，等待 BT 唤醒，以下代码每 1/16 (s) 运行一次
        VD1_Process ();           //VD1 闪烁任务
        VD2_Process ();           //VD2 闪烁任务
        VD3_Process ();           //VD3 闪烁任务
     …                           //CPU 还可以执行其他任务
   }
}
```

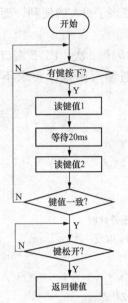

图 4-3　经典键盘程序

在这个程序中，CPU 仅在 I/O 需要翻转的时刻才参与处理，各个处理任务中没有死循环或等待，每个任务都能很快执行完毕。通过 VDx_Timer 变量来为 3 个 VD 闪烁任务计时。在定义变量时使用 Static 关键词相当于定义为了全局变量，但只在函数内部使用，这为全局变量管理带来了方便。

从主循环中可以看出，只要每个任务都遵循非阻塞性原则，就可以在主循环中不断添加新的任务，这为程序结构性、通用性与扩展性提供了保障。一个处理器系统中最多能执行的任务数量将只取决于 ROM、RAM 大小和 CPU 速度。

（3）使用缓冲区。RAM 是一种具有很好共享性的资源。对 RAM 写入数据后，多个任务都可以访问该数据。因此合理利用 RAM 内的数组、FIFO、全局变量、标志位等数据缓冲区作为信息传递渠道可以化解各个任务之间的关联性，利用数据缓冲区可以降低软件的复杂度。

下面以最常用的键盘程序为例，说明缓冲区的用法，以及前后台程序中消除阻塞的方法。图 4-3 的流程图及代码是常见的经典键盘程序。这种键盘程序是典型的阻塞性程序。

```
# define  KEY_IO   (P1IN& (BIT5+ BIT6+ BIT7))      //P1.567
# define  NOKEY   (BIT5+ BIT6+ BIT7)               //低电平有效
char  KEY_GetKey ()                                 /* 读键函数* /
{ unsigned char Tempkey1, Tempkey2;
    WAITKEY:
    while (KEY_IO==NOKEY);                           //等待键按下
    TempKey1=KEY_IO;                                 //读一次键值
    Delay_ms (20);                                   //延迟 20ms
    TempKey2=KEY_IO;                                 //再读一次键值
    if (TempKey1!=TempKey2)                          //如果两次不相等
    {
        goto WAITKEY;                                //认为是抖动，重新读取
    }
    while (KEY_IO!=NOKEY);                           //等待按键释放
    return (TempKey1);                               //返回键值
}
```

当无键按下时，程序会死循环等待按键，键按下后，又死循环等待释放，结果是必须一次按键动作（按下—松开）后该函数才会返回一次结果。在未按键及未释放期间，键盘函数会一直占用 CPU。该程序适用于应答式单任务系统，即按一次键执行一种功能，执行完毕后等待下一次按键，无法用于多任务系统。

其次，即使在单任务系统中，按键后若某功能的程序执行时间较长，在此期间再有按键也是无效的，因为 CPU 没有为键盘服务。这在连续快速输入时很可能造成漏键。

只有将等待按键的过程中的 CPU 使用权释放，才能消除阻塞，只能通过赋值、查询、比较等非阻塞性的操作来完成键盘事件的捕捉。一般来说，小型按钮机械撞击造成抖动的时

间不超过 10ms。根据奈奎斯特采样定理，如果借助定时中断，以大于 10ms 的周期对实际的波形进行采样，会得到无毛刺的波形。取采样后波形的下降沿作为按键判据。在定时中断内，把该键所在 I/O 端口的前一次电平值与当前电平值比较。如果前一次未按下状态，本次处于按下，则认为是一次有效按键。采用该按键判别过程中只有赋值与比较语句，不会阻塞 CPU 运行（见图 4-4）。

解决漏键问题的方法是使用 FIFO，在键盘查询中断内一旦发现有新的按键，把键值压入 FIFO 内。即使主循环周期长，在两次读键之间用户进行了多次按键操作，这些键值会依次存入 FIFO 队列中，等待主循环的读取，只要缓冲区足够大，多次连续读取就不会漏掉。而且在主循环内通过 GetKey() 函数可以随时读 FIFO 获取按键，这种方法是非阻塞性的（见图 4-5）。

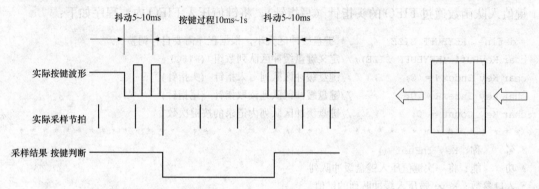

图 4-4 采用定时中断读取键盘   图 4-5 采用 FIFO 作为键盘缓冲区

在 51 单片机上 P1.5/6/7 端口分别接有 3 个按键（S1、S2、S3）按下为低电平。要求编写非阻塞性的键盘程序，在主循环来不及处理按键的情况保证最多 4 次按键不会漏掉。

```
char P_KEY1=255;    //存放 KEY1 前一次状态的变量
char N_KEY1=255;    //存放 KEY1 当前状态的变量
char P_KEY2=255;    //存放 KEY2 前一次状态的变量
char N_KEY2=255;    //存放 KEY2 当前状态的变量
char P_KEY3=255;    //存放 KEY3 前一次状态的变量
char N_KEY3=255;    //存放 KEY3 当前状态的变量
sbit  KEY1=P1^5;    //KEY1 输入 IO 的定义 (P1.5)
sbit  KEY2=P1^6;    //KEY2 输入 IO 的定义 (P1.6)
sbit  KEY3=P1^7;    //KEY3 输入 IO 的定义 (P1.7)
/* * * * * * * * * * * * * * * * * * * * * * * * * * * * * * * * * * * * * *
 * 名    称：Key_ScanIO ()
 * 功    能：扫描键盘 IO 口并判断按键事件 (前台程序)
 * 入口参数：无
 * 出口参数：无，键值压入缓存队列
 * 说    明：该函数需要每隔 1/16～1/128 (s) 调用一次。最好放在定时中断内执行，如果中断
             间隔太长，可能丢键，间隔太短不能消除抖动
 * * * * * * * * * * * * * * * * * * * * * * * * * * * * * * * * * * * * * * /
viod  Key_ScanIO ()
{
    P_KEY1=N_KEY1;              //保存 KEY1 前一次的状态在 P_KEY1 变量内
```

```
        N_KEY1=KEY1;                    //保存 KEY1 当前的状态 在 N_KEY1 变量内，下同
        P_KEY2=N_KEY2;                  //保存 KEY2 前一次的状态
        N_KEY2=KEY2;                    //保存 KEY2 当前的状态
        P_KEY3=N_KEY3;                  //保存 KEY3 前一次的状态
        N_KEY3=KEY3;                    //保存 KEY3 在前的状态
        //如果前一次按键松开状态，本次按键状态为按下状态，则认为一次有效按键，向 FIFO 中写入键值
if ( ( P_KEY1!=0 ) && ( N_KEY1==0 )) Key_InBuff ( 0x01 ); //S1 键值=0x01，压入 FIFO;
if ( ( P_KEY2!=0 ) && ( N_KEY2==0 )) Key_InBuff ( 0x02 ); //S2 键值=0x02，压入 FIFO;
if ( ( P_KEY3!=0 ) && ( N_KEY3==0 )) Key_InBuff ( 0x04 ); //S3 键值=0x04，压入 FIFO;
}
```

键值入队函数通过 FIFO 的头指针（写指针），将键值压入 FIFO 内。程序如下：

```
# define  KEYBUFF_SIZE  4    /* 键盘缓冲区大小，根据程序需要自行调整* /
char KeyBuff (KEYBUFF_SIZE);//定义键盘缓冲区队列数组（FIFO）
char Key_IndexW = 0;              //键盘缓冲区队列写入指针（头指针）
char Key_IndexR = 0;              //键盘缓冲区队列读取指针（尾指针）
char Key_Count = 0;               //键盘缓冲区队列内记录的按键次数
/* * * * * * * * * * * * * * * * * * * * * * * * * * * * * * * * * * * * *
* 名     称: Key_InBuff ()
* 功     能: 将一次键值压入键盘缓冲队列
* 入口参数: Key: 被压入缓冲队列的键值
* 出口参数: 无
* * * * * * * * * * * * * * * * * * * * * * * * * * * * * * * * * * * * * /
viod  Key_InBuff (char Key)
{
  if (Key_Count> = KEYBUFF_SIZE)   return;     //若缓冲区已满，放弃本次按键
  _DINT ();                                    //设计共享数据，关中断保护
  Key_Count + + ;                              //按键次数计数增加
  KeyBuff [Key_IndexW]=Key;                     //从队列头部追加新的数据
  if (++Key_IndexW> = KEYBUFF _ SIZE)            //循环队列，如果队列头指针越界
   {
    Key _ IndexW=0;                            //队列头指针回到数组起始位置
  }
    _EINT ();                                  //开中断
}
```

读键盘的函数实际上就是从 FIFO 内读取一个字节，而不直接访问硬件。通过键盘缓冲区将前后之间隔离，消除了扫描按键与读键之间的时间关联性。

```
/* * * * * * * * * * * * * * * * * * * * * * * * * * * * * * * * * * * * *
* 名     称: Key_GetKey ()
* 功     能: 从键盘缓冲队列内读取一次键值（后台程序）
* 入口参数: 无
* 出口参数: 若无按键，返回 0，否则返回一次按键键值
* 说     明: 调用一次该函数，会自动删除缓冲队列里一次按键键值
* * * * * * * * * * * * * * * * * * * * * * * * * * * * * * * * * * * * * /
```

```
char Key _ GetKey ()
{    char Key;
    if (Key _ Count ==0)    return (0);              //若无按键，返回 0
    _DINT ();                                        //设计共享数据，关中断保护
    Key _ Count-- ;                                  //按键次数计数减 1
    Key =KeyBuff [ Key_IndexR];                      //从缓冲区尾部读取一个按键值
    if ( + + Key _ IndexR> = KEBUFF_ SIZE)           //循环队列，如果队列尾指针越界
      {
          Key _ IndexR=0;                            //队列尾指针回到数组起始位置
      }
    _EINT ()                                         //恢复中断允许
    return (Key);                                    //返回键值
}
```

（4）时序程序设计。时序的产生中间包含大量的延迟。例如先高电平 0.1s，再低电平 0.2s…。如果用软件延迟来实现电平变化之间的延迟，必然会阻塞 CPU。类似的，可以将延迟任务交给定时中断完成，CPU 仅处理状态变化。再利用全局变量传递状态信息，即可消除时序控制程序中的阻塞问题。

三、函数重入

函数重入（reentrant）的含义是指函数执行过程中又重新调用自己。可重入性（reentrant）是指该函数在自己调用自己时，不必担心数据被破坏。具有可重入性的函数能够被多个任务同时调用。

为避免重入性隐患，在编程时，应该尽量编写可重入性的代码，或避免重入时发生的问题。

（1）常见函数的可重入性分析。用一句话概括，非可重入函数中，操作并访问了独一无二的公用资源。

首先，某函数对静态数据进行了赋值操作和询问，则它是不可重入的。所谓静态数据，指的是在储存器内地址固定的变量，如全局变量、静态变量、全局标志位、全局数据等。这些变量是唯一的、公用的、任何一个函数对这些变量进行赋值操作，就会发生改变，如果后台任务和中断内部通过某函数访问了这些资源，就会有冲突的可能。

其次，涉及硬件设备操作的函数大部分都是不可重入的。因为硬件设备是唯一的，如果操作过程到一半时被中断打断，在中断内又操作该硬件设备，实际上该硬件设备将收到一个错误的时序或指令序列。

例如，主循环中某任务调用 Modem _ Test()函数通过串口向 Modem 发出"AT＋CGSN"字符串指令，而中断中也调用了该函数。假设已经发出两个字符"AT"后发生中断，中断内又发送"AT＋CGMI"字符串，实际的 Modem 会收到"ATAT＋CGMI＋CGSN"的错误指令字符序列。类似的现象会发生在需要 I/O 时序的设备上，如果读写函数发生重入，会导致时序的错乱。

再者，函数重入性与 C 语言编译器有关。大部分 C 语言编译器通过堆栈来传递参数，它的一般函数都是可重入的。将 Swap()函数中的 Temp 变量写成局部变量，该函数就成为可重入函数了。而在 51 单片机中的 RAM 很少，Keil－C51 编译器不使用耗 RAM 较多的堆

栈传递方式，而采用静态变量传递（参数与局部变量的地址固定），因此 Keil–C51 的所有函数都是不可重入的；在其开发环境下写 Swap()函数，即使将 Team 函数定义为局部变量也不能获得可重入性。

（2）函数可重入性判断。在面对一款新的处理器，或者使用新的开发软件之前，可以编写一段代码测试一下编译器，测试其函数是否是可重入的：

```
int Fibonacci(int n)
{
  if (n<3)  return(1)
  else  return  (Fibonacci(n-1)+Fibonacci(n-2));
}
```

这段程序采用递归算法生成斐波那契数列（1，1，2，3，5，8，13，…每个数是前两个数之和），利用了函数的递归调用（自己调用自己）。如果调用 Fibonacci（N）得到正确的返回值，说明编译器支持函数重入，否则说明编译器不支持函数重入。

（3）避免函数重入性隐患的方法。对于前后台的程序，重入性问题只能发生在同时被中断和后台任务调用的几个函数上，要反复检查这几个函数。对于这些函数，掌握以下几个原则有助于避免因函数重入造成的隐患。

1）应尽量使用可重入函数。避免使用静态变量、全局变量。实际上，只要不操作硬件和全局变量、静态变量即可。

2）在进入不可重入函数之前关闭中断，退出该函数之后再打开中断。由于在后台任务与前台的中断程序之间传递信息只能依靠全局变量，因此前后台公用的函数往往都要操作全局变量。这种情况下需要在操作全局变量之前禁止中断，从而保证不会被打断，但将会降低前台中断响应的实时性。同样的，涉及硬件操作的函数，也必须类似处理，在操作硬件前关闭中断，操作完后恢复中断。

3）采用双缓冲区结构。如果在不可重入函数中操作全局变量的时间很长，例如需要复杂运算，采用上述关中断的方法会造成长时间无法响应前台中断。为解决该矛盾，在前后台之间交换信息时，让前台的中断程序访问一组独立全局变量 A，后台任务访问另一组独立的全局变量 B。在后台将所有的数据都准备好后，关闭中断，将 A 组数据复制到 B 组后再开中断。当后台需要读取数据时，关闭中断，将 B 组数据复制到 A 组后再开中断。在数据运算的时间无需关闭中断，只有赋值的数微秒需要关闭中断，从而使关闭中断的时间减到最少。

4）采用信号量。信号量（Semaphore）可以理解为标志位。在调用不可重入函数之前，先将某个标志位置 1，在中断内，若检查到该标志位则跳过该函数，或者做其他的处理。

四、临界代码

临界代码（Critical Code）也成为临界区，是指运行时不可分割的代码。一旦这部分代码开始运行则不允许任何中断打断。为确保临界代码的执行，在进入临界代码区之前需要关闭中断，临界代码执行完毕后要立即恢复中断允许。只要系统中存在中断，在编写程序时，就要时刻注意临界代码问题，并能准确判别哪些代码属于临界代码，一旦遗漏，就会造成难以发现的隐患。以下几类是典型的临界代码产生的原因。

（1）依靠软件产生的时间严格的时序的程序段。某些设备需要时间严格的时序。例如，Dalls 公司的单总线器件（最常用的数字测温器件 DS18B20 就属于 1–Wire 总线设备）没有同步时钟，它对时序及高低电平时间非常严格。

（2）共享资源互斥性造成的临界代码。共享资源访问时需要被独占，避免数据被破坏。资源可以是硬件设备，如定时器、串口、打印机、键盘、LCD 显示器等，也可以是变量、数组、队列、结构体等数据。可以被一个以上任务所占用的资源称为"共享资源"。虽然共享数据简化了任务间的信息交换，但在使用共享资源时，必须保证每个任务在访问共享资源时的独占性，以免访问过程尚未结束时，另一任务对其访问，造成数据的错误或被破坏。这种叫作共享资源的"互斥性（Mutual Exclusive）"。

前后台程序的一大优点是后台总是顺序执行的，因此不会出现多个后台任务同时需要占用同一内容资源的情况。只需考虑后台任务与前台中断之间的资源互斥性。

在键盘程序中，定时中断内的前台程序向键盘缓冲区（FIFO）内填入数据，后台的 GetKey 函数从 FIFO 中取数据时，需要通过若干条指令，操作多个变量（指针、按键次数、计数值等）才能完成从 FIFO 中取出一个数据。如果在此期间被键盘扫描中断打断，恰巧中断内又向 FIFO 内写入数据，此时头尾指针、按键次数值等信息尚未全部更新完毕，在此基础上再操作将引起错乱。因此在操作与 FIFO 相关的全局变量时，关闭中断，程序如下：

```
char Key_GetKey                    /* 从 FIFO 中读取一次键值* /
{ char Key;
  if (Key_Count==0)      return (0)    //若无按键，返回 0
  _DINT (); //- - - - - - 以下是临界代码区- - - - - - - - - - - - - - - - - -
  Key_Count- - ;
  Key=KeyBuff [Key_IndexR];           //在此期间如果被中断，恰巧中断内又写 FIFO
  if (+ + Key_IndexR>=KEYBUFF_SIZE)    //将会引起数据错乱
  {                                    //因为 FIFO 参数信息尚未全部更新完毕
    Key_IndexR=0;                      //
  }
  _EINT (); //- - - - - - - - - 以上是临界代码区- - - - - - - - - - - - - - - -
    return (Key);                      //返回键值
}
```

（3）函数重入造成的临界代码。不可重入的函数开始之前关闭中断，之后开中断。对于后台任务和中断都要调用的不可重入函数来说，整个函数都是临界代码区。

（4）CPU 字长造成的临界代码。51 单片机具有 8 位 CPU 内核。这说明它具有 8 位字长的处理能力，每条指令都可以处理 8 位数据。在 C 语言中对于 char 型变量的一次操作可以通过一条指令完成。对于 8 位以上的变量的访问，一句 C 语言代码至少要被编译成多句汇编代码才能完成访问。

因此，访问单个的 char 型 8 位以下共享数据时，可以无需临界代码保护。但对于 int、long、flot 等两个字节以上的共享变量来讲，任何读写操作都是临界代码，因为 CPU 需要至少两条指令以上才能完成其读写或赋值操作。

下面介绍几种临界代码保护的方法。

（1）用_DINT()语句关闭中断，临界代码结束后用 _EINT()函数开启中断。但该方法存在一个隐患，如果在函数 A 的临界代码区调用了另一个函数 B，函数 B 内也有临界代码区，从函数 B 返回时，中断被打开，这将造成函数 A 后续代码失去临界保护。所以，使用该方法后，不能在临界代码区调用任何具有其他有临界代码的函数。

（2）最常用的方法是关中断前将总中断允许控制位状态所在的寄存器压入堆栈保存起来，然后再中断保护临界代码，之后根据堆栈内保护的控制字决定是否开启中断。

（3）关中断前将总中断允许控制位状态保存在一个变量里，然后再关中断保护临界代码，之后根据保存的控制字决定是否恢复中断。这样做同样可以实现退出临界区时恢复进入前的中断状态。缺点是每一段临界代码都要额外消耗两个字节的储存空间。程序如下：

```
void EnterCritical(unsigned int * SR_Val)          /* 进入临界代码区*
{
    * SR_Val=_get_SR_register ();                  //保存中断状态
    _DINT ();
}
void ExitCritical (unsigned  int * SR_Val)         /* 退出临界代码区* /
{
    if (* SR_Val&GIE) _EINT ();                    //恢复中断状态
}
```

用上面的 EnterCritical() 函数替换进入临界代码前_DINT() 语句，用 ExitCritical() 函数替换退出临界代码时的_EINT() 语句，即可保证中断状态正确恢复：

```
void Function_A(void)
{
    unsigned int GIE_Val;        //用于保存中断状态的变量
    …
    EnterCritical(&GIE_Val);     //进入临界代码区,且保存中断状态在 GIE_Val 变量中
    …
    …                            //临界代码区
    ExitCritical(&GIE_Val);      //退出临界代码区,并根据 GIE __Val 变量决定是否开中断
    …
}
```

（4）用软件模拟堆栈的行为，将进入临界代码的次数和退出临界代码的次数进行统计，如果各临界代码之间有调用关系，则只对最外层的临界代码区进行中断开关操作，只需 3B 全局变量即可完成所有的临界代码保护任务。程序如下：

```
unsigned int SR_Val;
unsigned char DINT_Count=0;
void EnterCritical ()                          /* 进入临界代码区* /
{
    if (DINT_Count ==0)                        //只对最外层操作
      {
        SR_Val=_get_SR_register();             //保存当前中断状态所在的寄存器
        _DINT();                               //关中断
      }
    DINT_Count ++ ;                            //嵌套层数计数+1
}
```

```
void ExitCritical()                        /* 退出理解代码* /
{
    DINT_Count-- ;                         //嵌套层数计数- 1
    if ((DINT_Count ==0)&&(SR_Val&GIE));   //只对最外层操作
}                                          //根据保存的状态恢复中断
```

这种方法中，函数 EnterCritical()与 ExitCtitical()无需参数传递，且无需每段临界代码占用一个变量用于保存状态。这是 51 单片机 C 语言中结构化最简单的一种方法。缺点是涉及嵌套层数计算与判断，执行速度最慢。

五、前后台程序结构的特点

1. 优点

(1) 在后台循环中，一个任务执行完毕后才执行下一个任务。

(2) 在后台任务顺序执行的结构中，不会出现多个后台任务同时访问共享资源的情况。

(3) 前后台程序的结构灵活，实现形式与实现手段多样，可以根据实际需要灵活地调整。

2. 缺点

(1) 程序多任务的执行依靠每个任务的非阻塞来保证，这要求编程者耗费大量的时间精力消除阻塞，而且最终的代码的结构形式，可能与对任务的描述差异很大。为了保证实时性，或者为了消除阻塞，程序会变得支离破碎（前台一段，后台一段），这为代码的维护带来了很大困难。

(2) 程序的健壮性及安全性没有保障。

(3) 每个程序员的思路、实现方法、软件架构等各不相同，而前后台程序中软件实现方法是开放式的，并无统一的标准和方法。大部分情况下，除了设计人员自己之外，其他人很难接手进行维护工作。

(4) 缺乏软件的描述手段。前后台程序的结构可以说是"随心所欲"，但是如果让编程者用文字或图形写出它的设计思路，会遇到很大的困难。前后台程序没有一套精确的结构级的软件描述手段。相比之下，状态机就有状态转移图这一精确描述手段，描述图与代码之间有严格对应关系，甚至可以利用辅助软件将图形直接转换成代码。

总之，前后台程序是一种简单方便、小巧灵活的程序结构。只需很少的 RAM 和 ROM 即可运行，没有额外的资源开销。因此在底端的处理器以及小型软件系统上得以广泛应用，但整体实时性和维护性较差，不适用于大型的软件系统。

第三节 状态机建模

有限状态机（Finite State Machine，FSM），简称状态机，是软件工程中一种极其有效的软件建模手段。通过状态机建模可以从行为角度来描述软件，并且可以很方便地描述并发"同时执行"行为。更重要的是，根据状态机模型可以精确地转换成代码，这些代码运行后将实现相应的软件行为。不同于流程图，流程图只能描述软件的过程，而不能描述软件的行为，更不能描述并发的软件过程。

一、初识"状态机"

状态机类似数字电路中的状态转换图，可以用状态转换图表达也可以用状态转换表描述。

（1）流程图的缺点。初学者在第一次学习设计软件的时候，都曾接触过流程图。流程图是一种描述软件执行过程的手段。它由顺序、判断、跳转、循环等若干基本环节构成，能够详细表达软件的执行过程。所谓"过程"，意味着必有先后之分，例如用流程图描述一个洗衣机的"洗衣过程"，可以描述为：先正转 2s，停 1s，再反转 2s，停 1s，…如此往返循环。

如图 4-6（a）所示，按照过程可以依次画出软件流程，依照流程图可以编写洗衣机的控制程序。但考虑实际的洗衣机：为了保证安全，要求在洗衣过程中任何时候盖子一旦开启，就必须立即停机，等盖子合上后，再从洗衣过程打断的地方继续执行。

这就要求单片机不仅要处理洗衣过程，还要根据洗衣机机盖的状态来暂停洗衣过程。此时流程图的弱点就暴露出来问题，即用户可以在任何时候打开盖子，而流程图只能表达有固定先后次序的程序，无法表达"任何时候"发生的事件。

如果一定要用流程图来描述洗衣机软件，"任何时候"在流程图中只能表达为，在所有可能等待（存在循环）的地方，都要增加对盖子的处理。于是，流程图中 4 个等待过程都要增加对盖子状态的判断、处理，并等待盖子重新盖上如图 4-6（b）所示。整个软件中的等待过程增加至 8 处（增加 4 处等待盖子合上）。

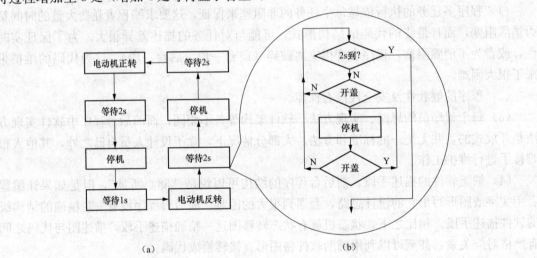

（a）　　　　　　　　　　　　　　（b）

图 4-6　在洗衣过程中插入对上盖的处理

（a）洗衣过程流程图；（b）上盖处理流程图

在此如果再增加一个功能，即任何时候按"取消"键，立即停止洗衣的任何动作，直到按"开始"键后重新开始洗衣过程。为了让"取消"键在"任何时候"都立即生效，需要在软件 8 个等待过程中添加对"取消"键的判断与处理程序，并等待"开始"键，软件中增加至 16 个等待过程。

如果再添加脱水功能，即任何时候按"脱水"键都执行排水与脱水，软件又要翻倍增加新的等待过程。再继续添加功能，即在脱水过程中任何时候打开盖子也要暂停，在任何时候如果电动机过载都要立即停止……

如果用流程图来表达"任何时候"的功能描述，流程图就会像爆炸般以不断翻倍的方式变得越来越复杂，最终变得无从下手。

对于并发结构的程序，不仅缺乏描述手段，而且缺乏测试手段。

面向顺序过程的流程图不适合描述带有阻塞的并发过程，而且无法描述大量的独立事件。这些环节在各种单片机或嵌入式软件中会大量出现，因为软件系统必然要和外界输入量打交道，而且很多行为是由外界输入决定的。

因此，有必要寻找一种新的软件建模手段，能够描述并发结构的软件，或者能从行为的角度来描述软件，且能够根据模型生成代码，也能够对软件进行完整的测试。

（2）状态机建模的例子。上面的例子中，软件下一步要执行的功能不仅与外界信息有关，还与系统的"当前状态"有关。

能否设计出一种基于"状态"与"事件"的软件描述手段呢？

由于系统在每一时刻只能有唯一的状态，在每一个状态下，可能发生的事件也是有限的。因此系统中即使存在有大量的独立事件，软件描述也会简单得多。

在前面的例子中已经多次提到，真正需要 CPU 处理的只有系统状态发生的那一刻，在系统等待事件到来期间，是不需要 CPU 处理的。如果能够用事件触发的形式来描述软件，就能够将 CPU 从等待事件发生的过程中解放出来，从而生成无阻塞的代码。

二、状态机建模的描述方法

一个状态机建模包含了一组有限多的状态以及一组状态转移的集合，状态机建模主要有状态转移图和状态转移矩阵两种表达方法。

（1）状态转移图。状态转移图又称状态跳转图，它用圆圈或圆角的矩形表示系统的各种状态，用一个带箭头的黑点表示初始状态，用有向箭头表示状态的状态转移（跳转）。箭头旁标注触发转移的事件，以及发生状态转移时所执行的动作。事件与动作之间用"/"号分隔。对于没有执行动作的状态转移，动作部分可以默认省略。对于只有执行动作而没有状态变化的状态转移，可以画为一个指向自己的箭头。

以洗衣机控制逻辑为例，要求洗衣过程"先正转 2s，再暂停 1s，然后反转 2s，再暂停 1s，依次循环"。画出状态转移图。

洗衣过程是基于顺序过程的描述，并非状态描述。首先将这种基于过程的描述转化为基于状态的文字描述：

在正转状态下，如果时间达到 2s，则进入暂停状态 1，同时关闭电动机。

在暂停状态 1 下，如果时间达到 1s，则进入反转状态，同时将电动机设为反转。

在反转状态下，如果时间达到 2s，则进入暂停状态 2，同时关闭电动机。

在暂停状态 2 下，如果时间达到 1s，则进入正转状态，同时将电动机设为正转。

根据上述文字描述可以画出状态跳转图，如图 4-7 所示。

（2）状态转移矩阵（或转移表）。状态转移的规则不仅可以用图形来表示，还能以二维文本列表或矩阵方法来表示。表 4-1 是一个二维表格表示法的例子，每个单元格分为两行，上行表示下一步跳转的状态，下行表示跳转同时所做的动作。

表 4-1 电子表程序的状态转移矩阵

状态 \ 事件	A 键按下	B 键按下
显示时间	显示日期	设置小时

状态＼事件	A 键按下	B 键按下
显示日期	显示秒钟	设置小时
显示秒钟	显示时间	秒钟归零
小时设置	调整小时	分钟设置
分钟设置	调整分钟	月份设置
月份设置	调整月份	日期设置
日期设置	调整日期	显示日期

　　这种方法大多用于对状态机进行数学建模领域，或大型软件的状态机建模，因其直观性较差，在小型程序建模中较少用。

三、通过状态转移图生成代码

　　通过状态转移图可以描述状态机模型，根据状态机模型可以写出程序代码，而且状态机模型与代码之间有精确的对应关系。将状态转移图转换成程序代码，有两种方法，即在状态中判断事件和在事件中判断状态。

　　（1）在状态中判断事件（事件查询）。在当前状态下，根据不同的事件执行不同的功能，再做相应的状态转移。以图 4 - 8 为例，系统共有 S0、S1、S2 3 个状态和 Event0、Event1、Event2 3 种事件。由 3 种事件引发系统状态的转移，并执行相应的动作 Action0、Action1、Action2。

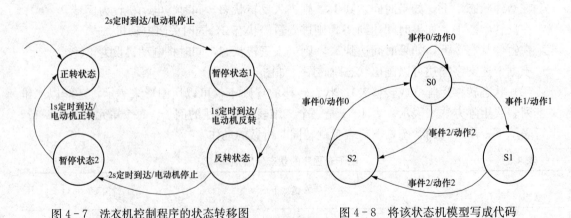

图 4 - 7　洗衣机控制程序的状态转移图　　　　图 4 - 8　将该状态机模型写成代码

　　C 程序中首先利用 switch...case 语句对当前状态进行分支，在每个分支内查询 3 种事件是否发生，如果发生，则执行相应的动作函数，再处理状态转移，程序如下：

```
switch(State)          //根据当前状态决定程序分支
{
    case S0:           //在 S0 状态
        if(Event_0)   //如果查询到 Event0 事件, 就执行 Action0 动作, 并保持状态不变
         {
            Action_0 ();
         }
        else if (Event_1)
        {               //如果查询到 Event1 事件, 就执行 Action1 动作, 并将状态转移到 S1 态
            Action_1 ();
            State=S1;
        }
        else if (Event_2)
        {               //如果查询到 Event2 事件, 就执行 Action2 动作, 并将状态转移到 S2 态
            Action_2 ();
            State=S2;
        }
        break;
    case S1:           //在 S1 态
        if (Event_2)
        {               //如果查询到 Event2 事件, 就执行 Action2 动作, 并将状态转移到 S2 态
            Action_2 ();
            State=S2;
        }
        break;
    case S2:           //在 S2 状态
        if (Event_0)
        {               //如果查询到 Event0 事件, 就执行 Action0 动作, 并将状态转移到 S0 态
            Action_0 ();
            State=S0;
        }
    }
```

（2）在事件中判断状态（事件触发）。实现方法是在每个事件的中断（或查询到事件发生）函数内，判断当前状态，并根据当前状态执行不同的动作，再做相应的状态转移。

在 Event0 事件引发的中断内，或查询到 Event0 发生处，添加以下程序：

```
switch(State)
{
  case s0:Action_0 (); State=S0; break;
//发生 Event0 事件时, 如果处于 S0 状态, 就执行 Action0 动作, 并将状态转移到 S0 态
  case s1: break; //发生 Event0 事件时, 如果处于 S1 状态, 不执行任何动作, 保持原态
  case s2: Action_0 (); State=S0; break;
//发生 Event0 事件时, 如果处于 S2 状态, 就执行 Action0 动作, 并将状态转移到 S0 态
}
```

在 Event1 事件引发的中断内，或查询到 Event1 发生处，添加以下程序：

```
switch(State)
{
   case  s0:Action_1 (); State=S1; break;
```
//发生 Event1 事件时，如果处于 S0 状态，就执行 Action1 动作，并将状态转移到 S1 态
```
   case s1: break; //发生 Event1 事件时，如果处于 S1 状态，不执行任何动作，保持原态
   case s2: break; //发生 Event1 事件时，如果处于 S2 状态，不执行任何动作，保持原态
}
```

在 Event2 引发的中断内，或查询到 Event2 发生处，添加以下程序：

```
switch(State)
{
    case s0:break;
    case s1:Action_2 (); State=S2; break;
```
//发生 Event2 事件时，如果处于 S1 状态，就执行 Action2 动作，并将状态转移到 S2 态
```
    case s2: break;

}
```

两种写法的功能是完全相同的，但从执行效果来看，后者要明显优于前者。

首先，事件查询写法隐含了优先级排序，排在前面的事件判断将毫无疑问地优先于排在后面的事件被处理判断。这种 if/else if 写法上的限制将破坏事件间原有的关系。而事件触发写法不存在该问题，各个事件享有平等的响应权。

其次，由于处在每个状态时的事件数目不一致，而且事件发生的时间是随机的，无法预先确定，导致查询写法依靠轮询的方式来判断每个事件是否发生，结构上的缺陷使得大量时间被浪费在顺序查询上。而对于事件触发写法，在某个时间点，状态是唯一确定的，在事件里查找状态只要使用 switch 语句，就能一步定位到相应的状态，甚至响应延迟时间也可以预先准确估算。

总之，在为状态机模型编写代码时，应该尽量使用事件触发结构。

但事件查询法也有其优点，即事件查询法无需中断资源，并且所有的代码集中在一起，便于阅读。在前后台程序结构中，可以在后台程序中顺序循环执行多个事件查询状态机。

四、状态机建模应用实例

状态机的应用非常广泛，既可以在某种局部使用，也可以对整个软件进行建模。

在 51 单片机上，P1.5、P1.6、P1.7 端口各接有一个按键（S1、S2、S3），按下为低电平。编写一个键盘程序。要求能够识别长、短按键并返回不同键值。当按键时间小于 2s 时，认为是一次短按键，按键时间大于 2s 后返回一次长键（0xc0＋键值），之后每隔 0.25s 返回一次连续长按键（0x80＋键值），且要求键盘程序不阻塞 CPU 运行。

这种键盘程序在按键较小的小型设备上是非常有用的。例如用加/减键来调整数值时，如果要使数量增加 100，需要按 100 次"加"键。这种操作是很不方便的，所以通常用短按键加 1，长按"加"键不放 2s 之后，每次加 10，每秒加 4 次。只需数秒即可完成调整。考虑到长键会连续发生，所以将首次长按键与后续连续长键用不同键值区分。对于长按键只动作一次的操作，如进入菜单、切换屏幕等操作，用首次长键值作为动作判据，避免被连续操作多次。

首先，用上升沿（按键释放）作为短按键的判据。其次，每个按键有 3 种返回值，用键值字节最高位来区分（见图 4-9）。例如对于 S1 按键，0x01 表示短按，0xc1 表示首次长

按，0x81 表示连续长按。

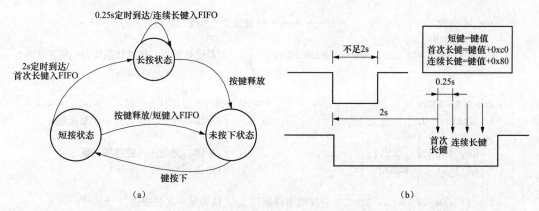

图 4-9 长短键的状态转移图与时序图

下一步按键过程建立状态机模型。从任务要求中，得出按键共有未按下、短按、长按 3 种状态，按下、释放、2s 定时到达、0.25s 定时到达 4 种事件。先用语言描述按键过程状态与事件之间的关系如下：

在按键"未按下状态"时，若键被按下，按键状态变为"短按状态"。

在按键处于"短按状态"时，若键被释放，认为是一次短按键，短键的键值压入键盘缓冲区，并回到"未按下状态"。

在按键处于"短按状态"时，若超过 2s，认为是一次长按键，"首次长键"的键值压入键盘缓冲区，并将按键状态变为"长按状态"。

在按键处于"长按状态"时，每当超过 0.25s，认为是一次"连续长键"，长键的键值压入键盘缓冲区，但状态不改变。

在键盘处于"长按状态"时若键被释放，回到"未按下状态"。

根据语言描述可以画出图 4-9 所示的状态转移图。在状态转移图中需要两种定时（2s 和 0.25s）事件，可以再定时中断内用变量累加实现，无需专门占用两个定时器。整个状态机都可以放在定时中断内执行。先编写按键 S1（P1.5 口）的状态转移程序：

```c
char  KEY1_State=0;                        /* 按键 1 的状态变量 * /
# define  NOKEY        0                   /* 未按下状态   * /
# define  PUSH_KEY     1                   /* 短按状态  * /    /* 按键的 3 种状态 * /
# define  LONG_PUSH    2                   /* 长按状态  * /
# define  KEY1       0x01                  /* 按键 1 的键值   * /
# define  FIRSTLONG  0xc1                  /* 首次长按键标志   * /
# define  LONG       0x81                  /* 连续长按键标志   * /
sbit  KEY1=P1^5;                           /* KEY1 所在 I/O 端口的定义 (P1.5) * /
static unsigned int Key1TimerS, Key1TimerL;  /* 软件定时器变量 * /
//=================================================
//在 1/32 (s) 定时中断内添加以下代码
//=================================================
    if(KEY_State==PUSH_KEY)    Key1TimerS++ ;   //2s 定时器，仅在短按期间计时
    else                       Key1TimerS=0;
    if (KEY1_State==LONG_PUSH) Key1TimerL++ ;   //0.25s 定时器，仅在长按期间计时
    else                       Key1TimerL=0;
```

```
switch (KEY1_State)                          //根据按键1的状态决定程序分支
{
   case NOKEY:              //－－－－－－按键处于"未按"状态时－－－－－－－－－－
     {
      if (KEY1==0) KEY1_State=PUSH_KEY;       //若键被按下，按键状态变为" 短按状态"。
       break;
     }
   case PUSH_KEY:            //－－－－－－按键处于"短按状态" 时－－－－－－－－－
     if (KEY1!=0)                             //若键被释放，认为是一次短按键
     {
       Key_InBuff (KEY1);                     //短键的键值压入键盘缓冲区
       KEY1_State=NOKEY;                      //并会到"未按下状态"

     else if (Key1TimerS> 32* 2) 若按键事件超过 2s, 认为是一次长按键,
       {
        Key_InBuff (FIRSTLONG+ KEY1);         //"首次长键" 的键值入 FIFO
        KEY1_State=LONG_PUSH;                 //按键状态变为" 长按状态"
     }
     break;
   }
   case LONG_PUSH:          //－－－－－－按键处于" 长按状态" 时－－－－－－－－－－－
   {
      if (KEY1!=0)      { KEY1_State=NOKEY;}   //若键被释放，回到未按键状态
      else if (Key1TimerL> 32/4)              //若按键超过 0.25s, 返回一次长按键
      {   Key_InBuff (LONG+KEY1);             //"连续长键" 的键值入 FIFO
          Key1TimerL=0;                       //定时器清空，准备下一次 0.25s 计时
      }
      break;
      }
}
```

　　利用类似的方法，可以编写按键 2 与按键 3 的程序。3 个按键之间相互独立，属于并发的状态机。在 1/32（s）定时中断内顺序处理 3 个状态，即可实现 3 按键的长短键功能。改程序在定时中断内执行，仍属于前台程序。由于前后台之间依靠键盘缓冲区作为隔离手段，采用这种新的键盘程序后，无需改动 GetKey()函数［见本章第二节　二、前后台程序的编写原则（4）］，也无需改变整个后台程序结构。

第四节　事件触发程序结构

　　事件触发程序结构也称为并发多任务结构，是一种将全部程序都放在中断内执行的程序结构。主程序只有一条休眠语句。大部分时间 CPU 都处于休眠状态，这种结构是低功耗系统软件的首选结构。可以将事件触发程序理解为，在前后台结构中，不执行任何后台任务，只有前台程序，而且所有的处理与响应都应必须在前台中断内完成。

　　事件触发程序结构的程序实际上是没有流程的，程序执行的顺序与事件的发生顺序有关。因此在描述与实现事件触发结构时，要大量使用状态机建模的手段。所以，也可以将事件触发程序结构理解为用状态机对整个软件进行建模。

一、事件触发程序结构

典型的事件触发程序结构的程序如图 4 - 10 所示。每个事件引发的中断都可以将休眠中的 CPU 唤醒，并在中断程序内对各个事件进行处理。每个中断内的处理程序不允许阻塞 CPU，并且要求尽快执行完毕，中断返回后，继续休眠。主程序内部不执行任何处理任务，只有休眠。程序如下：

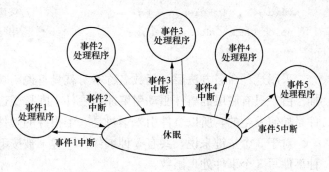

图 4 - 10　状态转移图

```
void main()                    /*事件触发结构程序的主程序*/
{   Sys_Init ();               //系统初始化
    _EINT ();                  //开中断
    while (1)      { LPM;  }    //主程序永远休眠
}
```

二、事件引擎

事件触发结构的程序中所有的处理程序都在中断内完成，最简单的方法就是在各个中断内直接写代码。对于简单的小程序，可以将代码写在中断内。但程序稍大后，特别是中断众多时，代码完全分散在各个中断服务程序内，程序将变得几乎没有可读性。另外，中断都是面向硬件的，例如串行口中断、定时器中断，并不能描述事件本身的特征（如"设置键"按下事件、0.25 时间到达事件），必须加注大量的注释才能表示各个中断的含义。并且，中断只能响应基本的事件，对于需要复杂的组合逻辑才能判定的事件（如串口接收缓冲区满事件），无法用中断直接实现，需要在中断内进行必要的逻辑判断，甚至需要判断多个中断之间顺序或组合关系，这使得事件入口位置变得隐蔽，为日后维护带来困难。

为了解决这些问题，应该将事件触发结构程序分为两层，如图 4 - 11 所示。底层叫作事件引擎层，它只负责发各种事件时，将程序引导至上层相应的处理程序入口处。上层叫作应用层，只负责事件的处理，不关心事件是如何发生的。例如可以编写一个 Event.c 程序，将所有的处理程序都集中写在其中；在每个中断内调用 Event.c 内相应的处理函数。

图 4 - 11　事件、中断与事件引擎

事实上，在 PC Windows 的高级语言中，如 VC、VB 等，已经广泛使用了"消息队列机制"作为事件引擎，其实就是将事件排队，再依次分发给各个应用程序的各个处理程序。当然，在一般单片机上无需也无法使用如此复杂的消息队列机制，但可以借鉴其事件处理函数的命名方法。

最基本的事件处理函数命名方法采用"模块名_On事件名"的格式。例如下面是一些常见的事件处理函数名：

```
void  Button1_OnClick ();              //按钮 1 事件处理程序
void  Key1_OnPush ();                  //按键 1 被按下事件处理程序
```

```
void  Key1_OnRelease ( ) ;                    //按键 1 被松开事件处理程序
void  UART _OnRxChar ( ) ;                    //串行端口收到一个新的字节事件处理程序
......
```

采用这种命名方法后，函数名称本身就具有说明功能，且符合英语语法，可读性大为增加。由于只有底层的事件驱动引擎才与硬件中断打交道。应用层的事件处理函数无需理会事件是如何发生的，所以事件引擎本身是一个很好的硬件离层层。

对于 3 个按键来说，共有 3 种事件，即键 1 被按下 、键 2 被按下、键 3 被按下。为这 3 种事件写 3 个事件处理函数：

```
void  Button1_OnClick ( )                     //按钮 1 事件处理程序
{
                                              //这里写按钮 1 的处理程序
}
void  Button2_OnClick ( )                     //按钮 2 处理程序
{
                                              //这里写按钮 2 的处理
}
void  Button3_OnClick ( )                     //按钮 3 事件处理程序
{
                                              //写按钮 3 的处理程序
}
```

这 3 个函数仅负责处理 3 个按键事件，并不关心按键事件是如何被检测到的。事件引擎层的程序负责从中断中判断何种事件发生，做相应的预处理后再调用事件处理函数。例如按钮本身存在抖动，每次按键和松键都可能会导致多次按键所在的 I/O 端口中断在事件引擎层应该对其进行处理，保证每次有效按键调用处理程序。

```
void Button_Detect ()   //- - - - - - - - - - - 按键事件引擎- - - - - - - - - - - - -
{
unsigned char PushKey;
PushKey=P1;                                   //读取 P1 端口的 5、6、7 位
_delay_cycles (5000);                         //略延迟约 5ms 后再做判断（MCLK=1MHz 时）
if ( (P1 & PushKey) ==PushKey)                //如果按键变高了（松开），则判为毛刺
{  PIIFG=0; return; }                         //认为按键无效，不作处理，直接退出
if (PushKey & BIT5)                           //若 P1.5 所在按键被按下
{Button1_OnClick (); }                        //执行按键 1 的处理函数
if (PushKey & BIT6)                           //若 P1.6 所在按键被按下
{Button2_OnClick (); }                        //执行按键 2 的处理函数
if (PushKey & BiT7)                           //若 P1.7 所在按键被按下
{Button3_OnClick ();}                         //执行按键 3 的处理函数
}
```

最后才在中断内调用按键检测程序（按键事件引擎）。对于无法引发中断的 I/O 端口键盘，也可以使用定时中断内扫描的方法实现按键检测，编写另一按键事件引擎。

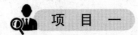 项 目 一 洗衣机控制器的设计

一、设计的任务和要求

1. 按键功能

(1) 通过"S1"键步进改变"标准、经济、单独、排水"四种方式,执行相应程序,对应指示灯亮。

(2) 通过"S2"键步进改变"强洗、弱洗"两种方式,执行相应程序,对应指示灯亮。

(3) 通过"S3"键控制洗衣机的运行、暂停和解除报警功能。

2. 检测开关功能

(1) 当水位开关置于接地时,表示水位符合要求。

(2) 当盖开关置于接地时,表示盖子处于打开,洗衣机要暂停,并脱水。

3. 方式选择功能

洗衣机的工作步骤为:洗涤→漂洗→脱水。当处于某种状态时,对应的指示灯以 0.7s 周期闪烁,当洗衣机在洗涤过程中,洗涤指示灯闪烁。可以通过方式选择设定具体的运行过程。

(1) 标准方式:进水→洗涤→排水→进水→漂洗→排水→进水→漂洗→排水→脱水。

(2) 经济方式:进水→洗涤→排水→进水→漂洗→脱水。

(3) 单独方式:进水→洗涤。

(4) 排水方式:进水→脱水。

(5) 强洗,即电动机转速快;弱洗,即电动机转速慢。

各步骤时间要求:进水时间为 4s,洗涤时间为 6s,排水时间为 2s,脱水时间为 2s,漂洗时间为 2s。

4. 整机功能要求

(1) 开机默认状态为标准方式、强洗。

(2) 在洗涤和漂洗的过程中,电动机正转 1 次,反转 1 次,连续运行。

(3) 在进水和脱水过程中,相应的指示灯亮,继电器吸合,蜂鸣器间歇性报警。

(4) 当在执行某个步骤时,只有"S3"键有效,按下暂停,再按恢复运行。

二、设计方案

洗衣机控制器的结构框图如图 4-12 所示。其主要由电源、单片机最小系统、开关检测电路、控制按键输入电路、蜂鸣器和 VD 指示电路、继电器

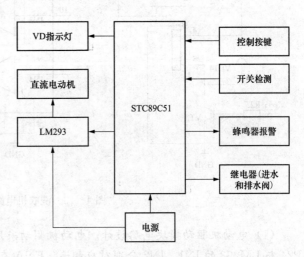

图 4-12 洗衣机控制器结构框图

和电动机驱动电路组成。

三、硬件设计

硬件电路原理图如图 4-13 所示。

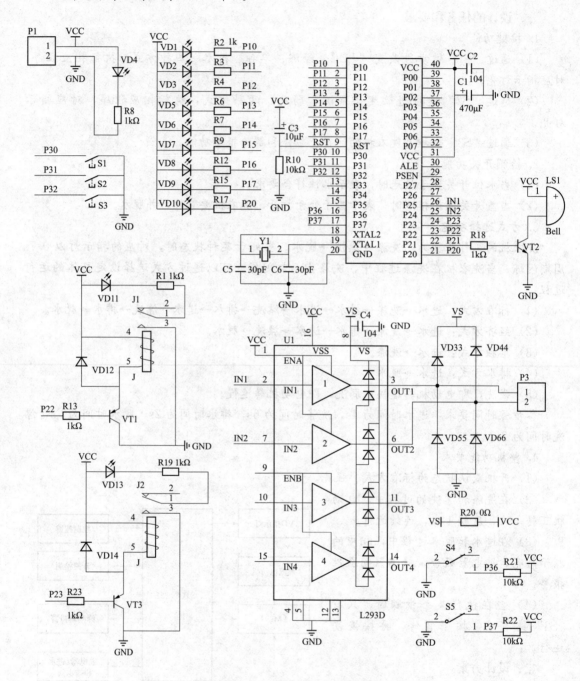

图 4-13 洗衣机电路原理图

（1）电动机驱动模块电路设计。电动机驱动采用 LM293 电动机驱动芯片，单片机 P25、P24 与 LM293 的 IN1、IN2 分别对应相连，ENA 直接接 VCC，后面所加 4 个二极管 VD33、

VD44、VD55、VD66 起续流作用。

（2）电源模块电路设计。电动机驱动芯片的电源 VCC 和 VS 之间通过阻值为 0 的电阻 R20 进行隔离后，对 LM293 进行供电。

（3）开关检测电路设计。S4 模拟水位，S5 模拟盖子。

（4）控制按键。S3 按键接到单片机的外部中断 0，通过中断控制实现运行、暂停、继续运行的控制功能，当 S3 键第一次按下时正常运行，当 S3 键第二次按下时暂停运行。

（5）进水阀和排水阀控制继电器。单片机的 P23 用来控制排水阀继电器，P22 用来控制进水阀继电器，P23 和 P22 输出为 0 时对应的阀打开，输出为 1 时对应的阀关闭。

四、软件设计

主程序流程图如图 4-14 所示。

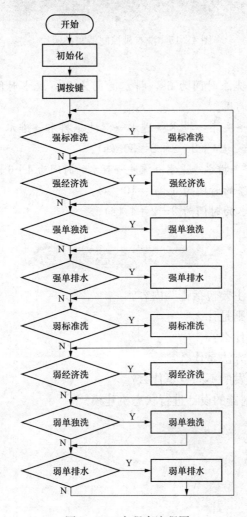

图 4-14 主程序流程图

五、实物照片

洗衣机控制器实物照片如图 4-15 所示。

微课一

洗衣机控制器系统
组成及作品演示

图 4-15　洗衣机控制器实物照片

六、设计制作要点

（1）进水时间为 4s，洗涤时间为 6s，排水时间为 2s，脱水时间为 2s，漂洗时间为 2s，分别书写函数，然后进行调用。

（2）标准方式：进水→洗涤→排水→进水→漂洗→排水→进水→漂洗→排水→脱水的工作时间为 4+6+2+4+2+2+4+2+2+2=30（s）。

经济方式：进水→洗涤→排水→进水→漂洗→脱水的时间为 4+6+2+4+2+2=22（s）。

单独方式：进水→洗涤的时间为 4+6=10（s）。

排水方式：进水→脱水的时间为 2+2=4（s）。

习　　题

1. 程序代码编写规范主要包括哪些内容？
2. 前后台程序编写原则是什么？
3. 函数重入的特点是什么？
4. 状态机建模的描述方法是什么？
5. 事件查询和事件触发的不同点是什么？
6. 对项目-洗衣机控制器的设计进行状态机建模。

第五章 键盘和显示

本章主要介绍了常见的人机接口，包括键盘、LED 显示和 LED 点阵、LCD1602 液晶显示组件。最后介绍了电子密码锁设计项目案例。

第一节 键盘及其接口

键盘是单片机应用系统中使用最广泛的一种数据输入设备。在设计键盘接口时，着重要解决以下几个问题：

（1）开关状态的可靠输入，可设计硬件去抖动电路或设计去抖动软件；

（2）键盘状态的监测方法，中断方式还是查询方式；

（3）键盘编码方法；

（4）键盘控制程序的编写。

本节将对常用的键盘电路进行介绍。

一、按键操作存在的问题——键抖动

键盘实际上就是一组小按键，在单片机外围电路中，通常用到的按键都是机械弹性开关。当开关闭合时，线路导通；开关断开时，线路断开。图 5-1 是单片机系统中常用的几种按键。

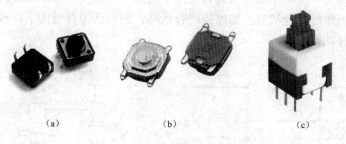

图 5-1 单片机系统常用小按键

(a) 弹性小按键；(b) 贴片式按键；(c) 自锁式按键

弹性小按键被按下时闭合，释放后自动断开，可以在一些单片机控制的项目中实现功能控制，比如直流电机的启动和停止、电子钟的时间调整、数字密码锁的密码输入和存储单元地址参数的修改等。贴片按键和直插式按键区别在于封装不同，都属于机械式按键、功能一样。自锁按键按下时闭合并会自动锁住，只有被再次按下时才弹起断开，通常这种按键被当作控制开关用，比如用于控制供给单片机系统模块的直流电源的接通与断开。

按键在电路中的连接如图 5-2 所示。当操作键时，其一对触点闭合或断开，引起 A 点电压的变化。A 点电压就用来向单片机输入键的通断状态。

对于查询方式，通过读取单片机 I/O 端口状态，即可判断出按键的通断情况，如图 5-2 (b) 所示。

对于中断扫描方式，当键盘上有键闭合时产生中断请求，CPU 响应中断并在中断服务程序中判断键盘上闭合键的键号，然后进行相应的键处理，如图 5-2（a）所示。由于机械触点的弹性作用，触点在闭合和断开瞬间的电接触情况不稳定，造成了电压信号的抖动现象，如图 5-3（a）所示。键的抖动时间一般为 5～10ms。这种现象会引起单片机对于一次键操作进行多次处理，因此须设法消除键接通或断开时的抖动现象。去抖动的方法有硬件和软件两种。

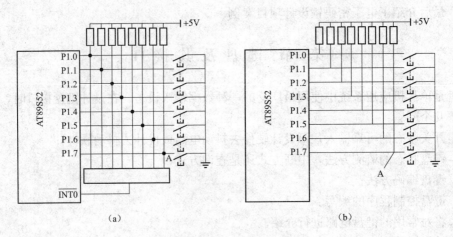

(a) (b)

图 5-2　独立式按键电路
(a) 中断方式；(b) 查询方式

（1）硬件消除抖动，主要使用双稳态电路，如图 5-3（b）所示。

（2）软件去抖动，在单片机检测到有键按下时执行一个 10～20ms 的延时程序后再次检查该键电平是否仍保持闭合状态，如保持闭合状态，则确认为有键按下，否则从头检测。这样就能消除键的抖动影响。

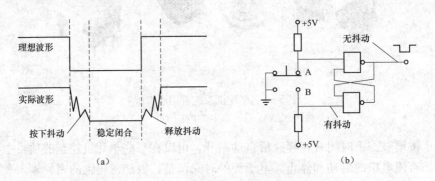

(a) (b)

图 5-3　按键的抖动和消除电路
(a) 键闭合和断开时的电压抖动；(b) 双稳态去抖动电路

二、独立式键盘的结构

独立式键盘的结构如图 5-4 所示。这是最简单的键盘结构形式，每个按键的电路是独立的，都有单独一条 I/O 端口线对应一个按键的通断状态。图 5-4（a）所示为芯片内部有上拉电阻的结构。图 5-4（b）所示为芯片内部无上拉电阻的结构。独立式键盘配置灵活，软件结构简单，但每个按键必须占用一根端口线，因此适用于按键数量不多的场合。

独立式键盘的软件可以采用随机扫描、定时扫描和中断扫描三种方式。

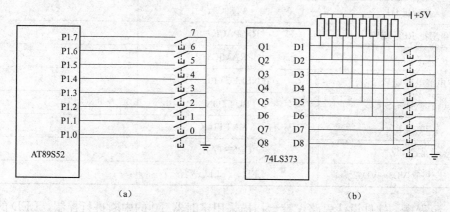

图 5-4 独立式键盘的结构

（a）芯片内部有上拉电阻；（b）芯片内部无上拉电阻

【例 5-1】 独立式键盘应用举例。采用的电路如图 5-5 所示。要求使用图中的 4 个按键控制 P0、P2 和 P3 端口共 24 个 LED 流水灯点亮速度。流水速度设置 4 个级别：按下 S01 键，延时 0.1s；按下 S02 键，延时 0.2s；按下 S03 键，延时 0.5s；按下 S04 键，延时 1s。

解 （1）硬件设计。硬件设计如图 5-5 所示，所需元件见表 5-1。

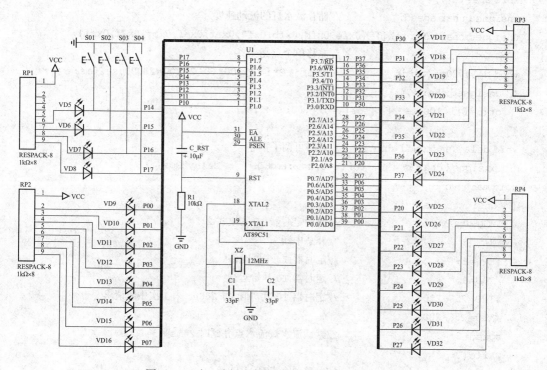

图 5-5 独立式键盘控制的 4 级流水灯电路原理图

表 5 - 1　　　　　　　　独立式键盘控制的 4 级流水灯电路仿真所需元件

元　器　件	名　　称	描　　述
单片机 U1	AT89C51	
电阻排 RP1～RP4	RESPACK - 8	
电容 C1、C2	CERAMIC33P	
电解电容 C_RST	GENELECT10U35V	
按键 S01～S04	BUTTON	
电阻 R1	3WATT10K	
晶振 XZ	CRYSTAL	
发光二极管 VD5～VD32	LED - YELLOW	

（2）源程序。软件设计思路：键盘扫描采用定时器 T0 的中断进行控制，LED 的流水速度可通过改变延时时间来调节，编程时让每一个按键对应一个流水速度变量值，扫描到某一个按键被按下时，把其对应的变量值传递给延时函数即可。程序如下：

```
/* P0、P2 和 P3 端口 24 位 LED 4 级流水灯      * /
# include < reg51. h>
sbit S01= P1^4;                   //定义独立式键盘的入口
sbit S02= P1^5;
sbit S03= P1^6;
sbit S04= P1^7;
unsigned char speed;             //储存流水灯的流动速度
unsigned char code tab[]={0xfe,0xfd,0xfb,0xf7,0xef,0xdf,0xbf,0x7f,0xff};
                                 //左移单个点亮
void delay20ms(void)             //3* i* j+2* i=3* 100* 60+2* 100=20000μs=20ms;
{ unsigned char i,j;
  for(i=0;i<100;i++)  for(j=0;j<60;j++)  ;
}
void delay(unsigned char x)   //延时可调子程序
{  unsigned char k;       for(k=0;k<x;k++)        delay20ms();     }
void main(void)
{  unsigned char  i;
   TMOD= 0x02;                   //使用定时器 T0 的模式 2
   EA=1;                         //开总中断
   ET0=1;                        //定时器 T0 中断允许
   TR0=1;                        //定时器 T0 开始运行
   TH0= 256-200;                 //定时器 T0 赋初值,每 200μm 来 1 次中断请求
   TL0= 256-200;
   speed=3;                      //默认流水灯流水点亮延时 20ms×3=60ms
   while(1)
     {                           //左移单个点亮
       for(i=0;i<9;i++){ P0=tab[i]; delay(speed); }      //单个点亮 VD9～VD16
```

```
        for(i=0;i<9;i++ ) { P3=tab[i]; delay(speed); }          //单个点亮 VD17~VD24
        for(i=0;i<9;i++ ) { P2=tab[i]; delay(speed); }          //单个点亮 VD25~VD32
      }
    }
void t0(void) interrupt 1 using 1        //定时器 T0 的中断服务子程序,进行键盘扫描
{
  TR0=0;                                 //关闭定时器 T0/
  P1=0xff;                               //将 P1 端口均置高电平"1"
  if((P1&0xf0)!=0xf0)                    //如果有键按下
    {
      delay20ms();                       //延时 20ms,软件消抖
      if((P1&0xf0)!=0xf0)                //确实有键按下
      {   if(S01==0) speed=5;            //如果 S01 按下,流水灯流水点亮延时 20ms×5=100ms
          if(S02==0) speed=10;           //如果 S02 按下,流水灯流水点亮延时 20ms×10=200ms
          if(S03==0) speed=25;           //如果 S03 按下,流水灯流水点亮延时 20ms×25=500ms
          if(S04==0) speed=50;           //如果 S04 按下,流水灯点亮延时 20ms×50=1000ms
      }
    }
    TR0=1;                               //启动定时器 T0
}
```

(3) Proteus 仿真。经 Keil 软件编译通过后,可利用 Proteus 软件进行仿真。在 Proteus ISIS 编辑环境中绘制仿真电路图,或者打开配套数字资源(源程序)中的"**第五章 键盘和显示/例 5-1 独立式键盘控制的 4 级流水灯**"文件夹内的"**独立式键盘控制的 4 级流水灯.DSN**"仿真原理图文件。将编译好的"**独立式键盘控制的 4 级流水灯.hex**"文件加入 AT89C51。启动仿真,观看仿真效果。

【**例 5-2**】 采用的电路如图 5-5 所示。开关 S04 接在 P1.7 引脚上,在 AT89S51 单片机的 P0、P1 和 P3 端口接有 24 个发光二极管,上电时,VD9 接在 P0.0 引脚上的发光二极管在闪烁,当每一次按下开关 S04 时,VD10 接在 P0.1 引脚上的发光二极管在闪烁,再按下开关 S04 时,VD11 接在 P0.2 引脚上的发光二极管在闪烁。依次类推,每按下一次 S04 就点亮一个发光二极管,如此轮流下去。

解 (1) 硬件设计。硬件设计如图 5-5 所示,所需元件见表 5-1。

(2) 源程序。软件设计思路:对于要通过一个按键来识别每种不同的功能,给每个不同的功能模块用不同的 count 号标识。这样,每按下一次按键,count 的值是不相同的,所以单片机就很容易识别不同功能的身份了。很显然,只要每次按下开关 S04 时,分别给出不同的 count 号就能够完成上面的任务了。

// [例 5-2]:独立式键盘的按键功能扩展,"以一当二十四",即一个按键具有 24 种功能。

源程序详见配套数字资源。

(3) Proteus 仿真。经 Keil 软件编译通过后,可利用 Proteus 软件进行仿真。在 Proteus ISIS 编辑环境中绘制仿真电路图,或者打开配套数字资源(源程序)中的"**第五章 键盘和显示/例 5-2 一键多功能**"文件夹内的"**一键多功能.DSN**"仿真原理图文件。将编译好

的"一键多功能.hex"文件加入 AT89C51。启动仿真，观看仿真效果。

三、矩阵式键盘

1. 矩阵式键盘的结构

矩阵式键盘又叫行列式键盘。用若干 I/O 端口线作行线，若干 I/O 端口线作列线，在每个行列交点设置按键组成，如图 5-6 所示。

当端口线数量为 8 时，可以将 4 根端口线定义为行线，另 4 根端口线定义为列线，形成 4×4 键盘，可以配置 16 个按键，如图 5-6（a）所示。图 5-6（b）所示为 4×8 键盘。

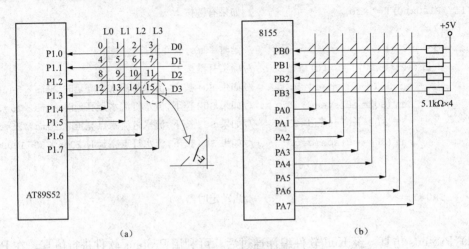

图 5-6　矩阵式键盘
（a）芯片内部有上拉电阻；（b）芯片内部无上拉电阻

2. 矩阵式键盘的工作原理

矩阵式键盘的行线通过电阻接 +5V［芯片内部集成有上拉电阻时，就不用外接了，如图 5-6（a）所示］，当键盘上没有按键按下时，所有的行线与列线是断开的，行线均为高电平。

当键盘上某一按键闭合时，该按键所对应的行线与列线短接。此时该行线的电平将由被短接的列线电平所决定。因此，可以通过以下方法完成是否有键按下及按下的是哪一个键的判断。

键盘中有无按键按下是由列线送入全扫描字、行线读入行线状态来判断的。方法是：将列线的所有 I/O 端口线均置成低电平，然后将行线电平状态读入累加器 A 中进行判断；如果有键按下，总会有一根行线电平被拉至低电平，从而使行输入不全为 1（即高电平）。

当键盘有键按下时，要逐行或逐列扫描，以判断是哪一个键按下。通常扫描方式有两种，即扫描法和反转法。下面分别介绍。

（1）扫描法是指依次给列线送低电平，然后查所有行线状态，如果全为 1，则所按下之键不在此列，如果不全为 1，则所按下之键必在此列。而且是在与 0 电平线相交的交点上的那个键。

（2）反转法是指先把列线置成低电平，行线置成输入状态，读行线；再把行线置成低电平，列线置成输入状态，读列线。有键按下时，由两次所读状态即可确定所按键的位置。

3. 键处理

键处理是根据所按键散转进入相应的功能程序。为了散转的方便，通常应先得到按下键的键号。键号是键盘的每个键的编号，可以是 10 进制或 16 进制。键号一般通过键盘扫描程序取得的键值求出。键值是各键所在行号和列号的组合码。如图 5 - 6 (a) 所示接口电路中的键 "12" 所在行号为 3，所在列号为 0，键值可以表示为 "30H"（也可以表示为 "03H"，表示方法并不是唯一的，要根据具体按键的数量及接口电路而定）。根据键值中行号和列号信息就可以计算出键号，即

$$键号＝所在行号×键盘列数＋所在列号$$

上文所述键号 12，即 $3×4+0=12$。

根据键号就可以方便地通过散转进入相应键的功能程序。

4. 矩阵式键盘的编程思路

矩阵式键盘经典阻塞式编程思路：

(1) 有无键按下；

(2) 去抖动；若采用反转法则不需要去抖动，也不需要第 (3) 步；若是扫描法，则要去抖动；

(3) 重新判断有无键按下；若有键按下，进入第 4 步，否则转 (1) 步；

(4) 判断按下键的位置（即键所在的行和列）；

(5) 计算键号；

(6) 进行键处理。用状态机进行描述，swith...case 语句。

矩阵式键盘非阻塞式编程思路，详见第四章第二节的 "使用缓冲区" 和第三节的 "状态机建模应用实例"。

【例 5 - 3】 矩阵式键盘应用举例。用数码管显示 4×4 矩阵式键盘的按键值，采用的电路如图 5 - 7 所示。

解 (1) 硬件设计。硬件设计如图 5 - 7 所示，所需元器件见表 5 - 2。

表 5 - 2   4×4 矩阵式键盘识别电路仿真所需元器件

元 器 件	名 称	描 述
单片机 U1	AT89C51	
电阻排 RP1	REDPACK - 8	
三极管 VT3~VT10	2N3702	
按钮 S1~S16	BUTTON	
四位数码管 DS1、DS2	7SEG - MPX4 - CA	
电阻 R1~R17	3WATT1K、MINRES100R	

(2) 源程序。键盘扫描采用逐行扫描方式，程序如下：

```
# include<reg51.h>
unsigned char table[]={0xC0,0xF9,0xA4,0xB0,0x99,0x92,0x82,0xF8,0x80,0x90,0x88,
    0x83,0xC6,0xA1,0x86,0x8E};          //共阳极数码管段选码
void delay(void)                        //延时子程序
```

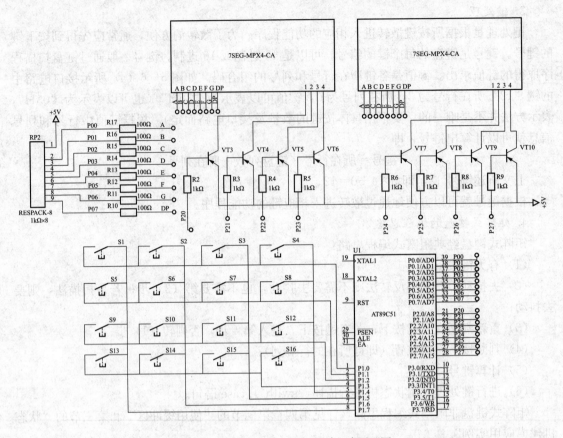

图 5-7　4×4 矩阵式键盘识别电路原理图

```
{    unsigned char i,j;    for(i=0;i<20;i++ )    for(j=0;j<250;j++ );}
void display(unsigned char i) //数码管显示子程序
{    P2=0xfe;    P0=table[i];}
//键盘扫描采用逐行扫描方式：
void keyscan(void) //键盘扫描子程序
{    unsigned char n;
    P1=0xfe; //扫描第一行
    n=P1; //读列的状态
    n&=0xf0;//屏蔽掉行的状态
    if(n!=0xf0)//列不全为1,表示有键按下
    {    delay();//延时去抖动
        P1=0xfe;//重新扫描第一行
        n=P1;//重读列的状态
        n&=0xf0;//屏蔽掉行的状态
        if(n!=0xf0)//列不全为1,表示有键按下
        {    switch(n)//判断按下键所在的列位置
            {    case(0xe0):display(3);break;
                case(0xd0):display(2);break;
                case(0xb0):display(1);break;
```

```
                case(0x70):display(0);break;
            }
        }
    }
P1=0xfd;                            //扫描第二行
n=P1;                               //读列的状态
n&=0xf0;                            //屏蔽掉行的状态
if(n!=0xf0)                         //列不全为1,表示有键按下
{
    delay();                        //延时去抖动
    P1=0xfd;                        //重新扫描第二行
    n=P1;                           //读列的状态
    n&=0xf0;                        //屏蔽掉行的状态
    if(n!=0xf0)                     //列不全为1,表示有键按下
    {   switch(n)                   //判断按下键所在的列位置
        {
            case(0xe0):display(7);break;
            case(0xd0):display(6);break;
            case(0xb0):display(5);break;
            case(0x70):display(4);break;
        }
    }
}
P1=0xfb;                            //扫描第三行
n=P1;                               //读列的状态
n&=0xf0;                            //屏蔽掉行的状态
if(n!=0xf0)                         //列不全为1,表示有键按下
{   delay();                        //延时去抖动
    P1=0xfb;                        //重新扫描第三行
    n=P1;                           //读列的状态
    n&=0xf0;                        //屏蔽掉行的状态
    if(n!=0xf0)                     //列不全为1,表示有键按下
    {
        switch(n)                   //判断按下键所在的列位置
        {
            case(0xe0):display(11);break;
            case(0xd0):display(10);break;
            case(0xb0):display(9);break;
            case(0x70):display(8);break;
        }
    }
}
P1=0xf7;                            //扫描第四行
```

```
        n=P1;                              //读列的状态
        n&=0xf0;                           //屏蔽掉行的状态
        if(n!=0xf0)                        //列不全为 1,表示有键按下
        {
            delay();                       //延时去抖动
            P1=0xf7;                       //重新扫描第四行
            n=P1;                          //读列的状态
            n&=0xf0;                       //屏蔽掉行的状态
            if(n!=0xf0)                    //列不全为 1,表示有键按下
            {   switch(n)                  //判断按下键所在的列位置
                {
                    case(0xe0):display(15);break;
                    case(0xd0):display(14);break;
                    case(0xb0):display(13);break;
                    case(0x70):display(12);break;
                }            }   }}         //扫描法结束
void main(void){    while(1){    keyscan();    } }
//注:键盘扫描采用反转法程序如下:
    void keyscan(void)                     //键盘扫描子程序
    {   unsigned char n,m;
        P1=0xf0;                           //全行扫描
        n=P1;                              //读列的状态
        n&=0xf0;                           //屏蔽掉行的状态
        P1=0x0f;                           //全列扫描
        m=P1;                              //读行的状态
        m&=0x0f;                           //屏蔽掉列的状态
        n=n|m;
        switch(n)
        {
            case (0xee): display (3); break; //1110_1110
            case (0xde): display (2); break; //1101_1110
            case (0xbe): display (1); break; //1011_1110
            case (0x7e): display (0); break; //0111_1110

            case (0xed): display (7); break; //1110_1101
            case (0xdd): display (6); break; //1101_1101
            case (0xbd): display (5); break; //1011_1101
            case (0x7d): display (4); break; //0111_1101

            case (0xeb): display (11); break; //1110_1011
            case (0xdb): display (10); break; //1101_1011
            case (0xbb): display (9); break; //1011_1011
            case (0x7b): display (8); break; //0111_1011
```

```
        case (0xe7): display (15); break; //1110_0111
        case (0xd7): display (14); break; //1101_0111
        case (0xb7): display (13); break; //1011_0111
        case (0x77): display (12); break; //0111_0111
    }
}
```

（3）Proteus 仿真。经 Keil 软件编译通过后，可利用 Proteus 软件进行仿真。在 Proteus ISIS 编辑环境中绘制仿真电路图，或者打开配套数字资源（源程序）中的"**第五章　键盘和显示/例 5 - 3　4×4 矩阵式键盘识别**"文件夹内的"**4×4 矩阵式键盘识别**.DSN"仿真原理图文件。将编译好的"**4×4 矩阵式键盘识别**.hex"文件加入 AT89C51，启动仿真，观看仿真效果。

第二节　LED 显 示 器

常见的显示器件主要有 LED 和 LCD 等，本节主要介绍 LED 显示器。

一、七段 LED 显示器原理

LED 显示器（数码管）是由发光二极管显示字段的显示器件。在单片机系统中通常使用的是七段 LED。这种显示器有共阴极与共阳极两种，如图 5 - 8 所示。共阴极的 LED 发光二极管阴极公共端应接地，如图 5 - 8（a）所示。当某个发光二极管的阳极为高电平时，发光二极管点亮。共阳极的 LED 的发光二极管阳极并接，如图 5 - 8（b）所示。

通常的七段 LED 显示器中有八个发光二极管，故也称为八段显示器。其中七个发光二极管构成七笔字形"8"，一个发光二极管构成小数点。

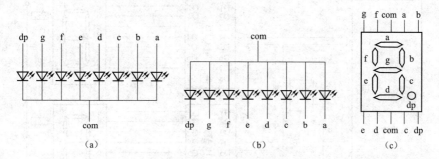

图 5 - 8　LED 显示器
（a）共阴极；（b）共阳极；（c）引脚配置

七段 LED 显示器与单片机接口简单。只要将一个 8 位并行输出端口与显示器的发光二极管引脚相连即可。8 位并行输出端口输出不同的字节数据可获得不同的数字或字符。通常将控制发光二极管的 8 位字节数据称为段选码，见表 5 - 3。共阳极与共阴极的段选码互为补码。

二、LED 显示器显示方式

根据位选线与段选线的连接方法不同，LED 显示器分为静态显示和动态显示两种方式。段选线控制字符选择，位选线控制显示位的亮、暗。

表 5 - 3　　　　　　　　　　　　　　　七段 LED 的段选码

显示字符	共阴极段选码	共阳极段选码	显示字符	共阴极段选码	共阳极段选码
0	3FH	C0H	B	7CH	83H
1	06H	F9H	C	39H	C6H
2	5BH	A4H	D	5EH	A1H
3	4FH	B0H	E	79H	86H
4	66H	99H	F	71H	8EH
5	6DH	92H	P	73H	8CH
6	7DH	82H	U	3EH	C1H
7	07H	F8H	r	31H	CEH
8	7FH	80H	y	6EH	91H
9	6FH	90H	8	FFH	00H
A	77H	88H	"灭"	00H	FFH

1. 静态显示方式

LED 显示器工作在静态显示方式下，共阴极点或共阳极点连接在一起接地或＋5V；每位 LED 显示块的段选线（a～dp）与一个 8 位并行口相连。静态显示有并行输出和串行输出两种方式。图 5 - 9 所示为并行输出的静态显示电路，该图表示了一个 3 位静态 LED 显示器电路。该电路每一位 LED 显示器可独立显示，只要在该位的段选线上保持段选码电平，该位就能保持相应的显示字符。由于每一位由一个 8 位输出口控制段选码，故在同一时间内每一位新字符可以各不相同。

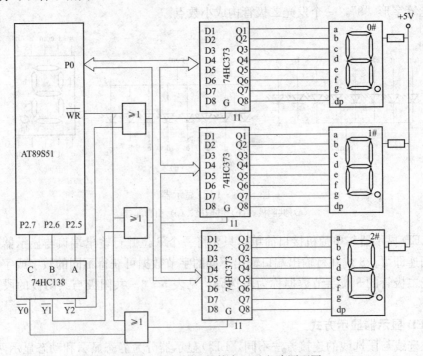

图 5 - 9　并行输出的静态显示电路原理图

【例 5 - 4】 用一位数码管循环显示表 5 - 3 中共阳极的所有字符。

解 （1）硬件设计。硬件设计如图 5 - 10 所示，所需元器件见表 5 - 4。

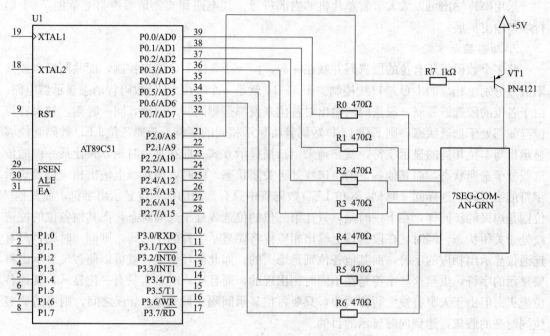

图 5 - 10　一位数码管静态显示电路原理图

表 5 - 4　　　　　　　　　　一位数码管静态显示电路仿真所需元器件

元　器　件	名　　称	描　　述
单片机 U1	AT89C51	—
三极管 VT1	PN4121	
一位数码管	7SEG - COM - AN - GRN	
电阻 R0～R7	3WATT1K、MINRES470R	

（2）源程序。

```
# include< reg51.h>      // 包含 51 单片机寄存器定义的头文件
unsigned char code Tab[]= {0xc0,0xf9,0xa4,0xb0,0x99,0x92,0x82,0xf8,0x80,0x90,0x88,0x83,
0xc6,0xa1,0x86,0x8e,0x8c,0xc1,0xce,0x91,0x00}; //数码管显示 0～9,A～F,P,U,r,y,8 的段
码表,程序运行中定义常数数组时,前面加关键字 code ,可以大大节约单片机的存储空间
void delay(void) { unsigned char i, j; for(i= 0;i< 255;i+ + ) for(j= 0;j< 255;j+ + ) ; }//延时
void main(void)
{ unsigned char i;P2= 0xfe;   //P2.0 引脚输出低电平,数码显示器 DS0 接通电源工作
  while(1) { for(i= 0;i< 21;i+ + ) { P0= Tab[i]; delay();delay();delay();}}//P0 输出
}
```

（3）Proteus 仿真。经 Keil 软件编译通过后，可利用 Proteus 软件进行仿真。在 Proteus ISIS 编辑环境中绘制仿真电路图，或者打开配套数字资源（源程序）中的 **"第五章　键盘和显示/例 5 - 4　一位数码管循环显示"** 文件夹内的 **"一位数码管循环显示.DSN"** 仿真原理

图文件。将编译好的"**一位数码管循环显示 . hex**"文件加入 AT89C51。启动仿真，观看仿真效果。

采用串行输出可以大大节省单片机的内部资源。其电路和实例请参考第七章例 7－1 串行端口输出扩展。

2. 动态显示方式

将多个数码管所有位的段选码并联在一起，由一个 8 位 I/O 端口控制，而共阴极点或共阳极点分别由相应的 I/O 端口线控制。图 5－11 就是一个 8 位 LED 数码管动态显示器电路。由于各位的段选线并联，段选码的输出对各位来说都是相同的。因此，同一时刻，如果各位位选线都处于选通状态，则 8 位 LED 数码管将显示相同的字符。若要各位 LED 数码管能够显示出与本位相同的显示字符，就必须采用扫描显示方式。即在某一时刻，只让某一位的位选线处于选通状态，而其他各位的位选线处于关闭状态。同时，段选线上输出相应位要显示字符的字形码，这样同一时刻，8 位 LED 数码管中只有选通的那一位显示出字符，而其他 7 位则是熄灭的。同样，在下一时刻，只让第二位的位选线处于选通状态，而其他各位的位选线处于关闭状态。同时，在段选线上输出相应位将要显示字符的字形码，则同一时刻，只有选通位显示出相应的字符，而其他各位则是熄灭的。如此循环下去，就可以使各位显示出将要显示的字符，虽然这些字符是在不同时刻出现的，而且同一时刻，只有一位显示，其他各位熄灭。但由于人眼有视觉暂留现象，只要每位显示间隔一般为 1～4ms 之间，则可造成多位同时亮的假象，达到同时显示的目的。

【**例 5－5**】 用数码管从左到右依次动态显示数字 1～8 ，试用 C 语言编写程序，并用 Proteus 仿真。

解 （1）硬件设计。硬件设计如图 5－11 所示，所需元器件见表 5－5。

表 5－5　　　　　　　　　　**数码管动态显示电路仿真所需元器件**

元　器　件	名　　称	描　　述
单片机 U1	AT89C51	—
电容 C1、C2	CAP	
电解电容 C3	CAP－ELEC	
8 位数码管	7SEG－MPX8－CA－BLUE	
电阻 R1、R2	3WATT10K、MINRES220R	

（2）源程序。源程序详见配套数字资源（源程序）。

（3）Proteus 仿真。经 Keil 软件编译通过后，可利用 Proteus 软件进行仿真。在 Proteus ISIS 编辑环境中绘制仿真电路图，或者打开配套数字资源（源程序）中的"**第五章　键盘和显示/例 5－5　数码管扫描显示**"文件夹内的"**数码管扫描显示 . DSN**"仿真原理图文件。将编译好的"**数码管扫描显示 . hex**"文件加入 AT89C51。启动仿真，观看仿真效果。

三、键盘和 LED 数码管应用举例

【**例 5－6**】 用 2 位数码管的动态显示独立式按键按下次数，试用 C 语言编写程序，并用 Proteus 仿真。

解　本例以独立式按键 S04 为例。

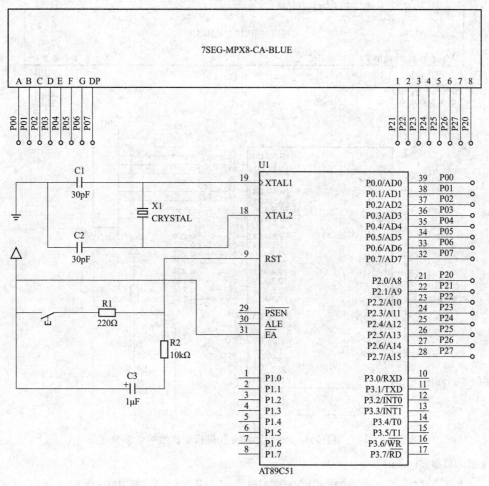

图 5-11 数码管动态显示电路原理图

（1）硬件设计。硬件设计如图 5-12 所示，所需元器件见表 5-6。

（2）源程序。

表 5-6   用数码管动态显示独立按键按下次数仿真所需元器件

元 器 件	名 称	描 述
单片机 U1	AT89C51	—
三极管 VT1、VT2	PN4122	
8 位数码管 DS1、DS2	7SEG - MPX8 - CA - BLUE	
电阻 R1～R3	MINRES4K7、MINRES1K1	

```
# include<reg51.h>              //包含 51 单片机寄存器定义的头文件
sbit S04=P1^7 ;                 //将 S04 定义为 P1.7 引脚
unsigned char code Tab[]={0xc0,0xf9,0xa4,0xb0,0x99,0x92,0x82,0xf8,0x80,0x90};  //段码表
unsigned char count;
void delay(void) { unsigned char j;        for(j=0;j<200;j++ ) ; }     //延时约 0.6ms
void Display(unsigned char count)          //显示 S04 按下计数次数的子程序
```

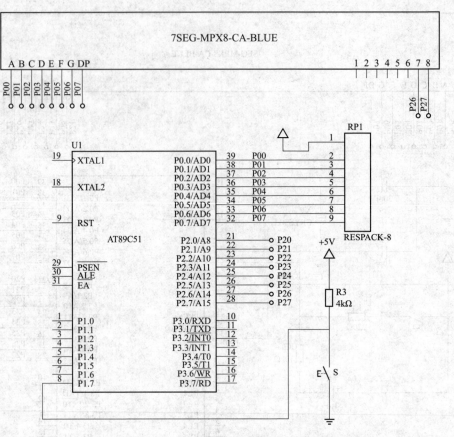

图 5-12　用数码管动态显示独立按键按下次数的电路原理图

```
{ //入口参数:count
    P2=0x7f; P0=Tab[count/10]; delay();            //P2.7输出低电平,DS6点亮,显示十位
    P2=0xbf; P0=Tab[count% 10]; delay();           //P2.6输出低电平,DS7点亮,显示个位
}
void main(void)
    {    count=0;    P1=0xff;
        while(1)  {
            if(S04==0) {                            //如果是按键 S04 按下
                Display(count);Display(count);      //软件消抖
                if(S04==0)   count=count+1;         //如果是按键 S04 按下
                if(count==100) count=0;    Display(count);
                while(S04==0) Display(count);       //等待 S04 释放
            }
        Display(count);
    } }
```

（3）Proteus 仿真。经 Keil 软件编译通过后，可利用 Proteus 软件进行仿真。在 Proteus ISIS 编辑环境中绘制仿真电路图，或者打开配套数字资源（源程序）中的"**第五章　键盘和显示/例 5-6　用数码管动态显示独立按键按下次数**"文件夹内的"用数码管动态显示独

立按键按下次数.DSN"仿真原理图文件。将编译好的"**用数码管动态显示独立按键按下次数.hex**"文件加入 AT89C51。启动仿真，观看仿真效果。

【例5-7】 设计一个 0～99 秒表，试用 C 语言编写程序，并用 Proteus 仿真。

解 (1) 硬件设计。硬件设计如图 5-13 所示，所需元器件见表 5-6。

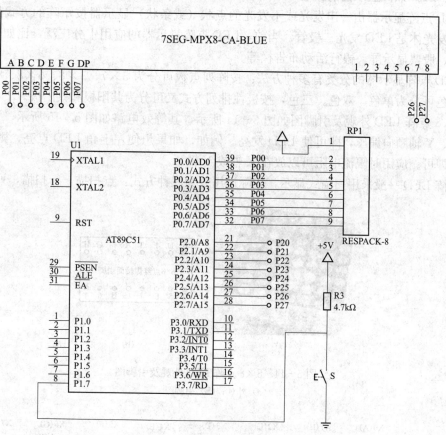

图 5-13 0～99 秒表电路原理图

(2) 源程序。源程序详见配套数字资源（源程序）。

(3) Proteus 仿真。经 Keil 软件编译通过后，可利用 Proteus 软件进行仿真。在 Proteus ISIS 编辑环境中绘制仿真电路图，或者打开配套数字资源（源程序）中的"**第五章 键盘和显示/例5-7 0～99秒表**"文件夹内的"**0～99秒表.DSN**"仿真原理图文件。将编译好的"**0～99秒表.hex**"文件加入 AT89C51。启动仿真，观看仿真效果。

【例5-8】 设计电子钟，数码管从左到右依次显示"小时 分 秒"，试用 C 语言编写程序，并用 Proteus 仿真。

解 (1) 硬件设计。硬件设计如图 5-11 所示，所需元器件见表 5-5。

(2) 源程序。源程序详见配套数字资源（源程序）。

(3) Proteus 仿真。经 Keil 软件编译通过后，可利用 Proteus 软件进行仿真。在 Proteus ISIS 编辑环境中绘制仿真电路图，或者打开配套数字资源（源程序）中的"**第五章 键盘和显示/例5-8 数字钟**"文件夹内的"**数字钟.DSN**"仿真原理图文件。将编译好的"**数字钟.hex**"文件加入 AT89C51，启动仿真，观看仿真效果。

第三节　LED 点阵显示器

一、LED 点阵显示器的原理

LED 点阵显示器由一串发光或不发光的点状（或条状）显示器按矩阵的方式排列组成的，其发光体是 LED 发光二极管。当前，LED 点阵显示器的应用十分广泛，比如广告活动字幕机、股票显示屏、银行活动布告栏等。

LED 点阵显示器的分类有多种方法：按阵列点数可分为 5×7、5×8、6×8、8×8，按发光颜色可分为单色、双色、三色，按极性排列方式又可分为共阳极和共阴极。

8×8 点阵 LED 外观及引脚图如图 5-14 所示，其等效电路如图 5-15 所示，只要其对应的 X、Y 轴顺向偏压，即可使 LED 发亮。例如，如果想使左上角 LED 点亮，则 $Y0=1$，$X0=0$ 即可。应用时限流电阻可以放在 X 轴或 Y 轴。

点阵 LED 一般采用扫描式显示，实际运用分为三种方式：点扫描，行扫描，列扫描。

图 5-14　8×8 点阵 LED 外观及引脚图

(a) 外观；(b) 引脚图

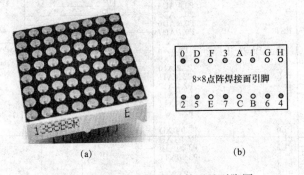

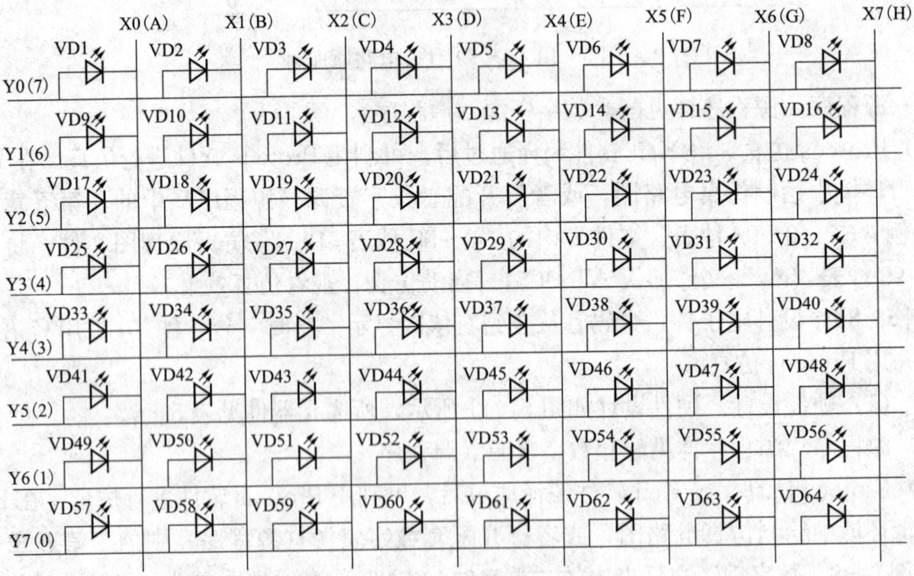

图 5-15　8×8 点阵 LED 等效电路

若使用第一种方式，其扫描频率必须大于 $16 \times 64 = 1024\text{Hz}$，周期小于 1ms 即可。若使用第二和第三种方式，则频率必须大于 $16 \times 8 = 128\text{Hz}$，周期小于 7.8ms 即可符合视觉暂留要求。此外一次驱动一列或一行（8 颗 LED）时需外加驱动电路提高电流，否则 LED 亮度会不足。

由图 5-14 可以看出，只要让某些 LED 点亮，就可组成数字、字母、图形、汉字等。显示单个字符时，只需一个 5×7 的 LED 点阵显示器即可，如图 5-16 所示。显示汉字需多个 LED 点阵显示器结合，最常见的组合方式有 15×14、16×15、16×16 等。

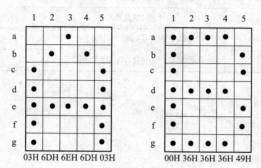

图 5-16　5×7 LED 点阵显示字符"A"和"B"的段码值

二、一个 5×7 点阵字符显示

【例 5-9】　用 5×7 LED 点阵显示字符"A"和"B"，试用 C 语言编写程序，并用 Proteus 仿真。

解　（1）硬件设计。硬件设计如图 5-17 所示，所需元器件见表 5-7。

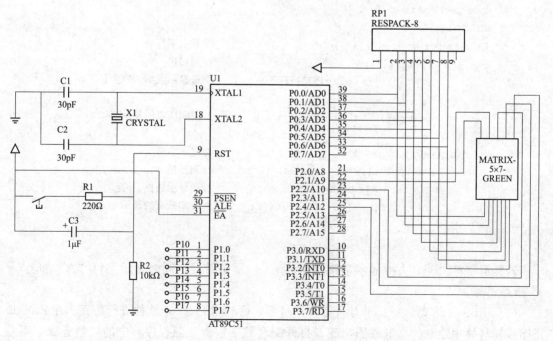

图 5-17　5×7 LED 点阵显示字符"A"和"B"电路原理图

表 5 - 7　　　　　5×7 LED 点阵显示字符"A"和"B"电路仿真所需元器件

元 器 件	名　　称	描　　述
单片机 U1	AT89C51	—
晶振 X1	CRYSTAL	
电容 C1、C2	CAP	
电解电容 C3	CAP - ELEC	
电阻排 RP1	RESPACK - 8	
复位按钮	BUTTON	
5×7 LED 点阵	MATRIX - 5×7 - GREEN	共阴极
电阻 R1、R2	3WATT220R 3WATT10K	

（2）源程序。

```
# include < AT89X52. H>
# define uint unsigned int
# define uchar unsigned char
unsigned char code tab1[]={0x00,0x36,0x36,0x36,0x49,0xff};
            //B字库,设置发送的列数据(X0~X7)
unsigned char code tab3[]={0x03,0x6d,0x6e,0x6d,0x03,0xff};
            //A字库,设置发送的列数据(X0~X7)
unsigned char code tab2[]={0x01,0x02,0x04,0x08,0x10};    //列扫描代码
void Delay(uint n){    uint i;    for(i=0;i<n;i++ ) ;}
void main(void)
{    unsigned char j,t=0;
    while(1)
    {    /* for(j=0;j<6;j++ )                      //显示字符 B
        {    P2=tab2[t];                          //列扫描
            P0=tab1[j]; Delay(555);              //送显示数据,并延时
            t++ ;
            if(t==6)   t=0;P2=0x00;              //关闭所有的显示
        }* /
        for(j=0;j<6;j++ )                        //显示字符 A
        {    P2=tab2[t];                          //列扫描
            P0=tab3[j]; Delay(555);              //送显示数据,并延时
            t++ ; if(t==6)   t=0;P2=0x00;        //关闭所有的显示
        }
    }
}
```

若显示字符"B"，去掉显示字符"B"/* * /屏蔽符号，同时显示字符"A"加上/ * * /屏蔽符号。

（3）Proteus 仿真。经 Keil 软件编译通过后，可利用 Proteus 软件进行仿真。在 Proteus ISIS 编辑环境中绘制仿真电路图，或者打开配套数字资源（源程序）中的"**第五章　键盘和显示/例 5 - 9　一个 5×7 点阵字符显示**"文件夹内的"**一个 5×7 点阵字符显示 . DSN**"仿真原理图文件。将编译好的"**用一个 5×7 点阵字符显示 . hex**"文件加入 AT89C51。启动仿

真，观看仿真效果图。

三、一个 8×8 点阵字符串显示

【例 5 - 10】 用 8×8 LED 点阵显示字符串"0123456789"，试用 C 语言编写程序，并用 Proteus 仿真。

解 字符串"0123456789"点阵显示代码的形成如图 5 - 18 所示。由图 5 - 19 可知"0"形成的列代码为 00H，00H，3EH，41H，41H，3EH，00H，00H；只要把这些代码分别送到相应的列线上面，即可实现"0"的数字显示。其送显示代码过程如下：送第一列线代码到 P3 端口，同时置第一行线为"0"，其他行线为"1"；延时 2ms 左右，送第二列线代码到 P3 端口，同时置第二行线为"0"，其他行线为"1"；延时 2ms 左右，如此下去，直到送完最后一列代码，又从头开始送。

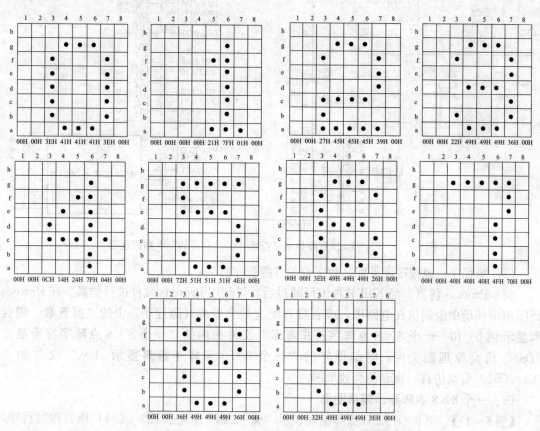

图 5 - 18　字符串"0123456789"点阵显示代码

（1）硬件设计。硬件设计如图 5 - 19 所示，所需元器件见表 5 - 8。

表 5 - 8　　　　8×8 LED 点阵显示字符串"0123456789"电路仿真所需元器件

元 器 件	名　称	描　　述
单片机 U1	AT89C51	—
晶振 X1	CRYSTAL	
电容 C1、C2	CAP	
电解电容 C3	CAP - ELEC	

续表

元 器 件	名 称	描 述
电阻排 RP1	RESPACK-8	
复位按钮	BUTTON	
8×8 LED 点阵	MATRIX-8×8-GREEN	共阴极
电阻 R1、R2	3WATT220R 3WATT10K	

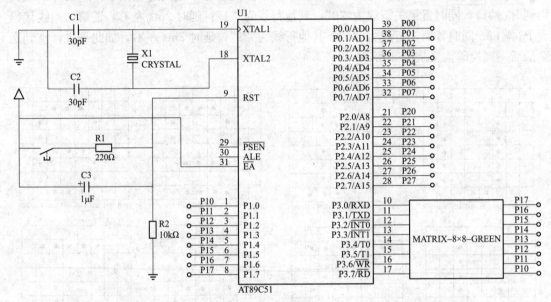

图 5-19　8×8 LED 点阵显示字符串"0123456789"电路原理图

（2）源程序。源程序详见配套数字资源（源程序）。

（3）Proteus 仿真。经 Keil 软件编译通过后，可利用 Proteus 软件进行仿真。在 Proteus ISIS 编辑环境中绘制仿真电路图，或者打开配套数字资源（源程序）中的"**第五章　键盘和显示/例 5-10　一个 8×8 点阵字符串显示**"文件夹内的"**一个 8×8 点阵字符串显示.DSN**"仿真原理图文件。将编译好的"**一个 8×8 点阵字符串显示.hex**"文件加入 AT89C51。启动仿真，观看仿真效果图。

四、一个 8×8 点阵显示简单图形

【例 5-11】　用 8×8 LED 点阵循环显示"★""●"和心形图，试用 C 语言编写程序，并用 Proteus 仿真。

解　"★""●"和心形图点阵显示代码的形成如图 5-20 所示。

（1）硬件设计。硬件设计如图 5-21 所示，所需元器件见表 5-9。

表 5-9　　　　　　一个 8×8 LED 点阵显示简单图形电路仿真所需元器件

元 器 件	名 称	描 述
单片机 U1	AT89C51	—
晶振 X1	CRYSTAL	
电容 C1、C2	CAP	

续表

元 器 件	名 称	描 述
电解电容 C3	CAP - ELEC	
电阻排 RP1	RESPACK - 8	
按键 RST 和 K1	BUTTON	
8×8 LED 点阵	MATRIX - 8×8 - GREEN	共阴极
电阻 R1、R2	3WATT220R 3WATT10K	

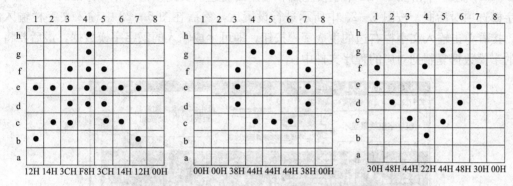

图 5 - 20 "★""●"和心形图点阵显示代码

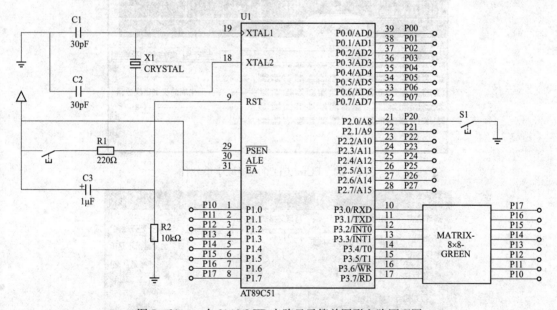

图 5 - 21 一个 8×8 LED 点阵显示简单图形电路原理图

（2）源程序。限于篇幅，程序略，详见配套数字资源（源程序）中的**"例程\ 第五章/例 5 - 11"**。

（3）Proteus 仿真。经 Keil 软件编译通过后，可利用 Proteus 软件进行仿真。在 Proteus ISIS 编辑环境中绘制仿真电路图，或者打开配套数字资源（源程序）中的**"第五章 键盘 和显示/例 5 - 11 一个 8×8 点阵显示简单图形"**文件夹内的**"一个 8×8 点阵显示简单图形 按键选择 . DSN"**仿真原理图文件。将编译好的**"按键选择 . hex"**文件加入 AT89C51，启动仿真，观看仿真效果。

五、一个 16×16 点阵汉字显示

【例 5-12】 使用一个 16×16 共阴极 LED 点阵显示汉字字符串"基于 Proteus 的单片机仿真设计"，试用 C 语言编写程序，并用 Proteus 仿真。

解　一个 16×16 共阴极 LED 点阵是由 4 个 8×8 点阵构成，如图 5-24 所示，4 个 8×8 点阵可由单片机 P0 端口和 P2 端口输出段码值，片选位由 74HC154 控制（为方便观察，图中的 C8~C15 已隐藏）。这些字符串的字模可通过 PCtoLCD2002 提取字模软件实现。如图 5-22 所示，单击图 5-22 中字模生成和液晶面板选项快捷按钮，即可弹出图 5-23 所示的字模选项对话框。按图 5-23 中所示进行设置后，然后在图 5-22 中输入文字栏输入汉字，接着单击输入文字栏右边的生成字模按钮，即可生成输入的汉字字模数据，最后要将生成的字模数据复制到对应的程序文件中。

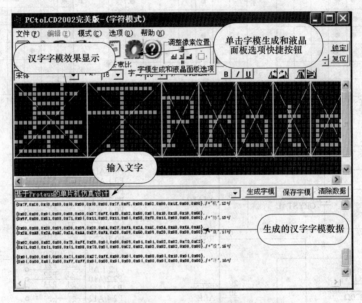

图 5-22　PCtoLCD2002 提取字模软件

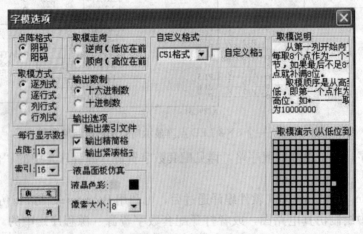

图 5-23　字模选项

（1）硬件设计。硬件设计如图 5-24 所示，所需元器件见表 5-10。

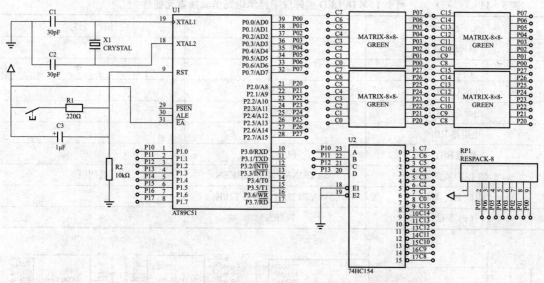

图 5-24 一个 16×16 LED 点阵汉字显示电路原理图

表 5-10 一个 16×16 LED 点阵汉字显示电路仿真所需元器件

元 器 件	名 称	描 述
单片机 U1	AT89C51	—
晶振 X1	CRYSTAL	
电容 C1、C2	CAP	
电解电容 C3	CAP - ELEC	
电阻排 RP1	RESPACK - 8	
按键 RST	BUTTON	
8×8 LED 点阵 4 个	MATRIX - 8×8 - GREEN	共阴极
电阻 R1、R2	3WATT220R 3WATT10K	
4/16 译码器 U2	74HC154	

（2）源程序。源程序详见配套数字资源（源程序）。

（3）Proteus 仿真。经 Keil 软件编译通过后，可利用 Proteus 软件进行仿真。在 Proteus ISIS 编辑环境中绘制仿真电路图，或者打开配套数字资源中的"**第五章 键盘和显示/例 5-12 一个 16×16 LED 点阵汉字显示**"文件夹内的"**一个 16×16 LED 点阵汉字显示 效果图.DSN**"仿真原理图文件。将编译好的"**一个 16×16 LED 点阵汉字显示.hex**"文件加入 AT89C51。启动仿真，观看仿真效果。

六、两个 16×16 点阵汉字显示

【例 5-13】 使用两个 16×16 共阴极 LED 点阵显示汉字字符串"基于 Proteus 的单片机仿真设计"，试用 C 语言编写程序，并用 Proteus 仿真。

解 要显示的字符串共有 18 个字，由于该点阵一次只能显示 2 个字，所以要分 9 次显示，显示次序为"基于→Pr→ot→eu→s 的→单片→机仿→真设→计"。

（1）硬件设计。硬件设计如图 5-25 所示，所需元器件见表 5-11。

表 5-11　　　　　　　　两个 16×16 LED 点阵汉字显示电路仿真所需元器件

元　器　件	名　　称	描　　述
单片机 U1	AT89C51	—
晶振 X1	CRYSTAL	
电容 C1、C2	CAP	
电解电容 C3	CAP - ELEC	
电阻排 RP1	RESPACK - 8	
按键 RST	BUTTON	
8×8 LED 点阵 8 个	MATRIX - 8×8 - GREEN	共阴极
电阻 R1、R2	3WATT220R 3WATT10K	
4/16 译码器 U2、U3	74HC154	

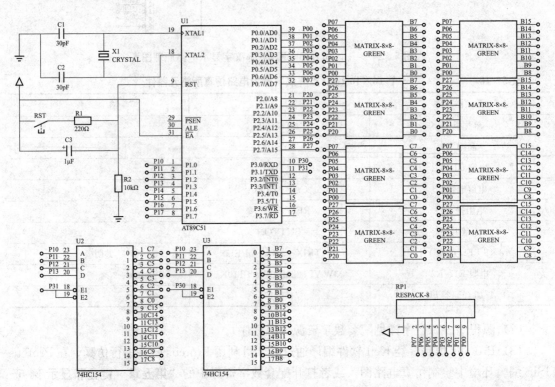

图 5-25　两个 16×16 LED 点阵汉字显示电路原理图

（2）源程序。源程序详见配套数字资源（源程序）。

（3）Proteus 仿真。经 Keil 软件编译通过后，可利用 Proteus 软件进行仿真。在 Proteus ISIS 编辑环境中绘制仿真电路图，或者打开配套数字资源（源程序）中的"**第五章　键盘和显示/例 5-13　两个 16×16 LED 点阵汉字显示**"文件夹内的"**两个 16×16 LED 点阵汉字显示 效果图 . DSN**"仿真原理图文件。将编译好的"**两个 16×16 LED 点阵汉字显示 . hex**"文件加入 AT89C51。启动仿真，观看仿真效果图。

第四节　16×2点阵字符型液晶模块 LCD1602

LCD 显示器通常可分为笔段型、字符型和点阵型。

(1) 笔段型。笔段型是以长条状显示像素组成一位显示。该类型主要用于数字显示，也可用于显示西文字母或某些字符。这种段型显示通常有 6 段、7 段、8 段、14 段和 16 段等，在形状上总是围绕数字"8"的结构变化，其中以 7 段显示最常用。

(2) 字符型。字符型液晶显示模块是专门用来显示字母、数字、符号等的点阵型液晶显示模块。在电极图形设计上类似若干个 5×8 或 5×11 点阵组成，每一个点阵显示一个字符。

(3) 点阵型。点阵型是在一个平板上排列多行和多列，形成矩阵形式的晶格点，点的大小可根据显示的清晰度来设计。

本节将只对应用广泛、使用比较简单的字符点阵式液晶显示器的结构和功能及其与 AT89S51 单片机的接口电路和编程进行介绍。

一、点阵字符型液晶模块 LCD1602 简介

1. 16×2 字符型液晶显示模块（LCM）特性

(1) +5V 电压，反视度（明暗对比度）可调整。

(2) 内含振荡电路，系统内含重置电路。

(3) 提供各种控制命令，如清除显示器、字符闪烁、光标闪烁、显示移位等多种功能。

(4) 显示用数据 DDRAM 共有 80 字节。

(5) 字符发生器 CGROM 有 160 个 5×7 的点阵字型。

(6) 字符发生器 CGRAM 可供使用者自行定义 8 个 5×7 的点阵字型。

2. 16×2 字符型液晶显示模块（LCM）引脚及功能

LCD1602 模块外形和显示效果如图 5-26 所示。

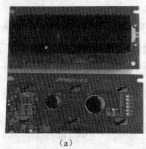

(a) (b)

图 5-26　LCD1602 模块外形与显示效果

(a) 模块外形；(b) 显示效果

(1) 引脚 1（VDD/VSS）：电源 5（1±10%）V 或接地。

(2) 引脚 2（VSS/VDD）：接地或电源 5（1±10%）V。

(3) 引脚 3（VL）：液晶显示偏压信号。使用可变电阻调整，通常接地。

(4) 引脚 4（RS）：寄存器选择。1 为选择数据寄存器；0 为选择指令寄存器。

(5) 引脚 5（R/$\overline{\text{W}}$）：读/写选择。1 为读；0 为写。

(6) 引脚 6（E）：使能操作。1 为 LCM 可做读/写操作；0 为 LCM 不能做读/写操作。

(7) 引脚 7（DB0）：双向数据总线的第 0 位。

(8) 引脚 8（DB1）：双向数据总线的第 1 位。

(9) 引脚 9（DB2）：双向数据总线的第 2 位。

(10) 引脚 10（DB3）：双向数据总线的第 3 位。

(11) 引脚 11（DB4）：双向数据总线的第 4 位。

(12) 引脚 12（DB5）：双向数据总线的第 5 位。

(13) 引脚 13（DB6）：双向数据总线的第 6 位。

(14) 引脚 14（DB7）：双向数据总线的第 7 位。

(15) 引脚 15（BLA）：背光显示器电源＋5V。

(16) 引脚 16（BLK）：背光显示器接地。

说明：由于生产 LCM 厂商众多，使用时应注意电源引脚 1、2 的不同。LCM 数据读/写方式可以分为 8 位、4 位两种。若以 8 位数据进行读/写，则 DB7～DB0 都有效；若以 4 位数据进行读/写，则只用到 DB7～DB4。

3. 16×2 字符型液晶显示模块（LCM）的内部结构

LCM 的内部结构可分为三部分，即 LCD 控制器、LCD 驱动器、LCD 显示装置，如图 5 - 27 所示。

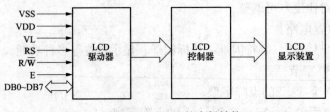

图 5 - 27　LCM 的内部结构

LCM 与单片机之间是利用 LCM 的控制器进行通信的。HD44780 是集驱动器与控制器于一体，专用于字符显示的液晶显示控制驱动集成电路。HD44780 是字符型液晶显示控制器的代表电路，掌握 HD44780，便可通晓字符型液晶显示控制器的工作原理。

4. HD44780 工作原理

(1) DDRAM（数据显示用 RAM）。DDRAM 用来存放 LCD 显示的数据。只要将标准的 ASCⅡ码送入 DDRAM，内部控制电路会自动将数据传送到显示器上。例如，若要 LCD 显示字符 A，则只需将 ASCⅡ码 41H 存入 DDRAM 即可。DDRAM 有 80 字节空间，共可显示 80 个字符（每个字符为 1 字节）。其存储器地址与实际显示位置的排列顺序与 LCM 的型号有关，如图 5 - 28 所示。

图 5 - 28（a）为 16 字×1 行的 LCM，它的地址为 00H～0FH；图 5 - 28（b）为 20 字×2 行的 LCM，第 1 行的地址为 00H～13H，第 2 行的地址为 40H～53H；图 5 - 28（c）为 20 字×4 行的 LCM，第 1 行的地址为 00H～13H，第 2 行的地址为 40H～53H，第 3 行的地址为 14H～27H，第 4 行的地址为 54H～67H。

(2) CGROM（字符产生器 ROM）。CGROM 储存了 192 个 5×7 的点矩阵字型。CGROM 的字型要经过内部电路的转换才会传到显示器上，仅能读出，不可写入。字型或字符的排列方式与标准的 ASCⅡ码相同，例如字符码 31H 为 1 字符，字符码 41H 为 A 字符。如要在 LCD 中显示 A，就可将 A 的 ASCⅡ代码 41H 写入 DDRAM 中，同时内部电路到 CGROM 中将 A 的字型点阵数据找出来显示在 LCD 上。字符与字符码对照表见表 5 - 12。

表 5‑12　字符点阵

上位4BIT Upper 4 BIT ＼ 下位4BIT Lower 4BIT	0000	0001	0010	0011	0100	0101	0110	0111	1000	1001	1010	1011	1100	1101	1110	1111
XXXX0000	(1)			0	@	P	`	p				—	タ	ミ	α	p
XXXX0001	(2)		!	1	A	Q	a	q			。	ア	チ	ム	ä	q
XXXX0010	(3)		"	2	B	R	b	r			「	イ	ツ	メ	β	θ
XXXX0011	(4)		#	3	C	S	c	s			」	ウ	テ	モ	ε	∞
XXXX0100	(5)		$	4	D	T	d	t			、	エ	ト	ヤ	μ	Ω
XXXX0101	(6)		%	5	E	U	e	u			・	オ	ナ	ユ	σ	ü
XXXX0110	(7)		&	6	F	V	f	v			ヲ	カ	ニ	ヨ	ρ	Σ
XXXX0111	(8)		'	7	G	W	g	w			ア	キ	ヌ	ラ	g	π
XXXX1000	(1)		(	8	H	X	h	x			ィ	ク	ネ	リ	√	x̄
XXXX1001	(2)		)	9	I	Y	i	y			ゥ	ケ	ノ	ル		y
XXXX1010	(3)		*	:	J	Z	j	z			ェ	コ	ハ	レ	j	千
XXXX1011	(4)		+	;	K	[	k	{			ォ	サ	ヒ	ロ	x	万
XXXX1100	(5)		,	<	L	¥	l	|			ャ	シ	フ	ワ	¢	円
XXXX1101	(6)		-	=	M	]	m	}			ュ	ス	ヘ	ン	£	÷
XXXX1110	(7)		.	>	N	^	n	→			ョ	セ	ホ	゛	ñ	
XXXX1111	(8)		/	?	O	_	o	←			ッ	ソ	マ	゜	ö	█

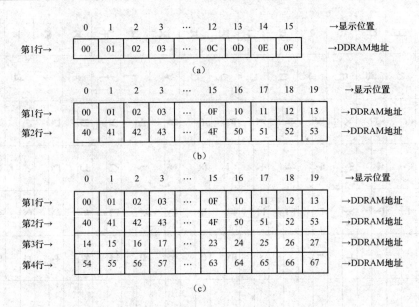

图 5-28　DDRAM 地址与显示位置映射图

(a) 16（字）×1（行）显示地址；(b) 20（字）×2（行）显示地址；(c) 20（字）×4（行）显示地址

（3）CGRAM（字型、字符产生器 RAM）。CGRAM 是供使用者储存自行设计的特殊造型码的 RAM。CGRAM 共有 512 位（64 字节）。一个 5×7 点矩阵字型占用 8×8 位，所以 CGRAM 最多可存 8 个造型。

（4）IR（指令寄存器）。IR 负责储存 MCU 要写给 LCM 的指令码。当 MCU 要发送一个命令到 IR 寄存器时，必须控制 LCM 的 RS、R/$\overline{W}$ 及 E 三个引脚。当 RS 及 R/$\overline{W}$ 引脚信号为 0，E 引脚信号由 1 变为 0 时，就会把在 DB0～DB7 引脚上的数据送入 IR 寄存器。

（5）DR（数据寄存器）。DR 负责储存 MCU 要写到 CGRAM 或 DDRAM 的数据，或储存 MCU 要从 CGRAM 或 DDRAM 读出的数据。因此 DR 可视为一个数据缓冲区，它也是由 LCM 的 RS、R/$\overline{W}$ 及 E 3 个引脚来控制的。当 RS 及 R/$\overline{W}$ 引脚信号为 1，E 引脚信号由 1 变为 0 时，LCM 会将 DR 寄存器内的数据由 DB0～DB7 输出，以供 MCU 读取；当 RS 引脚信号为 1，R/$\overline{W}$ 引脚信号为 0，E 引脚信号由 1 变为 0 时，就会把在 DB0～DB7 引脚上的数据存入 DR 寄存器。

（6）BF（忙碌标志信号）。BF 负责告知 MCU，LCM 内部是否正忙着处理数据。当 BF=1 时，表示 LCM 内部正在处理数据，不能接收 MCU 送来的指令或数据。LCM 设置 BF 的原因是，MCU 处理一个指令的时间很短，只需几微秒，而 LCM 需花上 $40\mu s$～1.64ms 的时间，所以 MCU 要写数据或指令到 LCM 之前，必须先查看 BF 是否为 0。

（7）AC（地址计数器）。AC 负责计数写到 CGRAM、DDRAM 数据的地址，或从 DDRAM、CGRAM 读出数据的地址。使用地址设定指令写到 IR 寄存器后，则地址数据会经过指令解码器（Instruction Decoder），再存入 AC。当 MCU 从 DDRAM 或 CGRAM 存取光盘时，AC 依照 MCU 对 LCM 的操作而自动地修改其地址计数值。

5. LCD 控制器的指令

用 MCU 来控制 LCD 模块，方法十分简单。LCD 模块的内部可以看成两组寄存器，一个为指令寄存器，另一个为数据寄存器，由 RS 引脚来控制。所有对指令寄存器或数据寄存器的存取均须检查 LCD 内部的忙碌标志 BF，此标志用来告知 LCD 内部正在工作，并不允许接收任何命令。而此位的检查可以令 RS＝0，用读取 DB7 来加以判断。当 DB7 为 0 时，才可以写入指令寄存器或数据库寄存器。LCD 控制器的指令共有 11 组，以下分别介绍。

（1）清除显示器指令格式如下：

RS	R/$\overline{\text{W}}$	E	DB7	DB6	DB5	DB4	DB3	DB2	DB1	DB0
0	0	1	0	0	0	0	0	0	0	1

当 RS＝R/$\overline{\text{W}}$＝0 且 E＝1 时，指令代码为 01H，将 DDRAM 数据全部填入"空白"的 ASCⅡ代码 20H。执行此指令将清除显示器的内容，同时光标移到左上角。

（2）光标归位设定指令格式如下：

RS	R/$\overline{\text{W}}$	E	DB7	DB6	DB5	DB4	DB3	DB2	DB1	DB0
0	0	1	0	0	0	0	0	0	1	*

当 RS＝R/$\overline{\text{W}}$＝0 且 E＝1 时，指令代码为 02H，地址计数器被清 0，DDRAM 数据不变，光标移到左上角。"*"表示可以为 0 或 1。

（3）设定字符进入模式指令格式如下：

RS	R/$\overline{\text{W}}$	E	DB7	DB6	DB5	DB4	DB3	DB2	DB1	DB0
0	0	1	0	0	0	0	0	1	I/D	S

I/D 和 S 的作用和取值情况如下：

I/D	S	工作情形
0	0	光标左移 1 格，AC 值减 1，字符全部不动
0	1	光标不动，AC 值减 1，字符全部右移 1 格
1	0	光标右移 1 格，AC 值加 1，字符全部不动
1	1	光标不动，AC 值加 1，字符全部左移 1 格

当 RS＝R/$\overline{\text{W}}$＝0 且 E＝1 时，可以进行设定字符进入模式操作。

（4）显示器开关指令格式如下：

RS	R/$\overline{\text{W}}$	E	DB7	DB6	DB5	DB4	DB3	DB2	DB1	DB0
0	0	1	0	0	0	0	1	D	C	B

当 RS＝R/$\overline{\text{W}}$＝0 且 E＝1 时，可以对 LCM 显示器开关进行控制。

上面命令格式中 D、C、B 的作用和取值情况如下：

D：显示屏开启或关闭控制位。D＝1 时，显示屏开启；D＝0 时，显示屏关闭，但显示数据仍保存于 DDRAM 中。

C：光标出现控制位。C＝1 时，光标会出现在地址计数器所指的位置；C＝0 时，光标不出现。

B：光标闪烁控制位。B＝1 时，光标出现后会闪烁；B＝0 时，光标不闪烁。

（5）显示光标移位指令格式如下：

RS	R/$\overline{\text{W}}$	E	DB7	DB6	DB5	DB4	DB3	DB2	DB1	DB0
0	0	1	0	0	0	1	S/C	R/L	*	*

上面命令格式中"＊"表示可以为 0 或 1。S/C 和 R/L 的作用和取值情况如下：

S/C	R/L	工作情形
0	0	光标左移 1 格，AC 值减 1
0	1	光标右移一格，AC 值加 1
1	0	字符和光标同时左移 1 格
1	1	字符和光标同时右移 1 格

当 RS＝ R/$\overline{\text{W}}$＝0 且 E＝1 时，可以对 LCM 进行显示光标移位操作。

（6）功能设定指令格式如下：

RS	R/$\overline{\text{W}}$	E	DB7	DB6	DB5	DB4	DB3	DB2	DB1	DB0
0	0	1	0	0	1	DL	N	F	*	*

当 RS＝ R/$\overline{\text{W}}$＝0 且 E＝1 时，可以对 LCM 进行功能设定。

上面命令格式中"＊"表示可以为 0 或 1。DL、N 和 F 的作用和取值情况如下：

DL：数据长度选择位。DL＝1 时，为 8 位（DB7～DB0）数据转移；DL＝0 时，为 4 位数据转移。使用 DB7～DB4 位，分 2 次送入一个完整的字符数据。

N：显示屏为单行或双行选择。N＝1 为双行显示；N＝0 为单行显示。

F：大小字符显示选择。当 F＝1 时，为 5×10 字型（有的产品无此功能）；当 F＝0 时，则为 5×7 字型。

（7）CGRAM 地址设定指令格式如下：

RS	R/$\overline{\text{W}}$	E	DB7	DB6	DB5	DB4	DB3	DB2	DB1	DB0
0	0	1	0	1	A5	A4	A3	A2	A1	A0

当 RS＝ R/$\overline{\text{W}}$＝0 且 E＝1 时，可以进行设定下一个要读/写数据的 CGRAM 地址（A5～A0），地址的高两位 DB7 和 DB6 恒为 01。

（8）DDRAM 地址设定指令格式如下：

RS	R/$\overline{\text{W}}$	E	DB7	DB6	DB5	DB4	DB3	DB2	DB1	DB0
0	0	1	1	A6	A5	A4	A3	A2	A1	A0

当 RS＝R/$\overline{\text{W}}$＝0 且 E＝1 时，可以进行设定下一个要读/写数据的 DDRAM 地址（A6～A0），DB7 恒为 1。

（9）忙碌标志 DF 或 AC 地址读取指令格式如下：

RS	R/$\overline{\text{W}}$	E	DB7	DB6	DB5	DB4	DB3	DB2	DB1	DB0
0	1	1	BF	A6	A5	A4	A3	A2	A1	A0

当 RS=0 且 R/$\overline{\text{W}}$=E=1 时，可以读取 LCM 忙碌标志。

LCD 忙碌标志 BF 用以表明 LCD 目前的工作情况：当 BF=1 时，表示正在做内部数据的处理，不接收 MCU 送来的指令或数据；当 BF=0 时，则表示已准备接收命令或数据。当程序读取此数据的内容时，DB7 表示忙碌标志，而另外 DB6～DB0 的值表示 CGRAM 或 DDRAM 中的地址。至于是指向哪一地址，则根据最后写入的地址设定指令而定。

（10）写数据到 CGRAM 或 DDRAM 中指令格式如下：

RS	R/$\overline{\text{W}}$	E	DB7	DB6	DB5	DB4	DB3	DB2	DB1	DB0
1	0	1								

当 RS=1、R/$\overline{\text{W}}$=0 且 E=1 时，可以写数据到 CGRAM 或 DDRAM 中。

先设定 CGRAM 或 DDRAM 地址，再将数据写入 DB7～DB0 中，以使 LCD 显示出字型。也可将使用者自创的图形存入 CGRAM。

（11）从 CGRAM 或 DDRAM 中读取数据指令格式如下：

RS	R/$\overline{\text{W}}$	E	DB7	DB6	DB5	DB4	DB3	DB2	DB1	DB0
1	1	1								

当 RS= R/$\overline{\text{W}}$=E=1 时，可以从 CGRAM 或 DDRAM 中读取数据。

先设定 CGRAM 或 DDRAM 地址，再读取其中的数据。

6. LCD1602 工作时序图

（1）读操作时序。LCD1602 读操作时序图如图 5-29 所示。

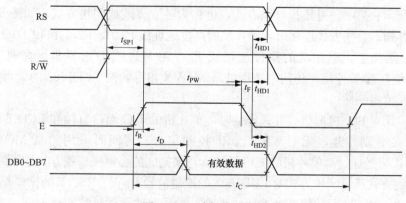

图 5-29 读操作时序图

（2）写操作时序。LCD1602 写操作时序图如图 5-30 所示。

（3）时序参数。时序参数见表 5-13。

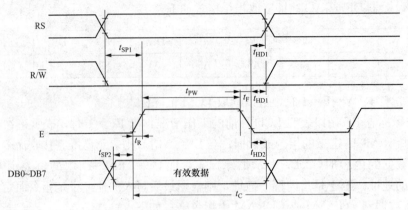

图 5 - 30　写操作时序图

表 5 - 13		时　序　参　数			
时序参数（ns）	符号	极限值			测试条件
		最小值	典型值	最大值	
E 信号周期	t_C	400	—	—	引脚 E
E 脉冲宽度	t_{PW}	150	—	—	
E 上升沿/下降沿时间	t_R，t_F	—	—	25	
地址建立时间	t_{SP1}	30	—	—	引脚 E、RS、R/W
地址保持时间	T_{HD1}	10	—	—	
数据建立时间（读操作）	t_D	—	—	100	引脚 DB0～DB7
数据保持时间（读操作）	t_{RD2}	20	—	—	
数据建立时间（写操作）	t_{SP2}	40	—	—	
数据保持时间（写操作）	t_{HD2}	10	—	—	

7. LCD1602 与单片机连接的参考电路

LCD1602 与 AT89S51 系列单片机的连接主要有两种，一种是总线方式（或直接方式），如图 5 - 31 所示；另一种是模拟口线方式，也称为独立方式或间接方式，如图 5 - 32 所示。由图 5 - 31 可知，总线方式连接时，单片机的高位地址线 P2.0、P2.1 和 LCD1602 的控制端 R/$\overline{W}$、RS 分别相连，单片机的高位地址线 P2.7 和 $\overline{WR}$、$\overline{RD}$ 先与非运算两次，然后与 LCD1602 的使能端 E 连接。访问时采用的是 MOVX 指令，对 LCD1602 的读写如同对片外的 RAM 单元读写一样。

由图 5 - 32 可知，模拟口线方式连接时，单片机的 I/O 端口直接和 LCD1602 的控制端 R/$\overline{W}$、RS、E 分别相连，无写 $\overline{WR}$、读 $\overline{RD}$ 控制信号。访问时采用的是 MOV 指令，对 LCD1602 的读写是通过对单片机的 I/O 端口读写来完成的。模拟口线方式连线简单。

无论总线方式还是间接方式对 LCD1602 的控制信号 R/$\overline{W}$、RS、E 的操作都必须严格按照图 5 - 29 和图 5 - 30 所示的时序进行。总线方式是通过硬件延时实现 R/$\overline{W}$、RS、E 三者的时序关系，间接方式是通过软件延时实现 R/$\overline{W}$、RS、E 的三者的时序关系，即两者在时序控制上是完全一样的。

单片机的 P0 端口作为输入输出端口时，要外接上拉电阻，如图 5 - 31 和图 5 - 32 所示。

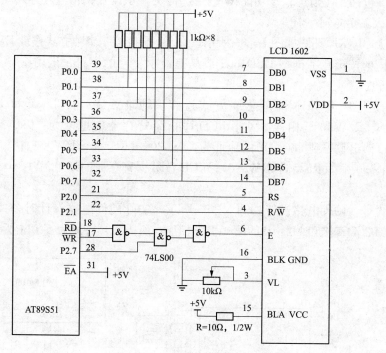

图 5-31 总线方式

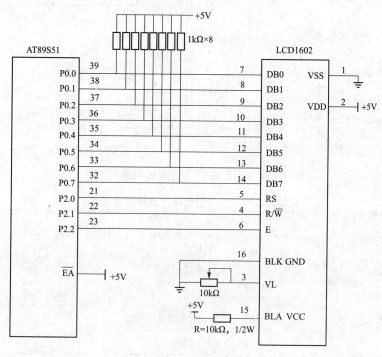

图 5-32 模拟口线方式

二、LCD1602 总线方式的应用

LCM1602 使用之前必须对它进行初始化,初始化可通过复位完成,也可在复位后完成,

初始化过程主要包括：①清屏；②功能设置；③开/关显示设置；④输入方式设置。

1. 总线方式显示不同字符串

【例 5 - 14】 电路原理图如图 5 - 31 所示，在 P1 端口接 4 个独立式按键 S1、S2、S3 和 S4，当按下不同的按键在字符型 LCD1602 液晶上显示不同的字符，试用 C 语言编写程序，并用 Proteus 仿真。

解　由图 5 - 31 可知本例是总线方式连接。地址线 P2.0、P2.1 和 P2.7 分别与 LCD1602 的 RS、R/$\overline{\text{W}}$ 和 E 相连，因此 LCD 写指令寄存器的地址为：0x0000（RS=0，RW=0）；LCD 读出数据到 D0~D7 的地址为：0x0200（RS=0，RW=1）；LCD 写数据寄存器的地址为：0x0100（RS=1，RW=0）；LCD 读数据寄存器的地址为：0x0300（RS=1，RW=1）。

（1）硬件设计。硬件电路设计如图 5 - 33 所示，实际硬件电路设计时去掉图 5 - 33 中 U3 非门元件，P2.7 直接和 U2：B 的第 4 引脚相连。所需元器件见表 5 - 14 所列。

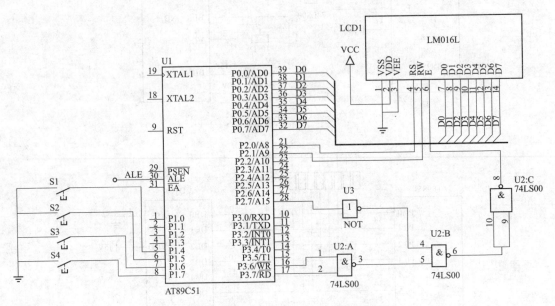

图 5 - 33　总线方式字符串显示电路原理图

表 5 - 14　　　　　　　　　　　　总线方式字符串显示电路仿真所需元器件

元　器　件	名　　　称	描　　　述
单片机 U1	AT89C51	—
非门 U3	NOT	
两输入与非门电路 U2	74LS00	
字符液晶模块 LCD1	LM016L	
按键 S1~S4	BUTTON	

（2）源程序。源程序详见配套数字资源（源程序）。

（3）Proteus 仿真。经 Keil 软件编译通过后，可利用 Proteus 软件进行仿真。在 Proteus ISIS 编辑环境中绘制仿真电路图，或者打开配套资料中的"**第五章　键盘和显示/例 5 - 14**

总线方式字符串显示"文件夹内的"**总线方式字符串显示.DSN**"仿真原理图文件。将编译好的"**总线方式字符串显示.hex**"文件加入 AT89C51，启动仿真，当按下 S3 时观看仿真效果。

2. 总线方式字符串的固定和移动显示

【例 5-15】 电路原理图如图 5-31 所示，要求在屏幕的第一行中央显示"www. jin-jubao. com"，第二行则显示"This is wjm's programm　wengjiamin @ tom. com www. haue. edu. cn　0371-62508766"，并不断地循环向左移动。试用 C 语言编写程序，并用 Proteus 仿真。

解　由图 5-31 可知 LCD1602 显示器的地址分别为：

写指令寄存器的地址（RS=0，RW=0）定义为

```
# define    LCMWR_COM      (*  ( (uint8 volatile xdata * ) 0x0000))
```

写数据寄存器的地址（RS=1，RW=0）定义为

```
# define    LCMWR_DAT      (*  ( (uint8 volatile xdata * ) 0x0100))
```

读出数据到 D0~D7 的地址（RS=0，RW=1）定义为

```
# define    LCMRD_DAT      (*  ( (uint8 volatile xdata * ) 0x0200))
```

读数据寄存器的地址（RS=1，RW=1）

```
# define    LCMRD_DATADDR    (*  ( (uint8 volatile xdata * ) 0x0300))
```

（1）硬件设计。硬件仿真设计如图 5-33 所示，所需元器件见表 5-14。

（2）源程序。源程序详见配套数字资源（源程序）。

（3）Proteus 仿真。经 Keil 软件编译通过后，可利用 Proteus 软件进行仿真。在 Proteus ISIS 编辑环境中绘制仿真电路图，或者打开配套数字资源（源程序）中的"**第五章　键盘和显示/例 5-15　总线方式固定和循环显示字符串**"文件夹内的"**总线方式固定和循环显示字符串.DSN**"仿真原理图文件。将编译好的"**总线方式固定和循环显示字符串.hex**"文件加入 AT89C51。启动仿真，观看仿真效果。

三、LCD1602 间接方式的应用

1. 间接方式显示字符串

【例 5-16】　电路原理图如图 5-32 所示，要求在 LCD1602 液晶显示器的第一行显示"www. saxmcu. com"，第二行显示"0371-66987238"，试用 C 语言编写程序，并用 Proteus 仿真。

解　由图 5-32 可知本例是模拟口线（间接）方式连接。

（1）硬件设计。硬件电路设计如图 5-34 所示，所需元器件见表 5-15。

表 5-15　　　　　　　　**总线方式字符串显示电路仿真所需元器件**

元 器 件	名 称	描 述
单片机 U1	AT89C51	—
电阻排 RP1	RESPACK-8	

元 器 件	名　　称	描　　述
电位器 RV1	POT - LIN	
字符液晶模块 LCD1	LM016L	
电阻 R1	RES	
电容 C1、C2	CAP	22pF
电解电容 C3	CAP - ELEC	20UF
按键 RST	BUTTON	
晶振 XZ	CRYSTAL	12MHz

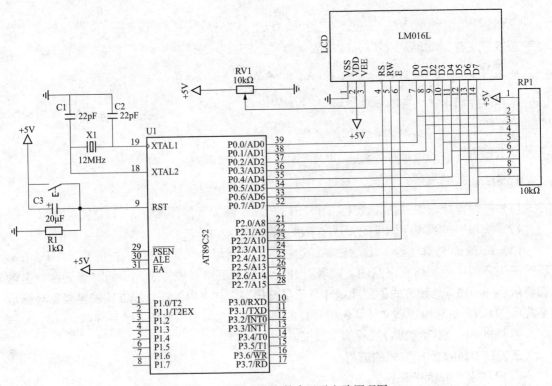

图 5 - 34　间接方式字符串显示电路原理图

（2）源程序。限于篇幅，程序详见配套数字资源（源程序）。

（3）Proteus 仿真。经 Keil 软件编译通过后，可利用 Proteus 软件进行仿真。在 Proteus ISIS 编辑环境中绘制仿真电路图，或者打开配套数字资源（源程序）中的**"第五章　键盘和显示/例 5 - 16　间接方式显示字符串"** 文件夹内的 **"间接方式显示字符串.DSN"** 仿真原理图文件。将编译好的 **"间接方式显示字符串.hex"** 文件加入 AT89C51。启动仿真，观看仿真效果。

2. 间接方式字符串的移动显示

【例 5 - 17】 电路原理图如图 5 - 35 所示，要求在 LCD1602 液晶显示器的显示 "- This is a LCD -!" 和 "- Design by WJM -!" 两个字符串，显示过程如下：① 两个字符串从右移到显示屏，接着向右退出显示屏；② 闪烁 5 次；③ 从右移到显示屏，向左退出显示屏，无限循环下去。试用 C 语言编写程序，并用 Proteus 仿真。

解 由图 5-32 可知本例是模拟口线（间接）方式连接。

（1）硬件设计。硬件电路设计如图 5-34 所示，所需元器件见表 5-15。

（2）源程序。限于篇幅，程序详见配套数字资源（源程序）。

（3）Proteus 仿真。经 Keil 软件编译通过后，可利用 Proteus 软件进行仿真。在 Proteus ISIS 编辑环境中绘制仿真电路图，或者打开配套数字资源（源程序）中的"**第五章　键盘和显示/例 5-17　间接方式字符串移动显示**"文件夹内的"**间接方式字符串移动显示**.DSN"仿真原理图文件。将编译好的"**间接方式字符串移动显示**.hex"文件加入 AT89C51。启动仿真，观看仿真效果。

3. 间接方式字符串的固定和移动显示

【例 5-18】 电路原理图如图 5-32 所示，要求在 LCD1602 液晶显示器的第一行显示固定的字符串"www.saxmcu.com"，第二行显示移动的 ASCII 字符，试用 C 语言编写程序，并用 Proteus 仿真。

解 由图 5-35 可知本例是模拟口线（间接）方式连接。

（1）硬件设计。硬件仿真设计如图 5-34 所示，所需元器件见表 5-15。

（2）源程序。源程序详见配套数字资源（源程序）。

（3）Proteus 仿真。经 Keil 软件编译通过后，可利用 Proteus 软件进行仿真。在 Proteus ISIS 编辑环境中绘制仿真电路图，或者打开配套数字资源（源程序）中的"**第五章　键盘和显示/例 5-18　间接方式字符串固定和移动显示**"文件夹内的"**间接方式字符串固定和移动显示**.DSN"仿真原理图文件。将编译好的"**间接方式字符串固定和移动显示**.hex"文件加入 AT89C51。启动仿真，观看仿真效果。

4. 间接方式电子钟

【例 5-19】 电路原理图如图 5-32 所示，要求 LCD1602 液晶显示器在第一行固定显示"BeiJing Time"字符串，第二行显示"00：00：00"，左边的 00 表示小时显示位置，中间的 00 表示分钟显示位置，右边的 00 表示秒显示位置，试用 C 语言编写程序，并用 Proteus 仿真。

解 由图 5-32 可知本例是模拟口线（间接）方式连接。

（1）硬件设计。硬件电路设计如图 5-34 所示，所需元器件见表 5-15。

（2）源程序。源程序详见配套数字资源（源程序）。

（3）Proteus 仿真。经 Keil 软件编译通过后，可利用 Proteus 软件进行仿真。在 Proteus ISIS 编辑环境中绘制仿真电路图，或者打开配套数字资源（源程序）中的"**第五章　键盘和显示/例 5-19　间接方式电子钟**"文件夹内的"**间接方式电子钟**.DSN"仿真原理图文件。将编译好的"**间接方式电子钟**.hex"文件加入 AT89C51。启动仿真，观看仿真效果。

5. 矩阵键盘按钮 1602 液晶显示

【例 5-20】 电路原理图如图 5-35 所示，要求 LCD1602 液晶显示器在第一行显示键盘操作提示信息，当有键按下时第二行显示"P1.0 * 1.4 ：00H"按键按下坐标提示和该键键号，试用 C 语言编写程序，并用 Proteus 仿真。

解 由图 5-35 可知本例是模拟口线（间接）方式连接。

（1）硬件设计。硬件电路设计如图 5-35 所示，所需元器件见表 5-16。

（2）源程序。//按键行列值如下：

```
//- - - - P1.7- - - P1.6- - - P1.5- - - P1.4- - - - - - -
//- - - - 03H- - - - 02H- - - - 01H- - - - 00H- - - - P1.0
//- - - - 07H- - - - 06H- - - - 05H- - - - 04H- - - - P1.1
//- - - - 0BH- - - - 0AH- - - - 09H- - - - 08H- - - - P1.2
//- - - - 0FH- - - - 0EH- - - - 0DH- - - - 0CH- - - - P1.3
```

表 5－16   总线方式字符串显示电路仿真所需元器件

元 器 件	名 称	描 述
单片机 U1	AT89C51	—
电阻排 RP1	RESPACK－8	
电位器 RV1	POT－LIN	
字符液晶模块 LCD1	LM016L	
电阻 R1	RES	
电容 C1～C2	CAP	22pF
电解电容 C3	CAP－ELEC	22μF
按键 RST S1～S16	BUTTON	
晶振 XZ	CRYSTAL	12MHz

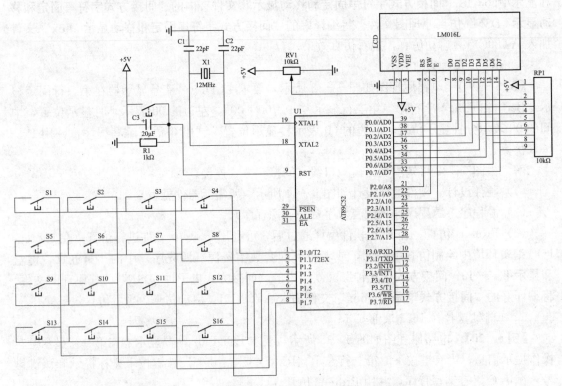

图 5－35   矩阵键盘按钮 1602 液晶显示电路原理图

限于篇幅，程序详见配套数字资源（源程序）。

（3）Proteus 仿真。经 Keil 软件编译通过后，可利用 Proteus 软件进行仿真。在 Proteus ISIS 编辑环境中绘制仿真电路图，或者打开配套数字资源（源程序）中的"**第五章/例** 5‑7 **矩阵键盘按钮** 1602 **液晶显示**"文件夹内的"**矩阵键盘按钮** 1602 **液晶显示**.DSN"仿真原理图文件。将编译好的"**矩阵键盘按钮** 1602 **液晶显示**.hex"文件加入 AT89C51。启动仿真，观看仿真效果。

项　目　二　　　　　　　　　　电子密码锁设计

一、设计任务和要求

（1）设计一个电子密码锁，液晶显示，带储存功能，可随意修改密码。

（2）带有报警功能，当连续输错三次密码将会报警引起周围人注意，以防小偷多次试开。

（3）带有继电器控制，可以密码控制大型电器操作。

二、设计方案

根据设计要求，整个系统结构框图如图 5‑36 所示，主要包括单片机最小系统、密码输入矩阵键盘、密码存储电路、开锁电路、液晶显示电路、蜂鸣器报警电路和 VD 指示电路。

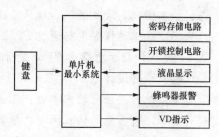

图 5‑36　系统结构框图

三、硬件设计

整个系统电路原理图如图 5‑37 所示。

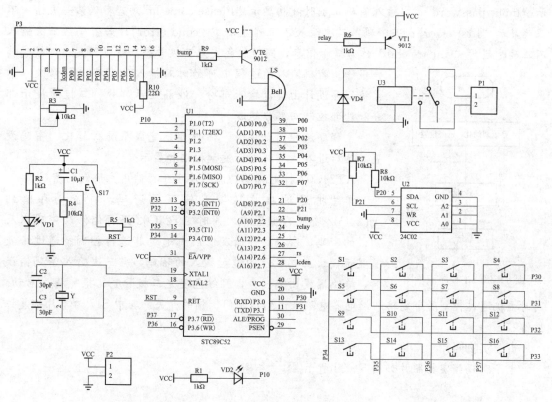

图 5‑37　电子密码锁电路原理图

（1）键盘为 4×4 矩阵键盘，连接到单片机的 P3 端口。共计数字键 10 个，功能键 5 个，用 4×4 组成 0～9 数字键，10 个数字键用来输入密码，另外 5 个功能键分别是：确认键、上锁键、修改密码键、确认修改密码键、关断显示键。S1～S10 为密码输入键，S11 为确认密码键，S12 为重设密码键，S13 为上锁键，S14 为修改密码键，S15 为确认修改密码键，S16 为空置键。

（2）密码存储电路选用 I^{2}C 串行接口的 AT24C02，数据端口 SDA 接到单片机的 P2.0，时钟 SCL 连接到 P2.1，两者都需要接 10kΩ 上拉电阻。

（3）开锁电路通过 P2.3、电阻 R6 和 PNP 三极管 VT1 控制继电器线圈，VD4 为续流二极管。

（4）液晶显示电路选用常见 LCD1602，液晶显示读写控制直接接地、寄存器选择信号 RS 连接到单片机的 P2.6、LCD 使能 EN 连接到单片机的 P2.7。液晶显示初始密码输入状态、输入密码、修改密码和确认修改密码。

（5）蜂鸣器报警电路通过 P2.2、电阻 R9 和 PNP 三极管 VT2 进行控制。

（6）VD 指示电路由 P1.0 进行输出控制。

四、软件设计

本系统程序设计的内容为：① 密码的设定。在此程序中密码是存储在 AT24C02 中，密码为 8 位。②密码的输入问题。根据事先设计好的密码输入，输完后按确认键将执行相应的功能。

根据设定好的密码，采用 4×4 行列式键盘实现密码的输入功能，密码输入时液晶只显示 "Input password"，当输入密码正确时液晶显示 "Please come in"。若密码第一次输入不正确显示 "first error"；若密码第二次输入不正确显示 "second error"；若密码第三次输入不正确时显示 "you are chif" 作为提示信息，同时红色发光二极管亮，蜂鸣器发出连续嘀嘀声报警。密码输入的过程中可随时对输入的密码进行修改。本系统程序设计由键盘输入部分、液晶显示部分、二极管提示部分和外部控制四部分组成。

主程序流程图如图 5-38 所示。完成系统初始化、密码设置，然后进入主循环进行键盘扫描和显示。

AT24C02 掉电存储功能程序用于存储用户设定的密码。

单片机通过接收从键盘输入的密码，将密码存储到 AT24C02 密码存储器中，同时 AT24C02 还存储修改密码以及错误的密码，密码的存储及修改都通过其进行控制。通过给液晶显示模块上电显示由键盘输入的密码，当三次输入密码错误时，蜂鸣器发出嘀嘀声，且红色发光二极管亮，报警程序启动。

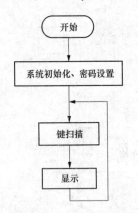

图 5-38　主程序流程图

同时主机通过控制外部电路即继电器电路来达到控制门、锁的开关。其中 S17 为单片机复位按键。

五、实物照片

电子密码锁实物照片如图 5-39 所示。

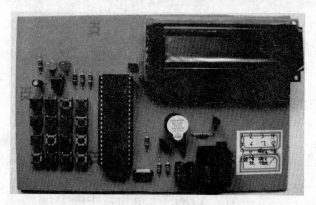

电子密码锁系统
组成及作品演示

图 5-39 电子密码锁实物照片

六、设计制作要点

（1）使用说明。上电后，显示会一直提示"input password："，根据提示按键输入八位自设密码。输入完毕后，按确认键，密码锁打开；按上锁键，密码锁关闭，继续显示"input password："。

（2）密码修改。当密码锁处于打开状态时，可按下修改密码键，并输入八位自己需要设定的密码并按下确认修改键，即可完成密码的修改。

习 题

1. 独立式键盘和矩阵式键盘扫描有何不同特点？

2. 七段 LED 显示器有动态和静态两种显示方式，这两种显示方式本质区别是什么？

3. 数码管动态显示和 LED 点阵显示扫描特点是什么？

4. 试画出［例5-1］～［例5-14］程序流程图。

5. 根据［例5-1］～［例5-14］选择数码管和 LED 点阵的实例，制作两个实物。

6. LCD 显示器的分类及其特点？LCD1602 字符型液晶显示器的初始化步骤？

7. LCD1602 液晶显示器与单片机接口的两种方式有何特点？

8. 绘制［例5-14］～［例5-20］每个实例的程序流程图，并根据［例5-19］，动手制作电子钟实物。

第六章 定时器和中断

本章讲述 AT89S51 单片机中的定时器/计数器的工作原理和工作方式，通过对基本原理和基本概念的掌握，学会对定时器/计数器的使用。对于中断系统，要掌握 AT89S51 中断的原理以及中断的分类、中断的设置和撤除，并进一步掌握中断的处理过程及应用。

第一节 AT89S51 单片机中断系统

一、中断的相关概念

中断就是利用软硬件配合，根据某种需要断开正在执行的程序而转向另一专门程序，结束后再返回到原断开处继续执行被中止的程序，这个过程称为中断，如图 6-1 所示生活中的中断实例。

中断后转向执行的程序叫中断服务或中断处理程序。

原程序被断开的位置（地址）叫作断点。发出中断信号的设备称为中断源。

中断源要求中断服务所发出的标志信号称为中断请求或中断申请。

中断源向 CPU 发出中断申请，CPU 经过判断认为满足条件，则对中断源作出答复，称为中断响应。单片机中断过程如图 6-2 所示。

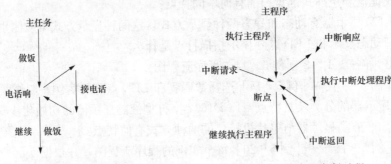

图 6-1 生活中的中断实例　　　　图 6-2 单片机中断过程

引起 CPU 中断的来源，称为中断源。51 单片机共有 5 个中断源，2 个中断优先级。

（1）INT0：外部中断 0，由 P3.2 端口线引入，低电平或下降沿引起，中断序号为 0。

（2）INT1：外部中断 1，由 P3.3 端口线引入，低电平或下降沿引起，中断序号为 2。

（3）T0：定时器/计数器 0 中断，由 T0 计数器计满回零引起，中断序号为 1。

（4）T1：定时器/计数器 1 中断，由 T1 计数器计满回零引起，中断序号为 3。

（5）TI/RI：串行口中断，串行口完成一帧字符发送或接收后引起，中断序号为 4。

52 单片机比 51 单片多一个定时器/计数器 2 中断。

二、AT89S51 中断标志及控制寄存器

1. 中断标志寄存器 TCON（88H）

其地址和位符号如下：

位地址	8FH	8EH	8DH	8CH	8BH	8AH	89H	88H
位符号	TF1	TR1	TF0	TR0	IE1	IT1	IE0	IT0

TCON 各位均是 1 有效，具体功能详见本章第二节。

2. 串行口控制寄存器 SCON（98H）

其地址和位符号如下：

位地址	9FH	9EH	9DH	9CH	9BH	9AH	99H	98H
位符号	SM0	SM1	SM2	REN	TB8	RB8	TI	RI

说明：①TI，发送数据前应复位该位。在方式 0 时，第八位数据发送结束时，由硬件置位；在其他方式时，在串行口发送停止位的开始时，由硬件置位。②RI，接收中断标志，与 TI 类似。③中断响应后，RI 或 TI 不能自动清除，必须由软件来清除。编程时要注意在中断服务程序中使用 RI＝0 或 TI＝0 指令使 RI 或 TI 清零。

3. 中断优先级控制寄存器 IP

（1）AT89S51 单片机的 5 个自然优先级顺序如下：

外部中断 0（$\overline{\text{INT0}}$）　　　　最高级

定时器 T0 中断

外部中断 1（$\overline{\text{INT1}}$）

定时器 T1 中断

串行口中断　　　　　　　最低级

注 意

对于处于同一个优先级的 5 个中断源，若它们同时发出中断申请，CPU 会按照自然优先级的顺序依次响应外部中断 0、T0、外部中断 1、T1 和串行口的中断请求。例如：若 T0、T1 同时发出中断申请，CPU 自然会响应 T0 的中断请求。因为 T0 的自然优先级比 T1 优先级高。

（2）优先级设定寄存器 IP（B8H）

各位功能如下：

D7	D6	D5	D4	D3	D2	D1	D0
×	×	PT2*	PS	PT1	PX1	PT0	PX0

1）PT2：定时器 T2 中断优先级控制位，8052 系列单片机所有。PT2＝1，设定定时器 T2 为高优先级中断；PT2＝0，设定定时器 T2 为低优先级中断。

2）PS：串行口中断优先级控制位，PS＝1，设定串行口为高优先级中断；PS＝0，设定串行口为低优先级中断。

3）PT1：定时器 T1 中断优先级控制位，PT1＝1，设定定时器 T1 为高优先级中断；PT1＝0，设定定时器 T1 为低优先级中断。

4）PX1：外部中断 1 中断优先级控制位。

5）PT0：定时器 T0 中断优先级控制位。

6）PX0：外部中断 0 中断优先级控制位。

PS、PT1、PX1、PT0 和 PX0 的 5 位中哪个为 1，则对应中断源为高优先级；为 0 者为低优先级。同级中断按自然优先级排队。具体型号单片机的优先级设置详见对应数据手册。

4. 中断允许控制寄存器 IE（A8H）

其位地址和位符号如下：

位地址	0AFH	0AEH	0ADH	0ACH	0ABH	0AAH	0A9H	0A8H
位符号	EA		ET2	ES	ET1	EX1	ET0	EX0

（1）EA：CPU 中断总允许位。EA=1，CPU 开放中断，每个中断源是被允许还是被禁止，分别由各自的允许位确定；EA=0，CPU 屏蔽所有的中断请求，称关中断，即禁止所有的中断。

（2）ES：串行口中断允许位。ES=1，允许串行口中断；ES=0，禁止串行口中断。

（3）ET1：定时器 T1 中断允许位。ET1=1，允许定时器 T1 中断；ET1=0，禁止定时器 T1 中断。

（4）EX1：外部中断 1 中断允许位。

（5）ET0：定时器 T0 中断允许位。

（6）EX0：外部中断 0 中断允许位。

总之，ES、ET1、EX1、ET0、EX0 某位为 1，则允许相应中断源中断；若为 0 则禁止该中断源中断（该中断被屏蔽）。

三、中断响应的条件及响应过程

AT89S51 的中断系统结构框图如图 6-3 所示。与中断有关的特殊功能寄存器有 4 个，分别为中断源标志寄存器（即特殊功能寄存器 TCON 和 SCON 的相关位）、中断允许控制寄存器 IE 和中断优先级控制寄存器 IP。AT89S51 单片机有 5 个中断源，可提供两个中断优先级，即可以实现二级中断嵌套。5 个中断源的排列顺序由中断优先级控制寄存器 IP 和顺序查询逻辑电路（图中的硬件查询）共同决定。5 个中断源对应 5 个固定的中断入口地址，也称矢量地址。

1. CPU 响应中断的基本条件

由图 6-3 可知，中断产生的基本条件有如下三方面：

（1）中断源要发出中断请求，即把中断标志寄存器 TCON、SCON 相应位置 1；

（2）EA=1，开放总中断；

（3）IE 寄存器相应中断允许位置 1，允许该中断源发出中断申请，进行中断。

但是如果发生下列任何一种情况，中断响应都会受到阻断。

（1）CPU 正在执行一个同级或高一级的中断服务程序。

说明：当一个中断被响应时，要把对应的优先级触发器置位，封锁了低级和同级中断。

（2）当前的机器周期不是正在执行的指令的最后一个周期，换言之，正在执行的指令完成前，任何中断请求都得不到响应（目的以确保当前指令的完整执行）。

（3）正在执行的是一条 RETI 或访问 SFR IE 或 IP 的指令，在执行 RETI 或读写 IE 或

IP 之后，不会马上响应中断申请，需要再取一条指令执行后，才会响应。

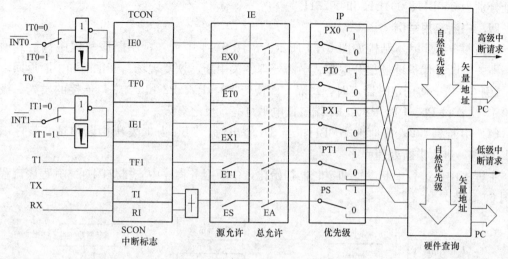

图 6-3　AT89S51 的中断系统

2. CPU 对中断的查询

在每个机器周期 S5P2（第 5 状态 第 2 拍节）期间，CPU 对各中断源采样，并设置相应的中断标志。CPU 在 S6（第 6 状态）期间按优先级顺序查询各中断标志，若为 1，将在下一机器周期的 S1 期间按优先级进行中断处理。

注：中断查询在每个机器周期的 S5P2 重复执行，因为中断请求随时会发生。

3. 中断响应过程

当中断条件满足且不存在中断阻断的情况，则 CPU 响应中断。这时，中断系统通过硬件自动产生长调用 LCALL 指令，此指令把主程序断点地址压入堆栈，然后把中断服务程序入口地址装入 PC，在 PC 指引下进入中断服务程序。

中断服务程序最后都必须有一条 RETI 指令，RETI 是中断返回指令。当执行 RETI 时，把程序断点弹出并送往 PC，这样程序又返回到主程序断点处，继续执行主程序。

4. 中断响应过程举例

程序如下：

```
MOV   A, # 50H
2000H   MOV  @ R0, A ;INT0发生中断,CPU 响应该中断,硬件产生的
        <   LCALL   0003H   >
2002H   MOV @ DPTR,A ;长调用指令为 LCALL   0003H,紧接着 CPU 就执行 LCALL   0003H 指令,
                     ;同时把断点地址 2002H 压入堆栈
        ……
MOV   R1, # 00H ;T0 发生中断
        < LCALL   000BH>
MOV   R2, # 5
```

5. 中断源与入口地址

AT89S51 单片机中断源共有 5 个中断源，外部中断有 2 个，分别是 $\overline{INT0}$ 和 $\overline{INT1}$，其入

口地址分别是 0003H 和 0013H。内部中断有 3 个，分别是 T0、T1 和串行口，它们的入口地址分别为 000BH、001BH 和 0023H。

四、中断应用举例

中断服务程序基本结构如图 6-4 所示。由图 6-4 中可知，中断服务程序包括 8 项内容，即关中断、保护现场、开中断、中断处理、关中断、恢复现场、开中断和中断返回。

【例 6-1】 使用定时器定时，每隔 10s 使与 P0、P1、P2 和 P3 端口连接的发光二极管闪烁 10 次；设 P0、P1、P2 和 P3 端口低电平灯亮，反之灯灭。

解　中断源 T0 入口地址 000BH；当 T0 溢出时，TF0 为 1 发出中断申请，条件满足 CPU 响应，进入中断处理程序。

主程序中要进行中断设置和定时器初始化，中断服务程序中安排灯闪烁。其程序流程图如图 6-5（a）和（b）所示。

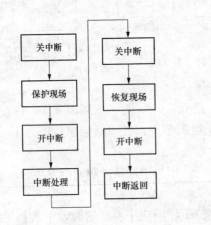

图 6-4　中断服务程序流程框图

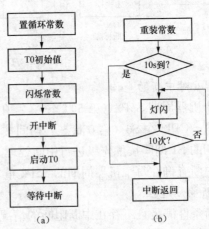

图 6-5　指示灯定时闪烁程序框图
(a) 主程序；(b) 中断程序

（1）硬件设计。硬件设计如图 1-5 所示，所需元器件见表 1-1。

（2）源程序。

```c
# include < reg51. h>
# include < intrins. h>
# define   uchar unsigned char
bit   flag;
void Delay();
uchar IntNumber,FlashNumber;              //T0 中断次数,闪烁次数
void main(){
    TMOD= 0x01;                           //T0 方式 1
    TL0= 0xB0; TH0= 0x3C;     /*  对定时器 T0 赋初值 * /
    EA= 1;                                //开总中断
    ET0= 1;                               //开 T0 中断
    TR0= 1;                               //启动 T0
    IntNumber= 200;                       //T0 中断次数初始化
```

```
        flag=0;
        while(1)
        {
            if(flag==1){    flag=0;
                for(FlashNumber=0;FlashNumber<10;FlashNumber++ ){
                    P0=0x00;P1=0x00;P2=0x00; P3=0x00; Delay();       //灯亮
                    P0=0xff; P1=0xff; P2=0xff;  P3=0xff; Delay();    //灯灭
                } }}
        }
    }
    void Int_T0()  interrupt 1  using 2
    {    TL0=0xB0;                                        //重赋初值
        TH0=0x3C;
        IntNumber-=1;                                     //T0 中断次数减 1
        if(IntNumber==0x00){  IntNumber=200;flag=1; }     //10s 到,灯闪烁标志位置 1
    }
    void Delay(){    uchar i,j;    for(i=0;i<255;i++ )    for(j=0;j<255;j++ ) ;}
```

（3）Proteus 仿真。经 Keil 软件编译通过后，可利用 Proteus 软件进行仿真。在 Proteus ISIS 编辑环境中绘制仿真电路图，或者打开配套数字资源（源程序）中的"**第六章 定时器和中断/例 6 - 1 中断计数**"文件夹内的"**中断 . DSN**"仿真原理图文件。将编译好的"**中断计数 . hex**"文件加入 AT89C51。启动仿真，观看仿真效果，可以看到 10s 至 VD1～VD32 被点亮，并且闪烁。

【例 6 - 2】 使用定时器产生 PWM 波调节 P0 和 P2 端口 VD 的亮度，当按下 S01 时，VD 亮度减小，当按下 S02 时，VD 亮度增加，设 P0 和 P2 端口为低电平灯亮，反之灯灭。

解 （1）硬件设计。硬件电路如图 6 - 6 所示，所需元件见表 6 - 1。

表 6 - 1　　　　　　　　　　　**PWM 控制 VD 渐亮渐灭电路仿真所需元器件**

元 器 件	名 称	描 述
单片机 U1	AT89C51	—
电阻排 RP1、RP2、RP4	Respack - 8	
发光二极管 VD9～VD16，VD25～VD32	Led - yellow（黄色）	
电容 C1、C2	CERAMIC33P	
按键 S01～S02	BUTTON	
电阻 R1、R2	3WATT10K，MINRES1K	
蜂鸣器 BUZ1	BUZZER	
三极管 VT1	2SA1085	
晶振 XZ	CRYSTAL	12MHz
电解电容 C_RST	GENELECT10U35V	

（2）源程序。利用定时器控制产生占空比可变的 PWM。按 S01，PWM 值增加，则占空比减小，VD 灯渐暗。按 S02，PWM 值减小，则占空比增加，VD 灯渐亮。当 PWM 值增加到最大值或减小到最小值时，蜂鸣器将报警。程序如下：

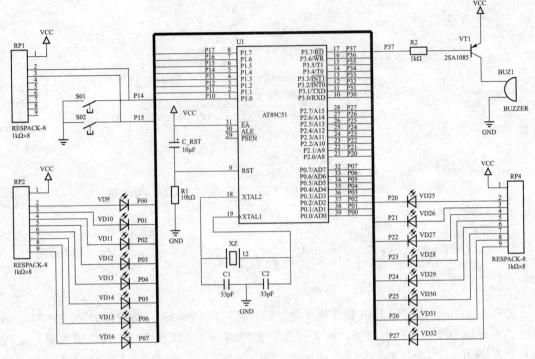

图 6‐6　PWM 控制 VD 渐亮渐灭电路原理图

```
# include < reg51. h >
# include < intrins. h >
sbit   S01=P1^4 ;                                    //增加键
sbit   S02=P1^5 ;                                    //减少键
sbit   BEEP=P3^7 ;                                   //蜂鸣器
unsigned char PWM=0x7f ;                             //赋初值
void Beep();
void delayms(unsigned char ms);
void delay(unsigned char t);
void main()
{
    P0=0xff;      P1=0xff;       P2=0xff;
    TMOD=0x21 ;
    TH0=0xfc ;                                       //1ms 延时常数,当晶振为 12MHz 时
    TL0=0x18 ;                                       //频率调节
    TH1=PWM ;                                        //脉宽调节
    TL1=0 ;   EA=1;   ET0=1;   ET1=1;   TR0=1 ;
    while(1)
    { do{   if(PWM!=0xff) { PWM++ ;  delayms(10); }
          else Beep() ; }  while(S01==0);            //S01 按下,亮度变暗

      do{  if(PWM!=0x01)  {PWM-- ; delayms(10); }
          else Beep() ;
```

```
    }  while(S02==0);                              //S02 按下,亮度增加
  }
}
void timer0() interrupt 1                          // 定时器 0 中断服务程序.
{  TR1=0 ;  TH0=0xfc ;  TL0=0x66 ;  TH1=PWM ;  TR1=1 ;
   P0=0x00;  P2=0x00;                              //启动输出
}
void timer1() interrupt 3// 定时器 1 中断服务程序
{  TR1=0 ;  P0=0xff ;  P2=0xff; }                  //结束输出
void Beep()                                        //蜂鸣器子程序
  {  unsigned char i  ;
    for (i=0  ;i<100  ;i++ )  { delay(100)  ; BEEP=! BEEP ; }   //Beep 取反
     BEEP=1  ;  delayms(100);                      //关闭蜂鸣器,并延时
  }
void delay(unsigned char t) {  while(t-- ) ; }     // 延时子程序 1
void delayms(unsigned char ms)                     // 延时子程序 2
{  unsigned char i ;   while(ms-- )  {  for(i=0 ; i<120 ; i++ ) ;  }}
```

（3）Proteus 仿真。经 Keil 软件编译通过后，可利用 Proteus 软件进行仿真。在 Proteus ISIS 编辑环境中绘制仿真电路图，或者打开配套数字资源（源程序）中的"**第六章 定时器和中断/例** 6‐2 PWM **控制 VD 渐亮渐灭**"文件夹内的"PWM **控制 VD 渐亮渐灭** . DSN"仿真原理图文件，将编译好的"PWM **控制 VD 渐亮渐灭** . hex"文件加入 AT89C51。启动仿真，观看仿真效果。

五、设计与调试中断程序应注意的几个问题

（1）调试时注意中断入口地址。

（2）重要现场数据进中断前要保护（压入堆栈）：中断返回前，必先把压入堆栈的数据弹出，恢复现场，否则易出错。

（3）注意中断标志的三种清除方式：

1）T0、T1 及边沿触发方式的外部中断标志，TF0、TF1、IE0 和 IE1 在中断响应后由硬件自动清除，无需采取其他措施。

2）电平触发方式的外部中断标志 IE1、IE0 不能自动清除，必须撤除 $\overline{INT1}$ 或 $\overline{INT0}$ 的电平信号。

3）串行口中断标志 TI 和 RI 不能由硬件清除，需用指令清除。在编程时要注意，中断响应后用 TI＝0 或 RI＝0 清除中断标志。

（4）注意中断响应时间。用从外部中断请求有效（标志置位 1）到转向中断区入口地址所需的机器周期数来计算中断响应时间。

1）最短的响应时间为 3 个机器周期（中断请求查询占 1 个机器周期，执行硬件产生 LCALL ♯add16 指令占 2 个机器周期）。

2）最长的响应时间为 8 个机器周期（RET RETI 或访问 IE IP，占 2 个机器周期；MUL 或 DIV 指令占 4 个机器周期；执行硬件产生 LCALL ♯add16 指令，占 2 个机器周期）。

3）若系统中只有一个中断源，则响应时间为 3～8 个机器周期；若有 2 个以上中断源，同时申请中断，则响应时间将更长。

4）在精确定时的场合需考虑中断响应时间影响。

第二节　定时器/计数器概述

一、定时器/计数器的结构和工作原理

AT89S51 单片机内部设有两个 16 位的可编程定时器/计数器，简称为定时器 0（T0）和定时器 1（T1）。可编程是指其功能（如工作方式、定时时间、量程、启动方式等）均可由指令来确定和改变。

1. 定时器/计数器的结构

定时器/计数器的结构框图如图 6-7 所示。从定时器/计数器的结构图可以看出，16 位的定时器/计数器分别由两个 8 位专用寄存器组成，即 T0 由 TH0 和 TL0 构成，T1 由 TH1 和 TL1 构成。其访问地址依次为 8AH～8DH。每个寄存器均可单独访问。这些寄存器是用于存放定时或计数初值的。此外，其内部还有一个 8 位的定时器方式寄存器 TMOD 和一个 8 位的定时器控制寄存器 TCON。这些寄存器之间是通过内部总线和控制逻辑电路连接起来的。TMOD 主要是用于选定定时器的工作方式；TCON 主要是用于控制定时器的启动与停止，此外，TCON 还可保存 T0、T1 的溢出和中断标志。当定时器工作在计数方式时，外部事件通过端子 T0（P3.4）和 T1（P3.5）输入。

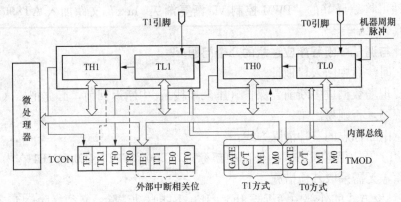

图 6-7　TMOD、TCON 与 T0、T1 的结构框图

2. 定时器/计数器工作原理

16 位的定时器/计数器实质上是一个加 1 计数器，其控制电路受软件控制、切换。其工作原理如图 6-8 所示。

定时器工作前先装入初值，利用送数指令将初值装入 TH0 和 TL0 或 TH1 和 TL1，高位数装入 TH0 和 TH1，低位数装入 TL0 和 TL1。当发出启动命令后，装初值寄存器开始计数，连续加 1，每一个机器周期加 1 一次，加到满值（各位全 1）。若再加 1，则溢出，同时将初值寄存器清零。如果继续计数定时，则需要重新赋初值。

二、定时器/计数器工作方式控制寄存器 TMOD

TMOD 为 T0、T1 的工作方式控制寄存器，其格式如下：

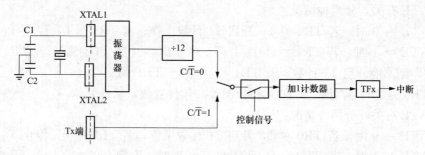

图 6-8 定时器/计数器的工作原理结构框图

	定时器 T1				定时器 T0			
TMOD	GATE	C/$\overline{\text{T}}$	M1	M0	GATE	C/$\overline{\text{T}}$	M1	M0

各位的功能为：

（1）GATE 为门控位，控制定时器的两种启动方式。当 GATE = 0，只要 TR0 或 TR1 置 1，定时器则可启动。GATE = 1，除 TR0 或 TR1 置 1 外，还必须等待外部脉冲输入端 P3.2 或 P3.3 高电平到，定时器才能启动。若外部输入低电平，则定时器关闭，这样可实现由外部控制定时器的启停，故称该位为门控位。详见图 6-11。

（2）C/$\overline{\text{T}}$ 为定时/计数方式选择位。C/$\overline{\text{T}}$ = 0，T0 或 T1 为定时方式；C/$\overline{\text{T}}$ = 1，T0 或 T1 为计数方式。

（3）M1、M0 为工作方式选择位，其功能见表 6-2。

表 6-2　　　　　　　　　　　　M1 和 M0 工作方式选择位

M1	M0	模式	说　　明
0	0	0	13 位定时器/计数器，高八位 TH（7～0）+ 低五位 TL（4～0）
0	1	1	16 位定时器/计数器，TH（7～0）+ TL（7～0）
1	0	2	8 位计数初值自动重装，TL（7～0），TH（7～0）
1	1	3	T0 运行，而 T1 停止工作，8 位定时器/计数器

三、定时器/计数器控制寄存器 TCON

TCON 的作用是控制定时器的启、停，标志定时器的溢出和中断情况。定时器控制寄存器 TCON 的格式如下：

位地址	8FH	8EH	8DH	8CH	8BH	8AH	89H	88H
位符号	TF1	TR1	TF0	TR0	IE1	IT1	IE0	IT0

各位定义为：

（1）TF1 为定时器 T1 溢出标志。当定时器 T1 计满溢出时，由硬件使 TF1 置"1"，并且申请中断。进入中断服务程序后，由硬件自动清"0"，在查询方式下用软件清"0"。

（2）TF0 为定时器 T0 溢出标志。当定时器 T0 计满溢出时，由硬件使 TF0 置"1"，并且申请中断。进入中断服务程序后，由硬件自动清"0"，在查询方式下用软件清"0"。

（3）TR1 为定时器/计数器 T1 运行控制位。软件置位，软件复位。

与 GATE 有关，分两种情况：

当 GATE = 0 时，若 TR1 = 1，开启 T1 计数工作；若 TR1 = 0，停止 T1 计数。

当 GATE = 1 时，若 TR1 = 1 且/INT1 = 1 时，开启 T1 计数；若 TR1 = 1 但 /INT1 = 0，则不能开启 T1 计数。若 TR1 = 0，停止 T1 计数。

（4）TR0 为定时器/计数器 T0 运行控制位。软件置位，软件复位。

与 GATE 有关，分两种情况：

当 GATE = 0 时，若 TR0 = 1，开启 T0 计数工作；若 TR0 = 0，停止 T0 计数。

当 GATE = 1 时，若 TR0 = 1 且/INT0 = 1 时，开启 T0 计数；若 TR0 = 0 但 /INT0 = 0，则不能开启 T0 计数；若 TR0 = 0，停止 T0 计数。

（5）IE1 为外部中断 1 请求标志。IE1=1 表明外部中断 1 向 CPU 申请中断。

（6）IT1 为外部中断 1 触发方式选择位。当 IT1=0，外部中断 1 为电平触发方式。在这种方式下，CPU 在每个机器周期的 S5P2 期间对 $\overline{INT1}$（P3.3）端子采样。若采到低电平，则认为有中断申请，随即使 IE1=1；若采到高电平，则认为无中断申请或中断申请已撤除，随即清除 IE1 标志。在电平触发方式中，CPU 响应中断后不能自动清除 IE1 标志，也不能由软件清除 IE1 标志，所以在中断返回前必须撤销 $\overline{INT1}$ 端子上的低电平，否则 CPU 将再次响应中断，从而造成出错。

若 IT1=1，外部中断 1 为边沿触发方式，CPU 在每个机器周期的 S5P2 期间对 $\overline{INT1}$（P3.3）端子采样。若在连续两个机器周期采样到先高电平后低电平（即下跳沿），则认为有中断申请，随即使 IE1=1；此标志一直保持到 CPU 响应中断时，才由 CPU 中的硬件自动清除。在边沿触发方式中，为保证 CPU 在两个机器周期内检测到先高后低的负跳变，输入高低电平的持续时间最少要保持 12 个时钟周期。

（7）IE0 为外部中断 0 请求标志。IE0=1 表明外部中断 0 向 CPU 申请中断。

（8）IT0 为外部中断 0 触发方式选择位。当 IT1=0，外部中断 0 为电平触发方式；IT1=1，外部中断 0 为边沿触发方式；其操作功能与 IT1 类似。

四、定时器/计数器的初始化

1. 定时器初始化的主要步骤

（1）选择工作方式，即对 TMOD 赋初值。

例如，预设置 T0 为定时方式 1，TMOD 各位状态应设置为：

GATE	C/$\overline{T}$	M1	M0	GATE	C/$\overline{T}$	M1	M0
0	0	0	0	0	0	0	1

其状态字为 01H。程序如下：

```
TMOD=0x01;                                    // T0 工作方式 1
```

同理，若设置 T1 为计数方式 1，只需 C/$\overline{T}$=1 ，M0=1，则 C 语言程序为：`TMOD= 0x50`。

（2）给定时器赋初值，即把初始常数装入 TH0 TL0 或 TH1 TL1。

例如，T0 初值 3CB0H，T1 初值 00FFH。C 语言程序为：

```
TH0=0x3c; TL0=0xB0;                           // 给 T0 赋初值
TH1=0x00; TL1=0xFF;                           // 给 T1 赋初值
```

（3）根据需要设置中断控制字。直接对中断允许寄存器 IE 和优先级寄存器 IP 设置。

（4）启动定时器/计数器。

1）若已规定用软件启动（即 GATE =0），则可把 TR0 或 TR1 置 1。程序为：

```
TR0=1;                                          //启动 T0
或 TR1=1;                                        //启动 T1
```

2）若已规定由外中断端子电平启动（即 GATE =1），则需给对应外端子加启动电平。

2. 定时器初值设定方法

定时时间和定时器的工作方式、初值及时钟周期均有关系，预设定准确时间，必须学会计算定时器初值。

一般设定初值分如下几步考虑：

（1）根据定时长短，选择工作方式，设用 M 表示最大计数值，则计数最大值方式如下。

方式 0 $M= 2^{13} =8192$

方式 1 $M= 2^{16} =65536$

方式 2 $M= 2^8 =256$

方式 3 $M=2^8 =256$

原则上，若定时时间长，选用 16 位或 13 位计数器，即方式 0 或方式 1；若定时时间短，选用 8 位，即方式 2 或 3；如果需要自动装入初值，只能选择方式 2。

（2）定时初值计算，设初值为 X，最大计数值为 M。初值 X 与机器周期 $T_{机}$ 及定时时间 T 的关系为

$$(M-X)T_{机} = T \tag{6-1}$$

式中：$T_{机}=12$ 个时钟周期 $=12 /f_{OSC}$。

$$X = M - T/ T_{机} \tag{6-2}$$

由式（6-1）可知：

1）计数次数为 $M-X$，初值越大，达到满值所需计数次数越小。若时钟频率一定，则定时时间越短。

2）时钟频率越大，时钟周期越短，机器周期越小，计数器加 1 的时间间隔就越短。

【例 6-3】 T0 工作于方式 1，定时时间为 50ms，请计算定时初值和编写程序使 P1.1 输出周期为 100ms 的方波，已知 $f_{OSC}=12MHz$。

解 因为 $f_{OSC}=12MHz$，$T_{机}=1\mu s$

定时方式 1 $M= 2^{16} = 65536$

所以 $X=M-T/T_{机}=65536-50000/1=15536=3CB0H$

（1）硬件设计。硬件电路如图 6-9 所示，所需元器件见表 6-3。

表 6-3   输出方波电路仿真所需元器件

元 器 件	名 称	描 述
单片机 U1	AT89C51	—
电阻排 RP1	Respack-8	
电容 C1、C2	capacitors	33pF（50V）
电容 C_RST	capacitors	10μF（50V）

元 器 件	名 称	描 述
晶振 XZ	crystal	—
发光二极管 VD	Led - yellow（黄色）	
虚拟示波器	Oscilloscope	

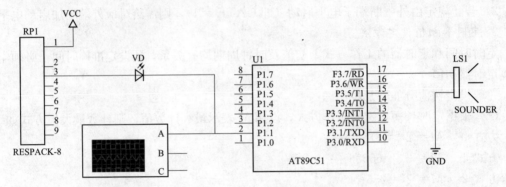

图 6 - 9　输出方波电路原理图

（2）源程序。

1）查询方式。

```
# include "reg51. h"
# include "stdio. h"
Uart_Init ();
sbit P1_1=P1^1;
void main ()
{    TMOD= 0x01;                              //T1 工作在方式 0，T0 工作在方式 1
     TL0= 0xB0;                               //给 TL0 置初值
     TH0= 0x3c;                               //给 TH0 置初值
     TR0= 1;                                  //启动 T0
     for (;;) {    do {} while (! TF0);       //查询等待 TF0 置位
         TL0= 0xB0; TH0= 0x3c;                //重赋初值
         P1_1= ! P1_1;                        //定时时间到，P1_1 取反
         TF0= 0 ;                             //清 TF0
     }
}
```

2）中断方式。

```
# include "reg51. h"
# include "stdio. h"
Uart_Init ();
sbit P1_1=P1^1;
void main ()
{
        TMOD= 0x01;                           // T0 工作在方式 1
        TL0= 0xB0;                            //给 TL0 置初值
```

```
        TH0=0x3c;                               //给 TH0 置初值
        ET0=1;                                  //开 T0 中断
        EA=1;       TF0=0;
        TR0=1;                                  //启动 T0
        while (1) ;                             //设置断点处
}
void Int_T0 ()    interrupt 1 using 2
{    TL0=0xB0; TH0=0x3c;                        //重赋初值
     P1_1=! P1_1;                              //定时时间到,P1_1 取反
     printf("Timer1 overflow in Mode 1\n"); /* 定时器 0 溢出后, 输出提示信息  * /
}
```

（3）Proteus 仿真。经 Keil 软件编译通过后，可利用 Proteus 软件进行仿真。在 Proteus ISIS 编辑环境中绘制仿真电路图，或者打开配套数字资源（源程序）中的"**第六章 定时器和中断/例 6-3 方波**"文件夹内的"**方波.DSN**"仿真原理图文件。将编译好的"**方波.hex**"文件加入 AT89C51。启动仿真，观看仿真效果图（周期为 100ms 的方波）。

第三节　定时器/计数器工作方式

通过对 TMOD 中的 M1、M0 位的设置，T0 和 T1 可选择四种工作方式。

一、方式 0

当 M1M0 两位为 00 时，定时器/计数器被选为工作方式 0，是一个 13 位的定时器/计数器，下面以定时器 T1 为例讲解其工作过程，其逻辑结构如图 6-10 所示。

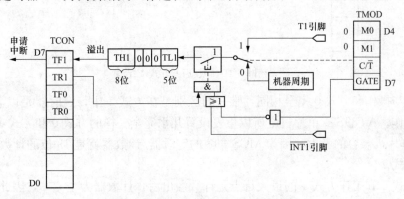

图 6-10　T0（或 T1）方式 0 结构

在这种方式下，16 位寄存器（TH1 和 TL1）只用 13 位。其中 TL1 的高 3 位未用，其余位占整个 13 位的低 5 位，TH1 占高 8 位。当 TL1 的低 5 位溢出时向 TH1 进位，而 TH1 溢出时向中断标志 TF1 进位（称硬件置位 TF1），并申请中断。定时器 T1 计数溢出与否可通过查询 TF1 是否置位，或是否产生定时器 T1 中断。

如图 6-10 所示，当 $C/\overline{T}=0$ 时，多路开关接通振荡脉冲的 12 分频输出，13 位计数器以此进行计数，这就是所谓定时器工作方式。当 $C/\overline{T}=1$ 时，多路开关接通计数引脚（T1），外部计数脉冲由引脚 T1 输入。当计数脉冲发生负跳变时，计数器加 1，这就是所谓计数工作方式。

不管是哪种工作方式，当 TL1 的低 5 位计数溢出时，向 TH1 进位，而全部 13 位计数溢出时，则向计数溢出标志 TF1 进位。

这里说明一下工作方式控制寄存器中门控位（GATE）的功能。当 GATE＝0 时，由于 GATE 信号封锁了或门，使引脚 $\overline{INT1}$ 信号无效。而这时或门输出端的高电平状态却打开了与门。因此可以由 TR1（TCON 寄存器）的状态来控制计数脉冲的接通与断开。这时如果 TR1＝1，则接通模拟开关，使计数器进行加法计数，即定时器/计数器 T1 工作。如果 TR1＝0，则断开模拟开关，停止计数，定时器/计数器 T1 不能工作。因此在单片机的定时或计数应用中要注意 GATE 位的清"0"。

当 GATE＝1，同时 TR1＝1 时，有关电路的或门和与门全都打开，计数脉冲的接通与断开由外引脚信号 $\overline{INT1}$ 控制。当该信号为高电平时计数器工作；当该信号为低电平时计数器停止工作。这种情况可用于测量外信号的脉冲宽度。

二、方式 1

当 M1M0 两位为 01 时，定时器/计数器被选为工作方式 1，是一个 16 位的定时器/计数器。其逻辑结构如图 6 - 11 所示。

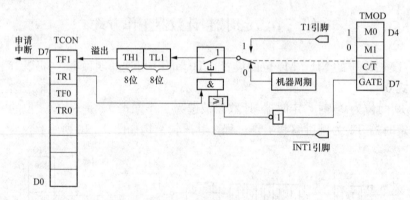

图 6 - 11　T0（或 T1）方式 1 结构

其结构与操作和方式 0 完全相同，唯一的区别是在方式 1 中，定时器是以全 16 位二进制数参与操作。AT89S51 单片机之所以重复设置几乎完全一样的方式 0 和方式 1，是出于与 MCS - 48 单片机兼容的考虑。因为 MCS - 48 的定时器/计数器就是 13 位的计数结构。

三、方式 2

工作方式 0 和工作方式 1 的最大特点是计数溢出后，计数器为全"0"，因此循环定时或循环计数应用时就存在反复设置计数初值的问题。这不但影响定时精度，而且也给程序设计带来麻烦。方式 2 就是针对此问题而设置的，它具有自动重新加载初值的功能。在这种工作方式下，将 16 位计数器分为两部分，即以 TL 作计数器，以 TH 作预置寄存器，初始化时将计数初值分别装入 TL 和 TH 中。当计数溢出后，不是像前两种工作方式那样通过软件方法，而是由预置寄存器 TH 以硬件方法自动给计数器 TL 重新加载初值，变软件加载初值为硬件加载初值。当 M1M0 两位为 10 时，定时器/计数器被选为工作方式 2，是一个能自动重置的 8 位定时器/计数器。下面以定时器 T1 为例讲解其工作过程，其逻辑结构如图 6 - 12 所示。

初始化时，8 位计数初值同时装入 TL1 与和 TH1 中。当 TL1 计数溢出时，置位 TF1，同时将保存在预置寄存器 TH1 中的计数初值自动加载 TL1，然后 TL1 重新计数。如此重复

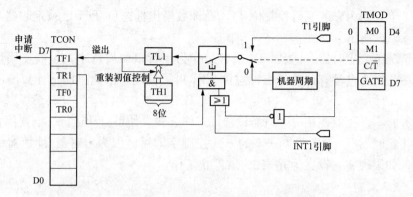

图 6-12　T0（或 T1）方式 2 结构

不止。这不但省去了用户程序中的重装计数初值的指令，而且也有利于提高定时精度。但这种工作方式下是 8 位计数结构，计数值有限，最大只能到 255。

这种自动重新加载工作方式非常适用于循环定时或循环计数应用。例如用于产生固定脉宽的脉冲，此外还可以作串行数据通信的波特率发送器使用。

四、方式 3

前三种工作方式下，对两个定时器/计数器的设置和使用是完全相同的。但是在工作方式 3 下，两个定时器/计数器的设置和使用却是不同的，因此要分开介绍。

1. 工作方式 3 下的定时器/计数器 T0

在工作方式 3 下，定时器/计数器 T0 被拆成两个独立的 8 位计数器 TL0 和 TH0，其中 TL0 既可以计数使用，又可以定时使用。定时器/计数器 T0 的各控制位和引脚信号全归它使用。其功能和操作与方式 0 或方式 I 完全相同，而且逻辑电路结构也极其类似，如图 6-13 所示。

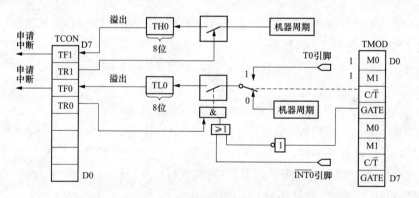

图 6-13　T0 方式 3 下的逻辑结构

与 TL0 的情况相反，对于定时器/计数器 0 的另一半 TH0，则只能作为简单的定时器使用。而且由于定时器/计数器 0 的控制位已被 TL0 独占，因此只好借用定时器/计数器 T1 的控制位 TR1 和 TF1。即以计数溢出去置位 TF1，而定时的启动和停止则受 TR1 的状态控制。

由于 TL0 既能作定时器使用也能作计数器使用，而 TH0 只能作定时器使用却不能作计数器使用，因此在工作方式 3 下，定时器/计数器 T0 可以构成两个定时器或一个定时器一个计数器。

2. T0 工作方式 3 下的定时器/计数器 T1

如果定时器/计数器 T0 已工作在工作方式 3，则定时器/计数器 T1 只能工作在方式 0、方式 1 或方式 2 下，因为它的运行控制位 TR1 及计数溢出标志位 TF1 已被定时器/计数器 T0 借用，如图 6-13 所示。

在这种情况下，定时器/计数器 T1 通常是作为串行口的波特率发生器使用，以确定串行通信的速率。因为已没有计数溢出标志位 TF1 可供使用，因此只能把计数溢出直接送给串行口。

当作为波特率发生器使用时，只需设置好工作方式，便可自动运行。如要停止工作，只需送入一个将定时器 T1 设置为方式 3 的方式控制字即可。因为定时器/计数器 1 不能在方式 3 下使用，如果硬将它设置为方式 3，就停止工作。

第四节　定时器/计数器的应用举例

一、方式 0、方式 1 的应用

【例 6-4】　选择 T1 方式 0 用于定时，在 P3.7 引脚输出周期为 1ms 的方波，晶振 $f_{osc}=6$MHz。

解　根据题意，只要使 P3.7 每隔 $500\mu s$ 取反一次即可得到 1ms 方波，因而 T1 的定时时间为 $500\mu s$。

将 T1 设为定时方式 0：GATE=0，$C/\overline{T}=0$，M1M0=00；T0 不用可为任意方式，只要不使其进入方式 3 即可，一般取 0 即可。TMOD 各位设置如下：

GATE	C/$\overline{T}$	M1	M0	GATE	C/$\overline{T}$	M1	M0
0	0	0	0	0	0	0	0

故 TMOD = 00H。系统复位后 TMOD 为 0，所以不必对 TMOD 置初值。

下面计算 $500\mu s$ 定时 T1 的初值：

机器周期　　　　　　　　$T_{机}=12/f_{osc}=12/(6\times10^6)=2\mu s$

设初值为 X，则

$$(2^{13}-X)\times2\times10^{-6}s=500\times10^{-6}s$$

$$X=7942D=1111100000110B=1F06H$$

因为在作 13 位计数器用时，TL1 高 3 位未用，应写 0，X 的低 5 位装入 TL1 的低 5 位，所以 TL1=06H；X 的高 8 位应装入 TH1，所以 TH1=F8H。

（1）硬件设计。硬件电路如图 6-14 所示。

（2）C 源程序。源程序详见配套数字资源（源程序）。

（3）Proteus 仿真。经 Keil 软件编译通过后，可利用 Proteus 软件进行仿真。在 Proteus ISIS 编辑环境中绘制仿真电路图，或者打开配套数字资源（源程序）中的"**第六章　定时器和中断/例 6-4 1ms 方波**"文件夹内的"**1ms 方波.DSN**"仿真原理图文件。将编译好的"**1ms 方波.hex**"文件加入 AT89C51。启动仿真，观看仿真效果图。可以看到周期为 1ms 的方波，同时听到"滴滴"的声音。

【例 6-5】　用 AT89S51 单片机产生"嘀嘀……"报警声从 P3.7 端口输出，产生频率为 1kHz，1kHz 方波从 P3.7 输出 0.2s，接着 0.2s 从 P3.7 输出电平信号，如此循环下去，

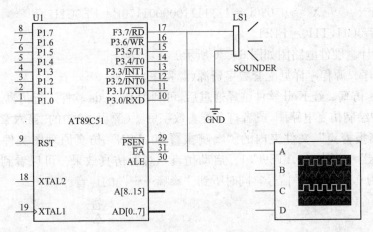

图 6-14　输出 1ms 方波电路原理图

就形成所需的报警声了。

解　生活中常常听到各种各样的报警声，例如"嘀嘀……"就是常见的一种声音报警声，但对于这种报警声，嘀 0.2s，然后断 0.2s，如此循环下去，假设嘀声的频率为 1kHz，则报警声时序图如图 6-15 所示。

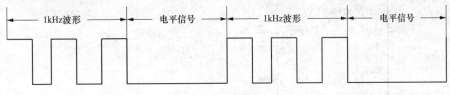

图 6-15　报警声时序图

图 6-15 中的波形信号如何用单片机来产生呢？由于要产生上面的信号，把上面的信号分成两部分，一部分为 1kHz 方波，占用时间为 0.2s；另一部分为电平，也是占用 0.2s；因此，利用单片机的定时器/计数器 T0 作为定时，可以定时 0.2s；同时，也要用单片机产生 1kHz 的方波，对于 1kHz 的方波信号周期为 1ms，高电平占用 0.5ms，低电平占用 0.5ms，因此也采用定时器 T0 来完成 0.5ms 的定时；最后，可以选定定时器/计数器 T0 的定时时间为 0.5ms，而要定时 0.2s 则是 0.5ms 的 400 倍，也就是说以 0.5ms 定时 400 次就可达到 0.2s 的定时时间。

将 T0 设为定时方式 1：GATE=0，$C/\overline{T}=0$，M1M0=01；T1 不使用，可为任意方式，一般取 0 即可。TMOD 各位设置如下：

GATE	$C/\overline{T}$	M1	M0	GATE	$C/\overline{T}$	M1	M0
0	0	0	0	0	0	0	1

故 TMOD = 01H。

下面计算 $500\mu s$ 定时 T0 的初值：

机器周期　　　　　$T_{机}=12/f_{osc}=12/(12\times10^{6})=1\mu s$

设初值为 X，则

$$(2^{16}-X)\times1\times10^{-6}s=500\times10^{-6}s$$

$$X = 65036D = 1111111000001100B = FE0CH$$

所以 TL0＝0CH，TH0＝FEH。

（1）硬件设计。硬件电路图如图 6-16 所示。

（2）C 源程序。源程序详见配套数字资源（源程序）。

（3）Proteus 仿真。经 Keil 软件编译通过后，可利用 Proteus 软件进行仿真。在 Proteus I-SIS 编辑环境中绘制仿真电路图，或者打开配套数字资源（源程序）中的**"第六章　定时器和中断/例 6-5 嘀嘀报警声"**文件夹内的 **"嘀嘀报警声.DSN"** 仿真原理图文件。将编译好的 **"嘀嘀报警.hex"** 文件加入 AT89C51。启动仿真，观看仿真效果。可以看到长度为 0.2ms 的方波和长度为 0.2s 的电平信号，同时听到"嘀嘀……"的声音。

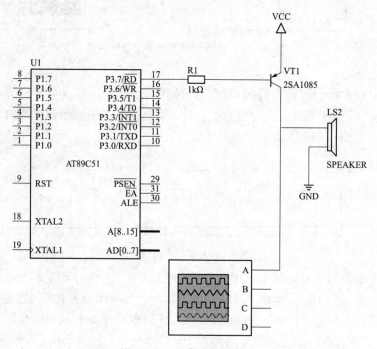

图 6-16　报警电路原理图

二、方式 2 的应用

【例 6-6】 用定时器 1 方式 2 计数，每计满 100 次，将 P1.0 取反。

解　根据题意，外部计数信号由 T1（P3.5）引脚输入，每跳变一次计数器加 1，由程序查询 TF1。方式 2 有自动重装初值的功能，初始化后不必再置初值。

将 T1 设为定时方式 2：GATE＝0，C/$\overline{T}$＝1，M1M0＝10；T0 不使用，可为任意方式，只要不使其进入方式 3 即可，一般取 0。TMOD 各位设置如下：

GATE	C/$\overline{T}$	M1	M0	GATE	C/$\overline{T}$	M1	M0
0	1	1	0	0	0	0	1

故 TMOD＝61H。

定时器初值为

$$X = 2^8 - 100 = 156 = 9CH$$

$$TH1 = TL1 = 9CH$$

（1）硬件设计。硬件电路如图 6-17 所示，所需元器件见表 6-4。

表 6-4   计数电路仿真所需元器件

元 器 件	名 称	描 述
单片机 U1	AT89C51	—
电阻排 RP1	Respack-8	
电容 C1、C2	capacitors	33pF（50V）
电容 C_RST	capacitors	10μF（50V）
晶振 XZ	crystal	12MHz
发光二极管 VD1	Led-yellow（黄色）	
按键 S01	button	

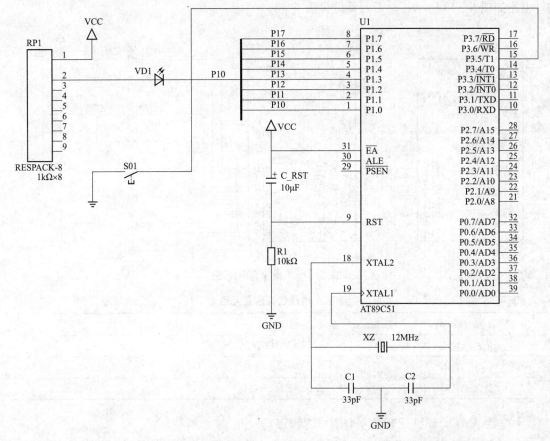

图 6-17 计数电路原理图

（2）C 源程序。详见配套数字资源（源程序）。

（3）Proteus 仿真。经 Keil 软件编译通过后，可利用 Proteus 软件进行仿真。在 Proteus ISIS 编辑环境中绘制仿真电路图，或者打开配套数字资源（源程序）中的"**第六章　定时器和中断/例 6-6 计数**"文件夹内的"**计数.DSN**"仿真原理图文件。将编译好的"**计数.hex**"文件加入 AT89C51。启动仿真观看仿真效果。可以看到 VD1 被点亮，注意：Proteus 仿真时

TL1 和 TH1 赋得初值为 0xfd，每按下 S01 一次计数器加 1，这样会很快看到仿真结果。

三、门控位的应用

【例 6 - 7】 利用 T0 门控位测试 $\overline{INT0}$ 引脚上出现的正脉冲的宽度，并以机器周期数的形式通过发光二极管显示。

解 根据要求可这样设计程序：将 T0 设定为方式 1，GATE 设为 1，置 TR0 为 1。一旦 $\overline{INT0}$（P3.2）引脚上出现高电平即开始计数，直至出现低电平，停止计数，然后读取 T0 的计数值并显示。测试过程如图 6 - 18 所示。

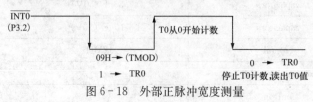

图 6 - 18　外部正脉冲宽度测量

（1）硬件设计。本例用单片机 U2（从 P1.1 引脚）输出脉宽为 $250\mu s$ 的方波，再用单片机 U1 的 $\overline{INT0}$（P3.2）引脚检测、验证该方波的正脉冲宽度，结果由 P1 端口 8 位 VD 显示验证。硬件电路如图 6 - 19 所示，所需元器件见表 6 - 5。

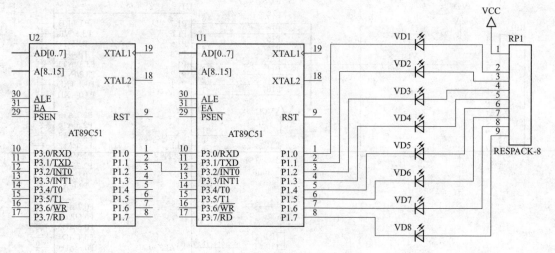

图 6 - 19　测脉宽电路图

表 6 - 5　　　　　　　　　　测脉宽电路仿真所需元器件

元 器 件	名　称	描　述
单片机 U1、U2	AT89C51	—
电阻排 RP1	Respack - 8	
发光二极管 VD1～VD8	Led - yellow（黄色）	

（2）源程序 。详见配套数字资源（源程序）。

（3）Proteus 仿真。经 Keil 软件编译通过后，可利用 Proteus 软件进行仿真。在 Proteus ISIS 编辑环境中绘制仿真电路图，或者打开配套数字资源（源程序）中的"**第六章　定时器和中断/例 6 - 7 测脉宽计数**"文件夹内的"**测脉宽 . DSN**"仿真原理图文件。将编译好的"**测脉宽 . hex**"文件加入序号为 U1 的 AT89C51，再将编译好的"**$250\mu s$ 方波 . hex**"文件加入序号为 U21 的 AT89C51。启动仿真，可以看到 VD1 和 VD4 被点亮，表示 P1 = 11110110B＝0xf6＝15×16＋6＝246，与预期的 $250\mu s$ 仅差 $4\mu s$。

项 目 三   电子时钟设计

一、设计任务和要求

（1）设计一个可调电子时钟，采用 LCD1602 显示两行字符，可以显示时、分、秒。

（2）可以校对时间，通过按键可以分别对时、分、秒进行校对。

（3）具有整点提醒功能。

二、设计方案

整个系统由单片机最小系统、LCD1602 液晶显示模块、蜂鸣器提示模块组成，其系统框图如图 6-20 所示。

图 6-20 系统框图

三、硬件设计

系统原理图如图 6-21 所示。

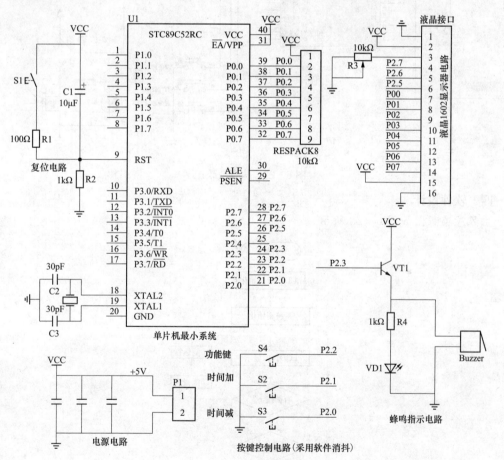

图 6-21 系统原理图

（1）按键。S1 系统复位键，S4 功能键，S2 时间加键，S3 时间减键。

（2）LCD1602 液晶显示电路。第一行显示提示信息"HenanGongcheng"，第二行显示在中间"时：分：秒"，比如图 6-22 仿真图中显示当前时间是"13：00：05"，即 13 点 0

分 5 秒。

（3）蜂鸣器提示电路。当时间为整点时，蜂鸣器响。

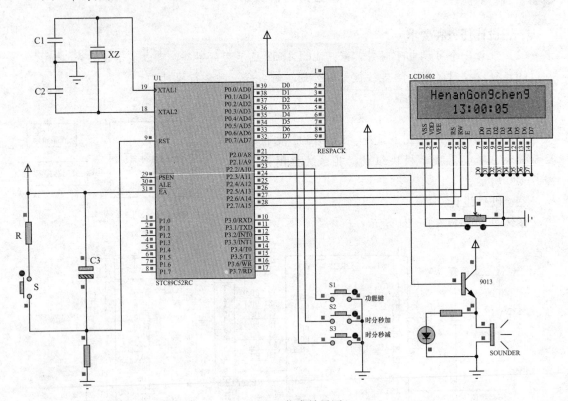

图 6-22　仿真效果图

四、软件设计

主程序流程图如图 6-23 所示。

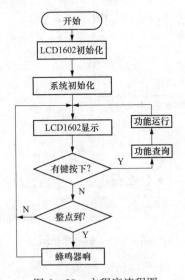

图 6-23　主程序流程图

五、实物照片

系统实物照片如图 6-24 所示。

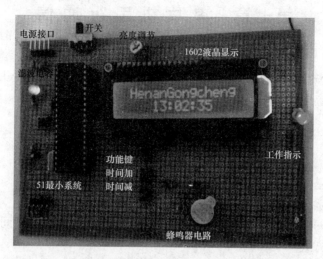

微课三

电子时钟系统
组成及作品演示

图 6-24 实物照片

六、设计制作要点

（1）通过内部定时进行计时。
（2）按键程序的设计。

习　题

1. AT89S51 有几个中断源？各中断标志是如何产生的？又是如何复位的？CPU 响应各中断时，其中断入口地址是多少？

2. 如何计算计数初值？如何编程送入计数初值？

3. 外部中断源有电平触发和边沿触发两种触发方式，这两种触发方式所产生的中断过程有何不同？怎样设定？

4. 定时器/计数器工作于定时和计数方式时有何异同点？

5. 定时器/计数器的四种工作方式各有何特点？

6. 简述定时器/计数器初始化的步骤？

7. 当定时器/计数器 T0 用作方式 3 时，定时器/计数器 T1 可以工作在何种方式下？如何控制 T1 的开启和关闭？

8. 利用定时器/计数器 T0 从 P1.0 输出周期为 1s，脉宽为 20ms 的正脉冲信号，晶振频率为 6MHz。试设计程序。

9. 若晶振频率为 12MHz，如何用 T0 来测量 1~20s 之间的方波周期？又如何测量频率为 0.5MHz 左右的脉冲频率？

10. 利用定时器/计数器 T0 产生定时时钟，由 P1 端口控制 8 个指示灯。编一段程序，使 8 个指示灯依次一个一个闪动，闪动频率为 20 次/s（8 个灯依次亮一遍为一个周期）。

11. 设计一个由 6 位数码管显示的电子钟，可通过按键任意设置闹铃时间，并通过蜂鸣器提醒闹铃时间到，按下加减键可随时停止蜂鸣器工作，初始时间为 12：00：00。

第七章　单片机串行通信

本章主要介绍串行通信的基本概念，常用的串行通信接口电路，AT89S51单片机的串行口结构、原理和应用，并举例说明多机通信的原理应用。

第一节　串行通信概述

一、串行通信基本原理

1. 通信的概念

从广义上讲，两个设备之间信息交换的过程就是通信。计算机设备间数据通信有并行通信和串行通信两种方式。

（1）并行通信是指各数据位同时传送，特点是传送速度快、效率高，如图7-1（a）所示。但并行数据传送有多少数据位就需多少根数据线，因此传送成本高。并行数据传送的距离通常小于30m，在计算机内部的数据传送都是并行的。

（2）串行通信是指数据传送按位顺序进行，最少只需一根传输线即可完成，如图7-1（b）所示，成本低但速度慢。计算机与外界的数据传送大多数是串行的，其传送的距离可以从几米到几千公里。

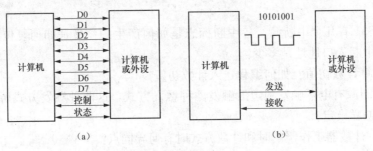

图7-1　并行通信和串行通信

(a) 并行通信；(b) 串行通信

通常将计算机与其外界的设备之间数据传送称之为通信，因此提到通信就是指串行通信。串行通信又分为异步和同步两种方式。在单片机中使用的串行通信都是异步方式，因此本章重点介绍异步通信。

2. 串行通信的形式

串行数据通信共有以下几种数据通路形式。

（1）单工（Simplex）形式。单工形式的数据传送是单向的，类似于机动车道的单行道。通信双方中一方固定为发送端，另一方则固定户接收端。单工形式的串行通信，只需要一条数据线，如图7-2所示。例如计算机与打印机之间的串行通信就是单工形式，因为只能有计算机向打印机传送数据，而不可能有相反方向的数据传送。

（2）全双工（Full－duplex）形式。全双工形式的数据传送是双向的，且可以同时发送和接收数据。因此全双工形式的串行通信需要两条数据线，如图 7－3 所示。

（3）半双工（Half-duplex）形式。半双工形式的数据传送也是双向的。但任何时刻只能由其中的一方发送数据，另一方接收数据，类似运行在单线上的火车。因此半双工形式既可以使用一条数据线，也可以使用两条数据线，如图 7－4 所示。

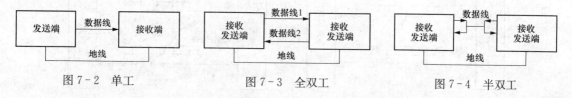

图 7－2 单工　　　　　　　　图 7－3 全双工　　　　　　　图 7－4 半双工

3. 异步串行通信和同步串行通信

（1）异步串行通信。异步串行通信以字符为单位，即一次将传送一个字符。那么字符传送的格式又是如何呢？图 7－5 就是一个字符的异步串行通信格式。

对异步串行通信的字符格式作以下说明：

1）在这种格式标准中，信息的两种状态分别以 mark 和 space 标志。其中" mark" 译为"标号"，对应逻辑"1"状态。在发送器空闲时，数据线应保持在 mark 状态；"space"译为"空格"，对应逻辑"0"状态。

2）起始位。发送器是通过发送起始位而开始一个字符的传送，起始位使数据线处于"space"状态。

3）数据位。起始位之后就传送数据。在数据位中，低位在前（左），高位在后（右）。由于字符编码方式的不同，数据位可以是 5、6、7 位或 8 位。

4）奇偶校验位。用于对字将传送作正确性检查，因此奇偶校验位是可选择的，共有三种可能，即奇校验、校验和无校验。由用户根据需要选定。

5）停止位。停止位在最后，用以标志一个字符传送的结束，它对应于 mark 状态。停止位可能是 1、1.5 位或 2 位，在实际应用中根据需要确定。

6）位时间。一个格式位的时间宽度。

7）帧（frame）。从起始位开

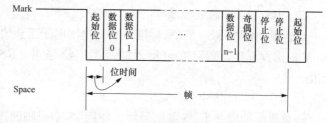

图 7－5 异步串行通信的字符格式

始到停止位结束的全部内容称之为一帧，帧是一个字符的完整通信格式，因此将串行通信的字符格式称之为帧格式。

异步串行通信是一帧接一帧进行的，传送可以是连续的，也可以是断续的。连续的异步串行通信，是在一个字符格式的停止位之后立即发送下一个字符的起始位，开始一个新的字符传送，即帧与帧之间是连续的。而断续的异步串行通信，则是在一帧结束之后并不一定接着传送下一个字符，不传送时维持数据线的 mark 状态，使数据线处于空闲。其后，新的字符传送可在任何时刻开始，并不要求整数倍的位时间。

（2）同步串行通信。同步通信时要建立发送方时钟对接收方时钟的直接控制，使双方达到完全同步，如图 7-6 所示。此时，传输数据的位之间的距离均为"位间隔"的整数倍，同时传送的字符间不留间隙，即保持位同步关系，也保持字符同步关系。发送方对接收方的同步可以通过数据与时钟分开或数据与时钟集成到一起两种方法实现。

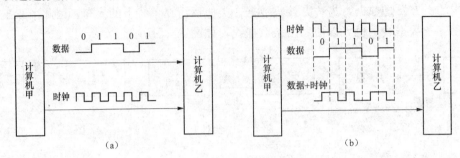

图 7-6　同步通信
(a) 数据与时钟分开；(b) 数据与时钟合并

4. 串行通信的传送速率

传送速率用于说明数据传送的快慢。在串行通信中，数据是按位进行传送的，因此传送速率用每秒钟传送格式位的数目来表示，称之为波特率（baud rate）。每秒传送一个格式位就是 1 波特，即：1baud＝1bit/s（位/秒）。国际上规定一个标准的波特率系列是 110，300，600，1200，1800，2400，4800，9600，19200。异步通信允许发送方和接收方的时钟误差或波特率误差在 2%～3% 之间。

在串行通信中，格式位的发送和接收分别由发送时钟脉冲和接收时钟脉冲进行定时控制。时钟频率高，则波特率也高，通信速度就快；反之，时钟频率低，则波特率也低，通信速度就慢。串行通信可以使用的标准波特率在 RS-232C 标准中已有规定，使用时应根据速度需要、线路质量以及设备情况等因素选定。波特率选定之后，对于设计者来说，就是如何得到能满足波特率要求的发送时钟脉冲和接收时钟脉冲。

二、RS-232C 总线标准

串行通信使用 RS-232C 标准，它是美国电子工业协会（Electronic Industry Asso-cia-tion）的推荐标准，现已在全世界的范围广泛采用。RS-232C 实际上是串行通信的总线标准。

1. RS-232C 信号引脚定义

该总线标准定义了 25 条信号线，使用 25 个引脚的连接器，各引脚的定义见表 7-1。

2. RS-232C 主要串行通信信号

RS-232C 标准中的许多信号是为通信业务联系或信息控制而定义的，在计算机串行通信中主要使用如下信号：

（1）数据传送信号：发送数据（TXD），接收数据（RXD）。

（2）调制解调器控制信号：请求发送（RTS），清除发送（CTS），数据通信设备准备就绪（DSR），数据终端设备准备就绪（DTR）。

（3）定位信号：接收时钟（RXC），发送时钟（TXC）。

（4）信号地（SG）和保护地（PG）。

表 7-1   **RS-232C 信号引脚**

引脚	定义	引脚	定义
1	保护地（PG）	14	辅助通道发送数据
2	发送数据（TXD）	15	发送时钟（TXC）
3	接收数据（RXD）	16	辅助通道接收数据
4	请求发送（RTS）	17	接收时钟（RXC）
5	清除发送（CTS）	18	未定义
6	数据通信设备准备就绪（DSR）	19	辅助通道请求发送
7	信号地（SG）	20	数据终端准备就绪（DTR）
8	接收线路信号检测（DCD）	21	信号质量控制
9	接收线路建立检测	22	音响指示
10	线路建立检测	23	数据信号速率选择
11	未定义	24	发送时钟
12	辅助通道接收线信号检测	25	未定义
13	辅助通道清除发送		

3. RS-232C 的其他规定

除信号定义外，RS-232C 标准的其他规定还有：

（1）RS-232C 是一种电压型总线标准，以不同极性的电压表示逻辑值：

-3 V～-15 V 表示逻辑"1"（mark）

+3 V～+15 V 表示逻辑"0"（space）

（2）标准数据传送速率有 50、75、110、150、300、600、1200、2400、4800、9600、19200 波特等。

（3）采用标准的 25 芯插头座（DB-25）进行连接，因此该插头座也称之为 RS-232C 连接器。

三、串行端口电路

串行数据通信主要有两个技术问题，一个是数据传送，另一个则是数据转换。数据传送主要解决传送中的标准、格式及工作方式等问题。这些内容已在前面叙述过了。

所谓数据转换是指数据的串并行转换。因为在计算机中使用的数据都是并行数据，因此在发送端，要将并行数据转换为串行数据；而在接收端，却要将接收到的串行数据转换为并行数据。

数据转换由串行端口电路实现，这种电路也称之为通用异步接收发送器（Universal Asynchronous Receiver/Transmitter UART）。从原理上说，一个 UART 应包括发送器电路、接收器电路和控制电路等内容。其主要功能有：

1. 数据的串行化/反串行化

所谓串行化处理就是将并行数据格式变换为串行数据格式，即按帧格式要求将格式信息（起始位、奇偶位和停止位）插入，和数据位一起构成串行数据的位串，然后进行串行数据传送。在 UART 中，完成数据串行化的电路叫发送器。

所谓反串行化就是将串行数据格式变换为并行数据格式，即将帧中的格式信息滤除而保留数据位。在 UART 中，实现数据反串行化处理的电路称为接收器。

2. 错误检验

错误检验的目的在于检验数据通信过程是否正确。在串行通信中可能出现的错误包括奇偶错和帧错等。

注意，要完成串行数据通信，仅有硬件电路还不够，还需要有软件的配合。

第二节　AT89S51 单片机的串行端口及控制寄存器

在单片机芯片中，UART 已集成在其中，作为其组成部分，构成一个串行端口。MC5-51 系列单片机的串行端口是全双工的，这个端口既可以用于网络通信，也可以实现串行异步通信，还可以作为同步移位寄存器使用。

在串行端口中可供用户使用的是它的寄存器，因此其寄存器结构对用户来说十分重要。

一、串行端口寄存器结构

AT89S51 单片机串行端口中寄存器的基本结构如图 7-7 所示。图中共有两个串行端口的缓冲寄存器（SBUF），一个是发送寄存器，一个是接收寄存器，以便 AT89S51 能以全双工方式进行通信。串行发送时，从片内总线向发送 SBUF 写入数据；串行接收时，从接收 SBUF 向片内总线读出数据。它们都是可寻址的寄存器，但因为发送与接收不能同时进行，所以给这两个寄存器赋以同一地址（99H）。详见表 2-3，这两个寄存器以"串行数据缓冲寄存器"的名称列出。

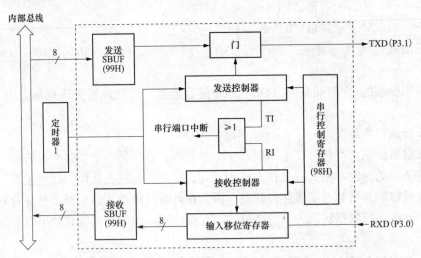

图 7-7　AT89S51 串行端口寄存器结构

在接收方式下，串行数据通过引脚 RXD（P3.0）进入。由于在接收寄存器之前还有移位寄存器，从而构成了串行接收的双缓冲结构，以避免在数据接收过程中出现帧重叠错误，即在下一帧数据来时，前一帧数据还没有读走。

在发送方式下，串行数据通过引脚 TXD（P3.1）送出。与接收数据情况不同，发送数据时，由于 CPU 是主动的，不会发生帧重叠错误，因此发送电路就不需双重缓冲结构，这样可以提高数据发送速度。

二、串行通信控制寄存器

与串行通信有关的拉制寄存器共有 3 个。

1. 串行控制寄存器 SCON

SCON 是 AT89S51 的一个可位寻址的专用寄存器，用于串行数据通信的控制。单元地址 98H，位地址 9FH～98H。寄存器内容及位地址表示如下：

位地址	9FH	9EH	9DH	9CH	9BH	9AH	99H	98H
位符号	SM 0	SM 1	SM 2	REN	TB 8	RB 8	TI	RI

各位功能说明如下：

（1）SM0、SM1，串行端口工作方式选择位。其状态组合所对应的工作方式见表 7-2。

表 7-2　　　　　　　　　　　　　　串行端口的工作方式选择

SM0	SM1	工作方式	功能描述	波特率
0	0	0	8 位同步移位寄存器方式	$f_{osc}/12$
0	1	1	10 位 UART	可变，由定时器控制
1	0	2	11 位 UART	$f_{osc}/32$ 或 $f_{osc}/64$
1	1	3	11 位 UART	可变，由定时器控制

（2）SM2，多机通信拉制位。因多机通信是在方式 2 和方式 3 下进行，因此 SM2 位主要用于方式 2 和方式 3。当串行端口以方式 2 或方式 3 接收时，如 SM2 ＝1，则只有当接收到的第 9 位数据（RB8）为"1"，才将接收到的前 8 位数据送入 SBUF，并置位 RI 产生中断请求；否则，将接收到的前 8 位数据丢弃。而当 SM2＝0 时，则不论第 9 位数据为"0"还是为"1"，都将前 8 位数据装入 SBUF 中，并产生中断请求。在方式 0 时，SM2 必须为"0"。

（3）REN，允许接收位。REN 位用于对串行数据的接收进行控制：

REN ＝ 0 禁止接收，REN ＝ 1 允许接收；该位由软件置位或复位。

（4）TB8，发送数据位 8。在方式 2 和方式 3 时，TB8 的内容是要发送的第 9 位数据，其值由用户通过软件设置。在双机通信时 TB8 一般作为奇偶校验位使用；在多机通信中，常以 TB8 位的状态表示主机发送的是地址帧还是数据帧，且一般约定：TB8 ＝ 0 为数据帧，TB8＝1 为地址帧。

（5）RB8，接收数据位 8。在方式 2 或方式 3 时，RB8 存放接收到的第 9 位数据，代表着接收数据的某种特征（与 TB8 的功能类似），故应根据其状态对接收数据进行操作。

（6）TI，发送中断标志。当方式 0 时，发送完第 8 位数据后，该位由硬件置位。在其他方式下，于发送停止位之前，由硬件置位。因此 TI ＝ 1，表示帧发送结束，其状态既可供软件查询使用，也可请求中断。TI 位由软件清"0"。

（7）RI，接收中断标志。当方式 0 时，接收完第 8 位数据后，该位由硬件置位。在其他方式下，当接收到停止位时，该位由硬件置位。因此 RI ＝ 1，表示帧接收结束。其状态既可供软件查询使用，也可以请求中断。RI 位由软件清"0"。

2. 电源控制寄存器 PCON

PCON 主要是为 CHMOS 型单片机 80C51 的电源控制而设置的专用寄存器。单元地址为 87H，其内容如下：

位序	D7	D6	D5	D4	D3	D2	D1	D0
位符号	SMOD	/	/		GF1	GF0	PD	ID

在 HMOS 的单片机中，该寄存器中除最高位之外，其他位都没有定义。最高位（SMOD）是串行端口波特率的倍增位，当 SMOD＝1 时，串行端口波特率加倍。系统复位时 SMOD＝0。

PCON 寄存器不能进行位寻址，因此表中写了"位序"而不是"位地址"。

3. 中断允许寄存器 IE

IE 各位定义如下：

位地址	0AFH	0AEH	0ADH	0ACH	0ABH	0AAH	0A9H	0A8H
位符号	EA	/	ET2	ES	ET1	EX1	ET0	EX0

其中：ES 为串行中断允许位；当 ES＝0 时，禁止串行中断；当 ES＝1 时，允许串行中断。

第三节　AT89S51 单片机串行通信工作方式

由表 7-2 可知，方式 0 和方式 2 的波特率是固定的，而方式 1 和方式 3 的波特率是可变的，其值由定时器 T1 的溢出率控制。下面分别介绍各种工作方式。

一、串行工作方式 0（8 位同步移位寄存器方式）

在方式 0 下，串行端口作为同步移位寄存器使用，这时 TXD（P3.1）端输出频率为 $f_{osc}/12$ 的同步移位时钟脉冲，RXD（P3.0）作为数据输入或输出端。移位数据的发送和接收以 8 位为一帧，低位在前高位在后。其格式为：

…	D0	D1	D2	D3	D4	D5	D6	D7	…

使用方式 0 实现数据的移位输入输出时，实际上是把串行端口变成为并行端口使用。串行端口作为并行输出端口使用时，要有"串入并出"的移位寄存器（例如 CD4094 或 74LS164、74HC164 等）配合。其电路连接如图 7-10 所示。

发送：数据写入串行端口数据缓冲寄存器 SBUF，启动发送，然后单片机的 TXD 端输出同步移位时钟脉冲，串行端口 RXD 端数据在 TXD 输出的同步时钟脉冲控制下逐位移入 CD4094。当 8 位数据全部移出后，SCON 寄存器的发送中断标志 TI 被自动置"1"。其后主程序就可以中断或查询的方法，通过设置 STB 状态的控制，将 CD4094 的内容并行输出。方式 0 发送时序如图 7-8 所示。

如果将能实现"并入串出"功能的移位寄存器（例如 CD4014 或 74LS165、74HC165 等）与串行端口配合使用，就可以把串行端口变为并行输入端口使用。如图 7-11 所示，CD4014 移出的串行数据同样经 RXD 端串行输入，由 TXD 端提供移位时钟脉冲。8 位数据串行接收需要有允许接收的控制，具体由 SCON 寄存器的 REN 位实现。REN＝0，禁止接收；REN＝1，允许接收。当软件置位 REN 时，即开始从 RXD 端输入数据（低位在前），当接收到 8 位数据时，置位接收中断标志 RI。方式 0 接收时序如图 7-9 所示。

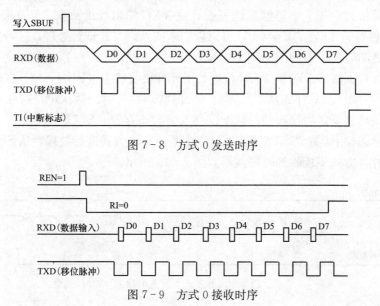

图 7-8　方式 0 发送时序

图 7-9　方式 0 接收时序

方式 0 时，移位操作（串入或串出）的波特率是固定的，为单片机晶振频率的 1/12。如晶振频率以 f_{OSC} 表示，则波特率为 $f_{OSC}/12$。按此波特率也就是一个机器周期进行一次移位，如 $f_{OSC}=6\text{MHz}$，则波特率为 500bit/s，即 $2\mu s$ 移位一次。如 $f_{OSC}=12\,\text{MHz}$，则波特率为 1Mbit/s，即 $1\mu s$ 移位一次。

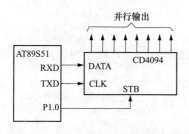

图 7-10　串行端口和 CD4094 配合

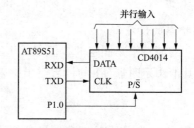

图 7-11　串行端口和 CD4014 配合

在使用时要注意 SM2 的状态必须为"0"。如采用中断方法，系统同样不能自动清除 TI 和 RI 状态，需要用户软件复位。

此外，串行端口的并行 I/O 扩展功能还常用于 LED 显示器接口电路，但这种应用有时受速度的限制。

二、串行工作方式 1（10 位通用异步收发方式）

方式 1 是 10 位为一帧的异步串行通信方式，共包括 1 个起始位、8 个数据位和 1 个停止位。其帧格式为：

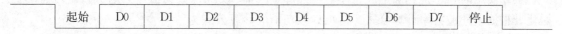

起始	D0	D1	D2	D3	D4	D5	D6	D7	停止

1. 数据发送与接收

发送：将发送数据写入 SBUF，启动发送。随后在单片机内部移位脉冲的作用下，由

TXD 端串行输出一帧 10 位数据，其中起始位和停止位由硬件自动加入，加上 8 位数据，构成一个完整的帧格式。一个字符帧发送完后，使 TXD 输出线维持在"1"（mark）状态下，并将 SCON 寄存器的 TI 置"1"，CPU 可以以中断或查询方式进行处理，接着发送下一个字符。方式 1 发送的时序波形如图 7 - 12 所示。

接收：接收数据时 SCON 的 REN 位应处于允许接收状态（REN=1）。在此前提下，串行端口采样 RXD 端。当采样到从"1"向"0"的状态跳变时，就认定是接收到起始位。随后在移位脉冲的控制下，将接收到的数据位移入接收寄存器（SBUF）中。直到停止位到来之后置位中断标志位 RI 为"1"，CPU 可以以中断或查询方式进行处理，从 SBUF 取走接收到的数据并保存。方式 1 接收的时序波形如图 7 - 13 所示。

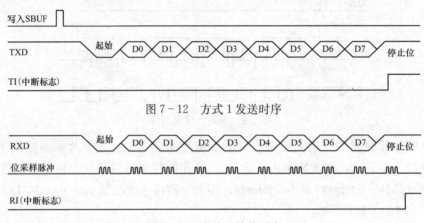

图 7 - 12　方式 1 发送时序

图 7 - 13　方式 1 接收时序

2. 波特率的设定

方式 0 的波特率是固定的，但方式 1 的波特率则是可变的，以定时器 T1 作波特率发生器使用，其值由定时器 T1 的计数溢出率来决定，其公式为

$$波特率 = \frac{2^{SMOD}}{32} \times 定时器\ T1\ 溢出率$$

其中 SMOD 为 PCON 寄存器最高位的值，其值为 1 或 0。

当定时器 T1 作波特率发生器使用时，选用工作方式 2（即 8 位自动加载方式）。定时器之所以选择工作方式 2，是因为方式 2 具有自动加载功能，可避免通过程序反复装入初值所引起的定时误差，使波特率更加稳定。假定计数初值为 X，则计数溢出周期为

$$\frac{12}{f_{OSC}} \times (256 - X)$$

溢出率为溢出周期的倒数。则波特率计算公式为

$$波特率 = \frac{2^{SMOD}}{32} \times \frac{f_{OSC}}{12 \times (256 - X)}$$

实际使用时，总是先确定波特率，再计算定时器 T1 的计数初值，然后进行定时器的初始化。根据上述波特率计算公式，得出计数初值的计算公式为

$$X = 256 - \frac{f_{OSC} \times (2^{SMOD})}{384 \times 波特率}$$

以 T1 作波特率发生器是由系统决定的，硬件电路已经接好，无需用户在硬件上再做什

么工作。用户需要做的只是根据通信所要求的波特率计算出定时器 T1 的计数初值，以便在程序中设置。

三、串行工作方式 2（11 位通用异步收发方式）

在方式 2 下，字符还是 8 个数据位，只不过增加了一个第 9 个数据位（D8），而且其功能由用户确定，是一个可编程位。其帧格式为：

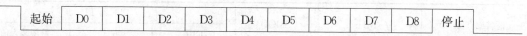

| 起始 | D0 | D1 | D2 | D3 | D4 | D5 | D6 | D7 | D8 | 停止 |

在发送数据时，应预先在 SCON 的 TB8 位中把第 9 个数据位的内容准备好。在双机通信时 TB8 一般作为奇偶校验位使用；在多机通信中，TB8 位表示主机发送的是地址帧还是数据帧：TB8 = 0 为数据帧，TB8＝1 为地址帧。

发送：发送数据写入 SBUF 后，启动发送，然后在单片机内部时钟的控制下，串行端口的 TXD 端按照上述 11 位帧格式输出串行数据进行发送，低位在前，高位在后，而 D8 位的内容则由硬件电路从 TB8 提供。一个字符帧发送完毕后，将 TI 置 "1"，其他过程与方式 1 相同。方式 2 发送数据的时序如图 7-14 所示。

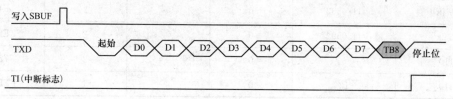

图 7-14 方式 2 发送时序

方式 2 的接收过程也与方式 1 基本类似，所不同的只在第 9 数据位上，串行端口将接收到的前 8 个数据位送入 SBUF，而将第 9 数据位送入 RB8。方式 2 接收数据的时序如图 7-15 所示。

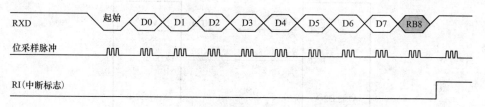

图 7-15 方式 2 的接收时序

方式 2 的波特率是固定的，且有两种：一种是晶振频率的 1/32（$f_{osc}/32$），另一种是晶振频率的 1/64（$f_{osc}/64$）。如用公式表示则为

$$波特率 = \frac{2^{SMOD}}{64} \times f_{osc}$$

即与 PCON 寄存器中 SMOD 位的值有关。当 SMOD＝0 时，波特率为 $f_{osc}/64$；当 SMOD＝1 时，波特率为 $f_{osc}/32$。

四、串行工作方式 3（11 位通用异步收发方式）

方式 3 同样是 11 位为一帧的串行通信方式，其通信过程与方式 2 完全相同，所不同的仅在于波特率。方式 2 的波特率只有固定的两种，而方式 3 的波特率则可由用户根据需要设定。其设定方法与方式 1 相同，即通过设置定时器 T1 的初值来设定波特率。方式 3 的波特

率计算式为

$$波特率＝(2^{SMOD}/32)×定时器\ T1\ 的溢出率$$

五、常用的波特率及计算器初值

常用的波特率及计算初值见表 7 - 3。

表 7 - 3　　　　　　　　　常用的波特率及计算初值

波特率（bit/s）	f（MHz）	SMOD	定时器 T1		
			C/$\overline{T}$	方式	重新装入值
方式 0：1M	12	×	×	×	×
方式 2：375k	12	1	×	×	×
方式 1、3：62.5k	12	1	0	2	FFH
19.2k	11.0592	1	0	2	FDH
9.6k	11.0592	0	0	2	FDH
4.8k	11.0592	0	0	2	FAH
2.4k	11.0592	0	0	2	F4H
1.2k	11.0592	0	0	2	E8H
110	6	0	0	2	72H
110	12	0	0	1	FEEBH

六、两台单片机通信硬件电路连接

单片机与单片机间的串行异步通信接口主要有直接通信、RS - 232C 串行通信、RS - 485 串行通信，如图 7 - 16～图 7 - 18 所示。

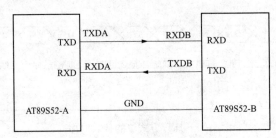

图 7 - 16　两台 AT89S52 直接通信

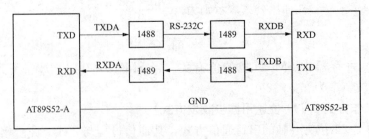

图 7 - 17　两台 AT89S52 采用 RS - 232C 总线通信

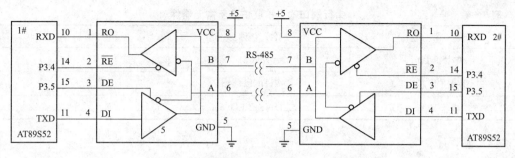

图 7-18 两台 AT89S52 采用 RS-485 总线通信

第四节 串行端口通信实例

在进行串行端口通信编程时，通常要对串行端口进行初始化设置，考虑到一般通用情况，其初始化步骤包括以下五步：

（1）设置串行端口的工作方式，写 SCON 寄存器；

（2）设置是否允许串行中断，写 IE 寄存器；

（3）确定定时器 T1 的工作方式，设置 TMOD 寄存器；

（4）设置定时器 T1 的初值，TH1 和 TL1；

（5）启动定时器 T1，TR1。

一、串行端口输出扩展

【例 7-1】 单片机晶振为 12MHz，通过串行端口方式 0 将数据发送给 74HC164 实现串并转换，实现八个发光二极管的流水灯显示。试编写程序，并通过 Proteus 仿真。

解 74HC164 是串并转换芯片，将串行输入数据转换为并行输出，其 1、2 引脚为串行数据输入端，8 引脚 CLK 为时钟输入端，9 引脚为复位端，低电平有效，正常工作是为高电平。

（1）硬件设计。硬件设计如图 7-19 所示，所需元器件见表 7-4。

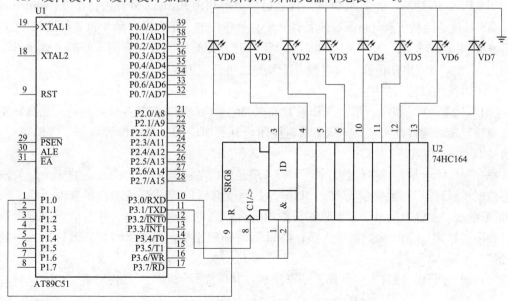

图 7-19 串行端口方式 0 输出 74HC164 串并转换电路

表 7-4　　　　　　　　　　　串行端口输出扩展仿真所需元器件

元 器 件	名　　称	描　　述
单片机 U1	AT89C51	
串入并出扩展芯片 U2	74HC164	
发光二极管 VD0~VD7	LED-YELLOW	黄色发光二极管

（2）源程序。

```
/* * * * * * 74HC164* 输出* 中断* * * * * * /
# include< reg51.h>
sbit CLR=P1^0;
unsigned char led[8]={0x01,0x02,0x04,0x08,0x10,0x20,0x40,0x80};
void delay(int N) //延时时间 Nms@ 晶振 12MHz
{ unsigned char i; while(N-- )  for(i=0;i<123;i++ );}
void main()
{  unsigned char j=0;
  SCON=0x00;                                      //串行端口方式 0
  EA=1;                                           //允许中断
  ES=1;  CLR=1;
  while(1)
  {   for(j=0;j<8;j++ )  {
    SBUF=led[j]; delay(300);                       //方式 0 依次发送各个数据
  }  }}
void uart()interrupt 4
{  TI=0;}                                         //中断标志位清零
```

（3）Proteus 仿真。经 Keil 软件编译通过后，可利用 Proteus 软件进行仿真。在 Proteus ISIS 编辑环境中绘制仿真电路图，或者打开配套资料中的"**第七章　单片机串行通信/例 7-1 串口输出 74HC164 扩展**"文件夹内的"**164.DSN**"仿真原理图文件，将编译好的"*.hex"文件加入 AT89C51。启动仿真，可看到 8 个发光二极管实现流水灯显示。

二、串行端口输入扩展

【例 7-2】　单片机串行端口工作于方式 0，通过 74LS165 扩展 8 位并行输入端口，要求从 8 位并行输入端口读入开关的状态值，使闭合开关对应的发光二极管点亮。试编写程序，并通过 Proteus 仿真。

解　74LS165 是并转串移位芯片。D0~D7 是并行数据输入端，接对应的 8 个开关输入状态数据；SO 是串行数据输出端；$\overline{QH}$串行数据反向输出端；SI 是串行扩展输入端；$SH/\overline{LD}$是控制端，设置为低电平时接收并行数据输入，高电平时禁止输入并行数据，进行数据移位和串行转换；CLK 为数据输入端；INH 为时钟禁止端，高电平时禁止时钟输入，低电平允许时钟输入。

（1）硬件设计。硬件电路如图 7-20 所示，其仿真所需主要元器件见表 7-5。

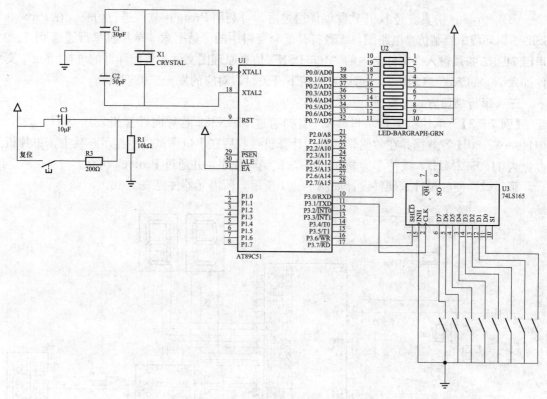

图 7-20 串行端口输入扩展电路原理图

表 7-5 串行端口输出扩展仿真所需元器件

元 器 件	名 称	描 述
单片机 U1	AT89C51	
并入传出扩展芯片 U3	74LS165	
发光二极管显示组件 U2	LED - BARGRAPH - GRN	
开关	SWITCH	

（2）源程序。

```
# include< reg51. h>
sbit SH_LD=P3^7;
unsigned char data1;
void delay (int N) {  unsigned char i;   while (N-- )   for (i=0; i<120; i++ );   }
void main ()
{    SCON= 0x10;     EA=1;     ES=1;     SH_LD=0;     SH_LD=1;
    while(1);
}
void uart() interrupt 4{
   REN=0;   RI=0;
   P2=SBUF;     SH_LD=0;     SH_LD=1;     REN=1;
}
```

（3）Proteus 仿真。经 Keil 软件编译通过后，可利用 Proteus 软件进行仿真。在 Proteus ISIS 编辑环境中绘制仿真电路图，或者打开配套资料中的"**第七章　单片机串行通信/例 7 - 2 串口 74ls165 扩展输入**"文件夹内的"165. DSN"仿真原理图文件。将编译好的"* . hex"文件加入 AT89C51。启动仿真，可以看到按下开关时，对应的发光二极管点亮。

三、串行端口方式 1 发送

【例 7 - 3】 单片机串行端口 TXD 引脚通过 MAX232 芯片向计算机发送 01H、02H、04H、…、80H 等数据并在数码管显示，计算机接收后在串口调试助手显示。其中，单片机晶振为 11.0592MHz，波特率为 9600bit/s。试编写程序，并通过 Proteus 仿真。

解　（1）硬件设计。硬件设计如图 7 - 21 所示，所需元器件见表 7 - 6。

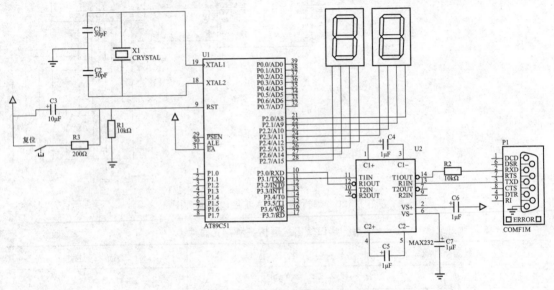

图 7 - 21　串行端口输出扩展硬件电路图

表 7 - 6　　　　　　　　　　　串行端口方式 1 单工通信仿真所需元器件

元　器　件	名　　称	描　　述
单片机 U1	AT89C51	—
RS232 芯片 U2	MAX232	—
BCD 数码管	7SEG - BCD - GRN	
COM 端口 P1	COMPIM	—
极性电容 C4～C6	GENELECT1U63V	1μF（63V）

（2）源程序。

```
# include< reg51. h>
void init()
{   SCON= 0x40;                          //串行端口方式 1
    EA= 1;                              //允许中断
    ES= 1;                              //允许中断
    TMOD= 0x20;                         //T1 方式 2
```

```
    TH1=0xfd;                                          //T1 计数初值
    TL1=0xfd;                                          //T1 计数初值
    TR1=1;                                             //启动 T1
}
void delay(int N){  unsigned char i;  while(N-- ) for(i=0;i<120;i++ );}
void main()
{    unsigned char i,temp;
    init();                                            //串行端口初始化子程序
    while(1){
     for(i=0;i<8;i++ ) {
      temp=0x01<<i;                                    //发送数据
      SBUF=temp;                                       //启动发送
      P2=temp;                                         //发送数据显示
      delay(200); }        }
}
void uart() interrupt 4
{  TI=0; }
```

（3）Proteus 仿真。经 Keil 软件编译通过后，可利用 Proteus 软件进行仿真。在 Proteus ISIS 编辑环境中绘制仿真电路图，或者打开配套资料中的"**第七章 单片机串行通信/例 7-3 串口方式 1 发送**"文件夹内的"**发送.DSN**"仿真原理图文件。将编译好的"* . hex"文件加入 AT89C51。启动仿真，如图 7-22 所示，计算机依次接收单片机发送的数据。

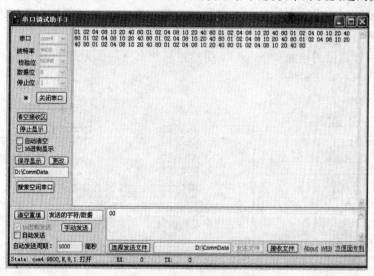

图 7-22 计算机通过串行端口调试助手显示接收数据

四、串行端口方式 1 接收

【例 7-4】 单片机串行端口 RXD 引脚通过 MAX232 芯片接收计算机发送的数据并在数码管显示，计算机通过串行端口调试助手发送数据。其中，单片机晶振为 11.0592MHz，波特率为 9600bit/s。试编写程序，并通过 Proteus 仿真。

解 （1）硬件设计。硬件电路如图 7-21 所示，所需元器件见表 7-6。

（2）源程序。

```c
# include< reg51. h>
unsigned char data1;
void main(){
    SCON= 0x50;                                      //串行端口方式 1 接收
    EA=1;  ES=1;  TMOD=0x20;  TH1=0xfd;  TL1=0xfd;  TR1=1;  while(1);
}
void uart() interrupt 4
{  RI=0;  data1=SBUF;                               //接收数据暂存
    P2=data1;                                        //显示接收数据
}
```

（3）Proteus 仿真。经 Keil 软件编译通过后，可利用 Proteus 软件进行仿真。在 Proteus ISIS 编辑环境中绘制仿真电路图，或者打开配套资料中的"**第七章　单片机串行通信/例 7 - 4 串口方式 1 接收**"文件夹内的"**接收 . DSN**"仿真原理图文件。将编译好的"* . hex"文件加入 AT89C51。然后启动仿真，观察仿真效果，接收数据通过两位 BCD 数码管显示。

五、串行端口方式 3 发送和接收

【例 7 - 5】　单片机 U2 通过其串行端口向单片机 U1 发送一串数据 1、2、…、16，单片机 U1 接收数据后进行偶校验，校验无误后通过数码管显示，并保存在片内 RAM 40H 开始的存储器空间。两个单片机晶振均为 11.0592MHz，波特率 9600bit/s，试编写程序，并通过 Proteus 仿真。

解　单片机串行口方式 3 比方式 1 多了一个可编程位 TB8，该位用作奇偶校验位。接收到的 8 位二进制数据有可能出错，需要进行偶校验。其方法是将单片机 U1 的 RB8 和 PSW 的奇偶校验位进行比较。如果相同，接收数据；否则，拒绝接收。

（1）硬件设计。硬件电路如图 7 - 23 所示，其仿真所需元器件见表 7 - 7。

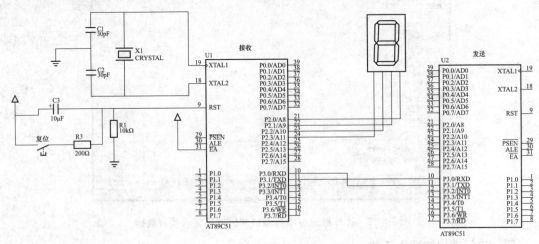

图 7 - 23　方式 3 发送和接收电路原理图

表 7 - 7　　　　　　　　　单片机向计算机发送数据仿真所需元器件

元 器 件	名　称	描　述
单片机 U1、U2	AT89C51	—
BCD 数码管	7SEG - BCD - GRN	—

（2）源程序。

1）发送程序：

```c
/* * * * * * * 串口方式 3 发送 (中断) * * * * * * * * /
# include<reg51.h>
unsigned char i=0;
unsigned char table[16]={1,2,3,4,5,6,7,8,9,10,11,12,13,14,15,16};
void delay(int N){ unsigned char i;  while(N-- ) for(i=0;i<120;i++ );  }
void main()
{
    SCON=0xc0;                            //串行端口方式 3
    EA=1;    ES=1;    TMOD=0x20;
    TH1=0xfd;    TL1=0xfd;    TR1=1;
    ACC=table[i];                         //第一个发送数据送 ACC
    TB8=P;                                //由 PSW 的最低位 P 产生 TB8
    SBUF=ACC;                             //发送第一个数据
    while(1);
}
void uart() interrupt 4
{  TI=0;   ACC=table[++ i];              //修改发送数据并产生标志位
   TB8=P;  SBUF=ACC;  delay(300);
   if(i==16)       ES=0;                 //16 个数据发送完成,禁止中断
}
```

2）接收程序：

```c
/* * * * * * * 串口方式 3 接收 (查询) * * * * * * * * /
# include<reg51.h>
unsigned char i=0;
unsigned char table[16] _at_ 0x40;
void main()
{    SCON=0xD0;                          //方式 3 允许接收
    EA=1;    ES=0;                       //查询方式接收
    TMOD=0x20;    TH1=0xfd;    TL1=0xfd;    TR1=1;
    for(i=0;i<16;i++ )
    {
    while(!RI); RI=0;
    ACC=SBUF;                            //准备产生接收数据标志位
    if(RB8==P) {                         //接收数据校验正确
      table[i]=ACC;                      //保存接收数据
      P2=ACC;      }                     //接收数据显示
    else                                 //接收数据校验不正确
    {    F0=1;                           //置位标志位
      break;                             //拒绝接收
    }
    }
    while(1);}
```

（3）Proteus 仿真。经 Keil 软件编译通过后，可利用 Proteus 软件进行仿真。在 Proteus ISIS 编辑环境中绘制仿真电路图，或者打开配套资料中的"**第七章　单片机串行通信/例 7-5 串口方式 3 发送和接收**"文件夹内的"**发送和接收电路.DSN**"仿真原理图文件。将编译好的发送和接收程序编译"***.hex**"文件分别加入发送和接收 AT89C51。然后启动仿真，单片机发送和接收的 16 个数据通过 BCD 数码管显示。

六、单片机接收计算机发送的数据

【**例 7-6**】　单片机 U1 接收计算机发送来的数据后，并送 P1 端口显示，试编写程序，并通过 Proteus 仿真。

解　（1）硬件设计。硬件电路如图 7-24 所示，其仿真所需元器件见表 7-8。

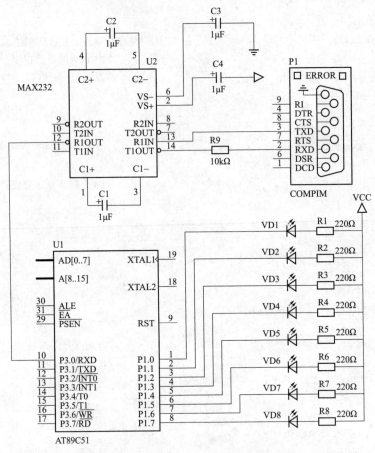

图 7-24　单片机接收计算机发送的数据电路原理图

表 7-8　　　　　　　　　串行端口方式 1 单工通信电路仿真所需元器件

元　器　件	名　　称	描　　述
单片机 U1	AT89C51	—
RS232 芯片	MAX232	—
电阻 R9	MINRES10K	10kΩ（0.6W）
电阻 R1~R8	3WATT220R	

续表

元 器 件	名 称	描 述
COM 接口 P1	COMPIM	—
电容 C1~C4	GENELECT1U63V	$1\mu F$ （63V）

（2）源程序

```
# include< reg51. h>            //包含单片机寄存器的头文件
unsigned char Receive(void)     //接收一个字节数据
{
  unsigned char dat;
  while(RI= = 0)                //只要接收中断标志位 RI 没有被置"1
      ;                         //等待,直至接收完毕(RI= 1)
    RI= 0;                      //为了接收下一帧数据,需将 RI 清 0
    dat= SBUF;                  //将接收缓冲器中的数据存于 dat
    return dat;
}
void main(void)
{
  TMOD= 0x20;                   //定时器 T1 工作于方式 2
  SCON= 0x50;                   //SCON= 0101 0000B,串行端口工作方式 1,允许接收(REN= 1)
  PCON= 0x00;                   //PCON= 0000 0000B,波特率 9600
  TH1= 0xfd;                    //根据规定给定时器 T1 赋初值
  TL1= 0xfd;                    //根据规定给定时器 T1 赋初值
  TR1= 1;                       //启动定时器 T1
  REN= 1;                       //允许接收
  while(1)  {     P1= Receive();}  //将接收到的数据送 P1 端口显示
}
```

（3）Proteus 仿真。经 Keil 软件编译通过后，然后可利用串行端口调试助手 ScomAssistant V2.1 软件向单片机发送数据。串口调试助手设置如图 7－25 所示。

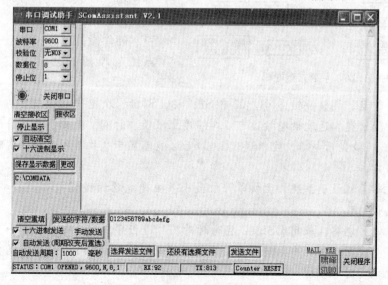

图 7－25 观察模拟结果

项 目 四　　基于 RS‑485 的无线遥控温度控制系统设计

一、设计任务和要求

（1）采用 DS18B20 数字温度传感器对两处进行温度的实时测量，通过 LCD1602 进行显示，并通过 RS‑485 总线上传到主机。

（2）当温度超过设定值时能够报警，同时启动相关降温设备。

（3）主机通过按键和无线遥控能够对温度报警上限值及时间进行设置。

（4）能够对重要数据进行保存。

二、设计方案

主机和从机选用 STC89C52 单片机，通过 RS‑485 总线进行数据通信。主机采用 LCD2002 显示各从机的温度和当前时间，根据按键或无线遥控的输入命令对控制温度上限值、温度报警值和时间进行设置，并通过 RS‑485 总线传递温度报警值给从机和读取从机温度。从机通过 DS18B20 采集现场温度，利用 LCD1602 进行显示，通过 RS‑485 总线接收温度报警值，同时上传温度检测值给主机。

整个系统主要分 3 大块（主机、从机 1 和从机 2）和十二个模块。①主机键盘部分，用来实现输入和设定温度等工作；②主机 LCD1602 显示电路；③主机单片机最小系统；④主机时钟电路；⑤主机存储电路；⑥主机继电器输出控制电路；⑦主机蜂鸣器报警电路；⑧主机 RS‑485 通信部分；⑨从机 RS‑485 通信部分；⑩从机单片机最小系统；⑪从机 LCD1602 显示部分；⑫从机温度检测电路。从机 1 和从机 2 硬件电路一样，都包括第 9 模块到第 12 模块。整个系统方案如图 7‑26 所示。

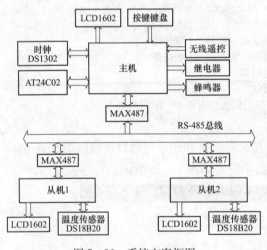

图 7‑26　系统方案框图

三、硬件设计

系统原理图如图 7‑27 和图 7‑28 所示。

（1）主机键盘。调整按键 8 个，其中 S2、S3、S4 和 S5 是手动按键，分别为设置键、加键、减键、退出键。通过调整按键可以对温度上限值、时间、星期、年月日的调整状态。

（2）主机 LCD 显示电路。主机通过 LCD1602 液晶显示从机 1 和从机 2 实时采集的温度值、时间和日期。

（3）主机单片机最小系统。主机单片机最小系统是电路的控制中心，主要包括单片机、时钟电路和复位电路。

（4）主机时钟电路。采用 DS1302 实时时钟芯片进行年、月、日、时、分、秒刷新。可以通过按键调整时间，并具有系统掉电后启用备用电池向 DS1302 继续供电的功能，使用户不必每次上电调整时间。

（5）主机存储电路。AT24C02 用于存储用户设定的温度上限值和其他重要数据。

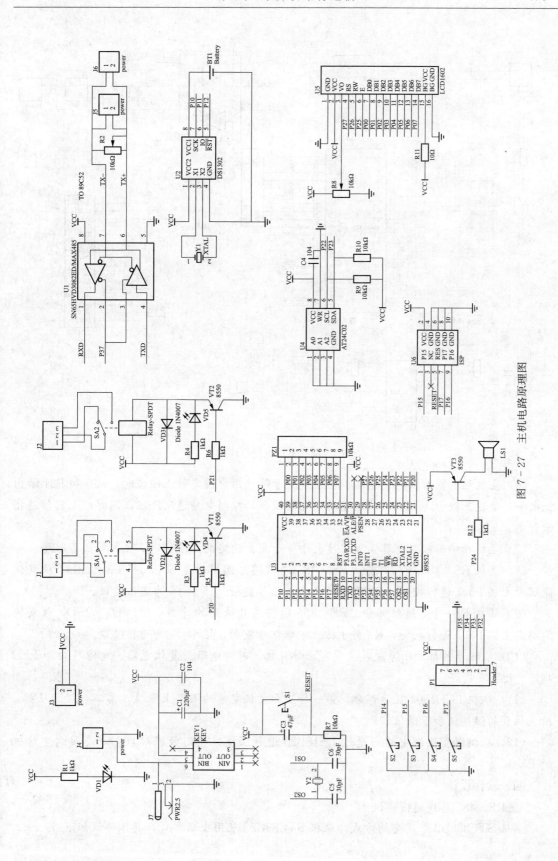

图 7 - 27 主机电路原理图

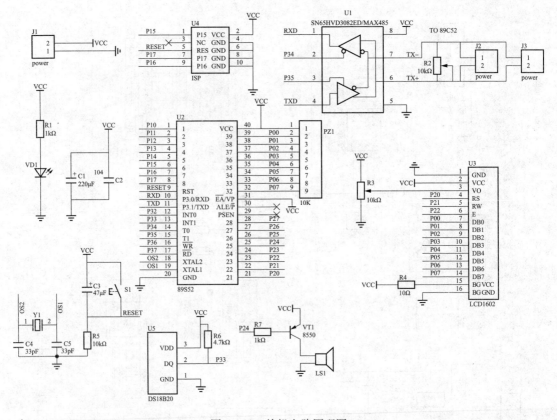

图 7-28　从机电路原理图

（6）主机继电器输出控制电路。当温度大于等于用户设定的上限值时，P20 和 P21 输出低电平，通过三极管 VT1 和 VT2 驱动继电器吸合，控制电扇通风降温，同时继电器接通指示灯亮。

（7）主机蜂鸣器报警电路。当温度大于等于用户设定的上限值时，主机蜂鸣器报警。

（8）主机 RS-485 通信部分。RS-485 通信芯片选用的是 SN65HVD3082ED，收发使能端由主机 P3.7 进行控制，R2 用于防止末端信号发射，J5 和 J6 为通信接口。

（9）从机 RS-485 通信部分。RS-485 通信芯片选用的是 SN65HVD3082ED，收发使能端由主机 P3.7 进行控制，R2 用于防止末端信号发射，J2 和 J3 为通信接口。

（10）从机单片机最小系统。主要包括单片机、时钟电路、复位电路、电源接口和 LED 指示、ISP 下载。

（11）从机 LCD1602 显示部分。第一行显示主机发来的温度上限值，第二行显示从机 1 所在位置的温度值和下限值。

（12）从机温度检测电路。通过 DS18B20 进行温度采集，数据端口 DQ 连接到单片机的 P3.3。

四、软件设计

1. RS-485 总线通信协议

主机 STC89C52 采用查询方式，从机 STC89C52 采用中断方式，具体协议如下：

（1）主机 STC89C52 发送查询地址。

（2）从机 STC89C52 都接收查询地址，并与本从机地址比较，若一样则发送从机地址、采集温度十位、采集温度个位、采集温度小数位和累加与校验。

（3）主机 STC89C52 接收数据。

（4）主机 STC89C52 发送温度上限报警值十位、温度上限报警值个位。

（5）从机 STC89C52 接收温度上限报警值命令。

（6）主机 STC89C52 未查询完所有的 STC89C52，则返回（1）继续查询下一个从机。

（7）通信速率 9600bit/s；数据帧格式：一位起始位，9 位数据位，一位停止位，即串行端口工作于方式 3。

（8）主机发送从机地址和温度上限值采用奇校验［每帧数据的第 8 位（即 D7）为奇校验位］；主机接收从机发送的匹配地址和采集到的温度值时采用累加和校验。

（9）从机接收主机发送的从机地址和温度上限值采用奇校验［每帧数据的第 8 位（即 D7）为奇校验位］；从机发送匹配地址和采集到的温度值时采用累加和校验。

2. 主机程序设计

（1）主机主程序。主机主程序流程图如图 7-29 所示。当工作状态标志为 1 时，进入参数调整，否则进入正常工作状态。

（2）液晶显示功能程序。主机 LCD1602 液晶显示从机 1 和从机 2 实时采集的温度值、时间和日期。如图 7-30 所示，从机 1 温度为 28.8℃，从机 2 温度为 27.9℃，温度上限为 33℃、下限为 21℃，当前日期为 7 月 17 日 10 点 24 分。

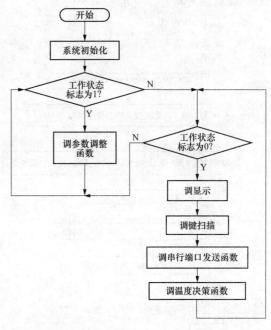

图 7-29　主机主程序流程图

（3）DS1302 实时时钟功能程序。采用 DS1302 实时时钟芯片进行年、月、日、时、分、秒刷新。可以通过按键调整或者无线遥控调整时间，并具有系统掉电后启用备用电池向 DS1302 继续供电的功能，使用户不必每次上电调整时间。

（4）AT24C02 掉电存储功能程序。用于存储用户设定的温度上限值。

（5）蜂鸣器报警功能程序。当温度大于等于用户设定的上限值时，主机蜂鸣器报警。

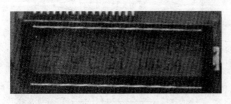

图 7-30　主机液晶显示界面

（6）继电器输出控制程序。当温度大于等于用户设定的上限值时，P20 和 P21 输出低电平，通过三极管 VT1 和 VT2 驱动继电器吸合，控制电扇通风降温，同时继电器接通指示灯亮。

（7）按键键盘程序。按键功能如图 7-31 所示，当 set 键按下时进入调整模式，并且可以通过 set 键切换进入对温度上限值、时间、星期、年月日的调整状态。当进入某种调整状态时其对应值会快速闪烁，通过 up 键或者 down 键进行调整。调整完毕后按下 out 键保存并退出调整模式。

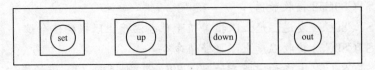

图 7 - 31 按键键盘布局

（8）主机通信程序。主机通信流程图如图 7 - 32 所示。在数据发送时，采用奇校验校验；在接收数据时，使用累加和校验。

3. 从机程序设计

（1）从机通信程序设计。从机通信程序流程图如图 7 - 33 所示。

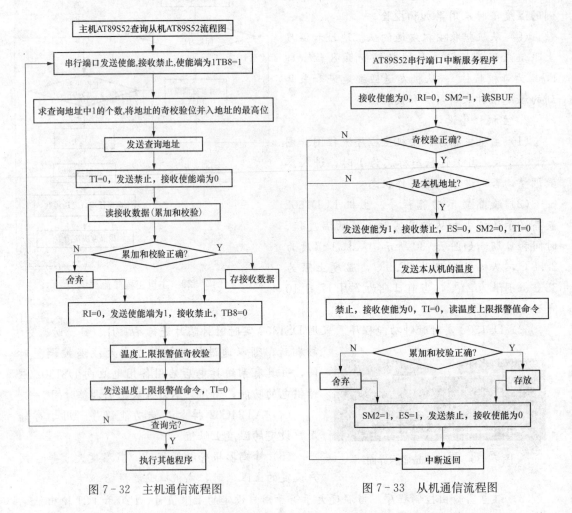

图 7 - 32 主机通信流程图   图 7 - 33 从机通信流程图

（2）从机主程序设计。从机主程序流程图如图 7 - 34 所示。首先进行系统初始化，然后关中断读取 DS18B20 中温度值，读完温度值后，开中断，调用温度决策函数。

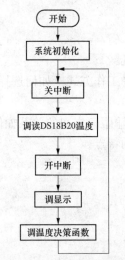

图 7-34 从机主程序流程图

五、实物照片

系统实物照片如图 7-35 所示。

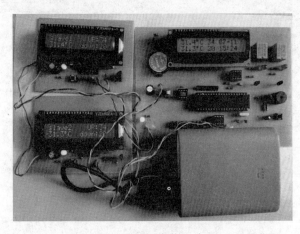

微课四

基于 RS-485 的无线遥控温度控制系统组成及作品演示

图 7-35 实物照片

六、设计制作要点

（1）STC89C52 单片机多机通信实现的原理。因多机通信是在方式 2 和方式 3 下进行，因此 SM2 位主要用于方式 2 和方式 3。当串行端口以方式 2 或方式 3 接收时，如 SM2＝1，则只有当接收到的第 9 位数据（RB8）为"1"，才将接收到的前 8 位数据送入 SBUF，并置位 RI 产生中断请求；否则，将接收到的前 8 位数据丢弃。而当 SM2＝0 时，则不论第 9 位数据为"0"还是为"1"，都将前 8 位数据装入 SBUF 中，并产生中断请求。

（2）单片机晶振频率建议选择 11.0592MHz。

（3）通信芯片建议选择 TI 公司的 SN65HVD3082ED。

习 题

1. 什么叫串行通信？串行通信的接口标准有哪几种？

2．UART 中文含义是什么？

3．单工、半双工、全双工的含义？

4．串行端口工作用到哪些寄存器？

5．8051 单片机串行端口有几种工作方式？如何选择？简述其特点？

6．波特率如何设置？

7．在串行通信中通信速率与传输距离之间的关系如何？

8．简述 8051 单片机多机通信的特点。

第八章 A/D 和 D/A 转换器

本章主要讲述了数模和模数转换的概念，常用的 A/D 和 D/A 转换芯片 ADC0832 及 DAC0832 的功能、特点和单片机的接口及应用实例等。

第一节 D/A 转 换 器

在工业生产过程中，许多参数，如温度、压力、流量、液位、速度等都是连续的，即都是模拟量，而微型计算机处理的数据只能是数字量，所以数据在进入计算机之前，必须把模拟量转换成数字量（即 A/D 转换），经计算机处理后的数据也往往需要把数字量转换成模拟量，以便进行显示或控制（D/A 转换）。由于 A/D 转换是在 D/A 转换的基础上实现的，所以，先介绍 D/A 转换，再介绍 A/D 转换。

一、D/A 转换器原理

D/A 转换器有并行和串行两种，在工业控制中，主要使用并行 D/A 转换器。D/A 转换器的原理可以归纳为"按权展开，然后相加"。也就是说，D/A 转换器能把输入数字量中的每位都按其权值分别转换成模拟量，并通过运算放大器求和相加。因此，D/A 转换器内部必须要有一个解码网络，以实现按权值分别进行 D/A 转换。

解码网络通常有两种：二进制加权电阻网络和 T 形电阻网络。在二进制加权电阻网络中，每位二进制的 D/A 转换是通过相应位加权电阻实现的。在 D/A 转换器的位数较大时，加权电阻阻值差别极大，如若某 D/A 转换器有 12 位，则最高位加权电阻为 $10k\Omega$ 时的最低位加权电阻应是 $10k\Omega \times 2^{11} = 20M\Omega$。如此大的电阻值在实际中是很难制造出来的，即便制造出来，其精度也是很难符合要求的。因此，现代 D/A 转换器几乎均采用了 T 形电阻网络进行解码。

为了说明 T 形电阻网络的工作原理，现以四位 D/A 转换器为例加以讨论，如图 8-1 所示。

图 8-1 中，V_{REF} 为参考电位，由稳压电源提供；S3～S0 为电子开关，分别受四位 DAC 寄存器中的 b_3、b_2、b_1、b_0 控制。A 点虚地，接近 0V。设 b_3、b_2、b_1、b_0 全为"1"，故 S3、S2、S1、S0 全部和"1"端相连。根据电流定律，有

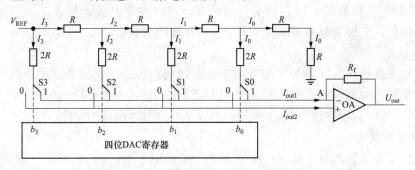

图 8-1 T 形电阻网络型 D/A 转换器

$$I_3 = \frac{V_{REF}}{2R} = 2^3 \times \frac{V_{REF}}{2^4 R}$$

$$I_2 = \frac{I_3}{2} = 2^2 \times \frac{V_{REF}}{2^4 R}$$

$$I_1 = \frac{I_2}{2} = 2^1 \times \frac{V_{REF}}{2^4 R}$$

$$I_0 = \frac{I_1}{2} = 2^0 \times \frac{V_{REF}}{2^4 R}$$

由于 S3～S0 的状态是受 b_3、b_2、b_1、b_0 控制的，并不一定全是"1"。若它们中有些位为"0"，S3～S0 中相应开关会因和"0"端相连而无电流流过。因此，可以得到通式

$$I_{out1} = b_3 I_3 + b_2 I_2 + b_1 I_1 + b_0 I_0$$

$$= (b_3 \times 2^3 + b_2 \times 2^2 + b_1 \times 2^1 + b_0 \times 2^0) \times \frac{V_{REF}}{2^4 R}$$

选取 $R_F = R$，并考虑 A 点为虚地，故

$$I_{RF} = - I_{out1}$$

因此，可以得到

$$U_{out} = I_{RF} R_F = -(b_3 \times 2^3 + b_2 \times 2^2 + b_1 \times 2^1 + b_0 \times 2^0) \times \frac{V_{REF}}{2^4 R} \times R_F = -B \frac{V_{REF}}{2^4}$$

对于 n 位 T 形电阻网络，上式可写成

$$U_{out} = - (b_{n-1} \times 2^{n-1} + b_{n-2} \times 2^{n-2} + \cdots + b_1 \times 2^1 + b_0 \times 2^0) \times \frac{V_{REF}}{2^n R} \times R_F$$

$$= -B \frac{V_{REF}}{2^n} \tag{8-1}$$

上述讨论表明，D/A 转换过程主要是由解码网络实现，而且是并行工作的。也就是说，D/A 转换器是并行输入数字量的，每位代码也是同时被转换成模拟量的。这种转换方式的速度快，一般为微秒级。

二、D/A 转换器的性能指标

DAC（Digital Analog Converter）性能指标是选用 DAC 芯片型号的依据，也是衡量芯片质量的重要参数。

1. 分辨率

D/A 转换器分辨率是指其能分辨的最小输出模拟增量，它是对输入变化敏感程度的描述，取决于输入数字量的二进制位数。如果数字量的位数是 n，则 D/A 转换器的分辨率为 2^{-n}。因此，数字量位数越多，分辨率也就越高，即转换器对输入量变化的敏感度也就越高。实际应用时，应根据分辨率的要求来选定转换器的位数。

2. 转换精度

转换精度是指转换后所得的实际值和理论值的接近程度。它和分辨率是两个不同的概念。例如，满量程时的理论输出值为 10V，实际输出值是在 9.99～10.01V 之间，其转换精度为 ±10mV。对于分辨率很高的 D/A 转换器并不一定具有很高的精度。

3. 偏移量误差

偏移量误差是指输入数字量时，输出模拟量对于零的偏移值。此误差可通过 DAC 的外接 V_{REF} 和电位计加以调整。

4. 建立时间

建立时间是描述 D/A 转换速度快慢的一个参数，是指从输入数字量变化到输出达到终值误差 1/2LSB（最低有效位）时所需的时间。通常以建立时间来表明转换速度。

三、典型的 D/A 转换器芯片 DAC0832

DAC0832 是一个 8 位 D/A 转换器，由美国国家半导体公司研制，其姐妹芯片还有 DAC0830 和 DAC0831，它们可以相互替换。

1. DAC0832 内部结构

DAC0832 内部由三部分电路组成，如图 8-2 所示。"8 位输入寄存器"用于存放 CPU 送来的数字量，使输入数字量得到缓冲和锁存，由 $\overline{LE1}$ 加以控制。"8 位 DAC 寄存器"用于存放待转换的数字量，由 $\overline{LE2}$ 加以控制。"8 位 D/A 转换电路"由 8 位 T 形电阻网络和电子开关组成，电子开关受"8 位 DAC 寄存器"输出控制、T 形电阻网络能输出和数字量成正比的模拟电流。

当 I_{LE} 为"1"、$\overline{CS}$ 为"0"和 $\overline{WR1}$ 为"0"同时满足，则与门 M1 输出高电平，"8 位输入寄存器"接收信号；若上述条件有一个不满足，则 M1 输出由高变低，"8 位输入寄存器"锁存数据。当 $\overline{XFER}$ 和 $\overline{WR2}$ 同时为低电平时，则 M3 输出高电平，"8 位 DAC 寄存器"输出跟随输入，否则 M_3 输出低电平时，"8 位 DAC 寄存器"锁存数据。DAC0832 通常需要外接运算放大器才能得到模拟输出电压。

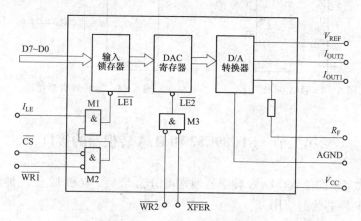

图 8-2　DAC0832 原理框图

2. 引脚功能

DAC0832 芯片为 20 引脚，双列直插式封装。其引脚排列如图 8-3 所示。

（1）数字量输入线 D7～D0（8 条）：D7～D0 常和 CPU 数据总线相连，用于输入 CPU 送来的待转换数字量。

（2）控制线（5 条）：$\overline{CS}$ 为片选线，当 $\overline{CS}$ 为低电平时，本芯片被选中工作；当 $\overline{CS}$ 为高电平时，本芯片不被选中不工作。

I_{LE} 为数据锁存允许信号（输入），高电平有效。当 I_{LE} 为高电平时，"8 位输入寄存器"允许数字量输入。

$\overline{XFER}$ 为数据传送控制信号（输入），低电平有效。

$\overline{WR1}$ 和 $\overline{WR2}$ 为两条写信号输入线，低电平有效。

（3）输出线（3 条）：R_F 为反馈电阻端，常常接到运算放大器输出端。I_{out1} 和 I_{out2} 为两条模拟电流输出线，I_{out1}＋I_{out2}＝常数。通常，I_{out1} 和 I_{out2} 接运算放大器的输入端。

（4）电源线（4 条）：VCC 为电源输入线，可在＋5～＋15V 范围内；V_{REF} 为参考电位，一般在－10～＋10V 范围内；DGND 为数字量地线；AGND 为模拟量地线。通常，两条地线可接在一起。

3. DAC0832 的技术指标

DAC0832 的主要技术指标：

（1）分辨率：8 位；

（2）电流建立时间：$1\mu s$；

（3）线性度（在整个温度范围内）：8、9 或 10 位；

（4）增益温度系数：0.0002% FS/℃；

（5）低功耗：20mW；

（6）单一电源：＋5～＋15V。

因 DAC0832 是电流输出型 D/A 转换芯片，为了取得电压输出，需在电流输出端接运算放大器，R_F 为运算放大器的反馈电阻端。运算放大器的接法如图 8-4 所示。

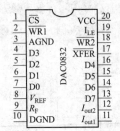
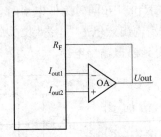

图 8-3　DAC0832 引脚图　　　　图 8-4　运算放大器接法

第二节　STC89C52 和 D/A 转换器的接口

按照输入数字量的位数，D/A 转换器通常可分为 8、10 位和 12 位三种。本节主要介绍 8 位 DAC0832 转换芯片的应用。

一、DAC0832 的应用

对于电流型 D/A 转换器，由于转换结果输出的是电流而不是电压，要想获得电压信号，可以在 D/A 转换器的输出端接一运算放大器，将电流信号转换为电压信号。由于工作要求不同，输出方式可以分为单极性输出和双极性输出两种形式。

1. 单极性输出

在需要单极性输出的情况下，可以采用图 8-5 所示接线。

因为 DAC0832 是 8 位的 D/A 转换器，所以由式（8-1）可得输出电压 U_{out} 的单极性输出表达式为

$$U_{out}=-BV_{REF}/2^8 \tag{8-2}$$

式中：$B=b_7\times2^7+b_6\times2^6+\cdots+b_1\times2^1+b_0\times2^0$；$V_{REF}/2^8$ 为常数。

显然，U_{out} 和 B 成正比关系。输入数字量 B 为 00H 时，U_{out} 也为 0；输入数字量为 FFH 时，U_{out} 为负的最大值，输出电压为负的单极性。

2. 双极性输出

在需要双极性输出的情况下，可以采用图 8-6 所示接线。

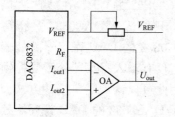

图 8-5 单极性 DAC 接法

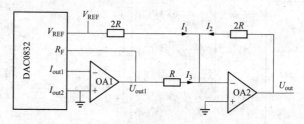

图 8-6 双极性 DAC 接法

$$I_1 + I_2 + I_3 = 0$$

$$U_{out} = -B \frac{V_{REF}}{2^8}$$

$$I_1 = \frac{V_{REF}}{2R}$$

$$I_2 = \frac{U_{out}}{2R}$$

$$I_3 = \frac{U_{out1}}{R}$$

解上述方程可得出双极性输出表达式

$$U_{out} = (2B - 128) \frac{V_{REF}}{2^8} \tag{8-3}$$

图 8-6 中运算放大器 OA2 的作用是将运算放大器 OA1 的单向输出转变为双向输出。表达式（8-3）的比例关系可以用图 8-7 来表示。

从图 8-7 中可以看出，当输入数字量小于 80H 时，输出模拟电压为负；当输入数字量大于 80H 时，输出模拟电压为正。改变图 8-6 中电阻的比例关系，可改变模拟电压的输出范围，即改变图 8-7 中 U_{out} 的斜率。

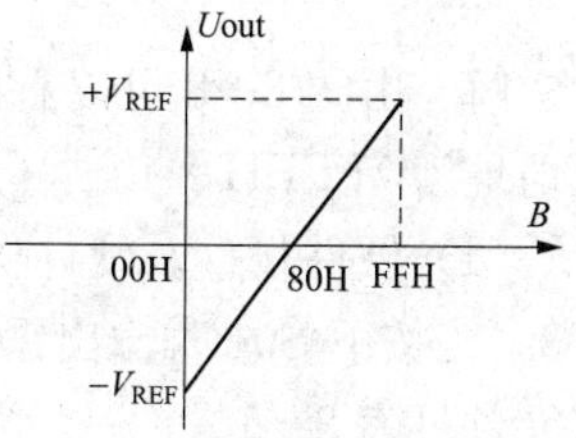

二、STC89C52 和 8 位 DAC 的接口

STC89C52 和 DAC0832 的连接方式有直通方式、单缓冲方式和双缓冲方式三种。

图 8-7 双极性输出
线性关系图

1. 直通方式

DAC0832 的内部有两个起数据缓冲器作用的寄存器，分别受 $\overline{LE1}$ 和 $\overline{LE2}$ 控制。如果使 $\overline{LE1}$ 和 $\overline{LE2}$ 都为高电平，则 D7～D0 上的信号可直通地到达"8 位 DAC 寄存器"，进行 D/A 转换。因此 I_{LE} 接 + 5V，$\overline{CS}$、$\overline{XFER}$、$\overline{WR1}$ 和 $\overline{WR2}$ 接地，DAC0832 就可在直通方式下工作。直通方式下工作的 DAC0832 常用于不带微机的控制系统。

2. 单缓冲方式

所谓的单缓冲方式就是使 DAC0832 的两个输入寄存器中有一个处于直通方式，而另一个处于受控的锁存方式。在实际应用中，如果只有一路模拟量输出，或虽有几路模拟量但并不要求同步输出的情况下，可采用单缓冲方式。单缓冲方式接线如图 8-8 所示。

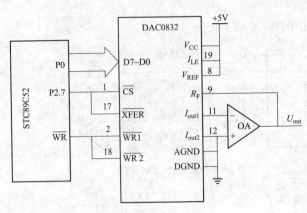

图 8-8 中，$\overline{CS}$和$\overline{XFER}$连在一起接 STC89S52 的 P2.7，$\overline{WR1}$和$\overline{WR2}$连在一起接 STC89S52 的 $\overline{WR}$，在线选法接线方式下，只要选通 DAC0832 进行写操作，DAC0832 的 DAC 寄存器就处于直通方式，仅有输入寄存器处于受控锁存方式，因此可以认为是单缓冲方式。当然，为了 DAC0832 的 DAC 寄存器处于直通方式，也可以使$\overline{WR2}$和$\overline{XFER}$固定接地。另外，由于输出的接线方式为单极性输出方式，且 V_{REF} 和 V_{CC} 相接。故根据表达式（8-2）可以得出，当输入

图 8-8 DAC0832 单缓冲方式接口

数字量是 00H 时，对应输出的模拟量是 0V；当输入数字量是 FFH 时，对应输出的模拟量是 -5V。

【例 8-1】 DAC0832 用作信号发生器，试根据图 8-8 接线，编写产生锯齿波、三角波和方波的程序，波形如图 8-9 所示。试用 C 语言编写程序，并用 Proteus 仿真。

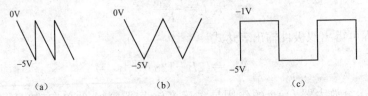

图 8-9 锯齿波、三角波和方波
（a）锯齿波；（b）三角波；（c）方波

解 由图 8-8 可以看出，DAC0832 采用的是单缓冲单极性的线选法接线方式，它的选通地址为 7FFFH。

（1）硬件设计。硬件仿真设计如图 8-10 所示，在 P1 口接 3 个独立式按键 S01、S02 和 S03，当按下 S01 时输出锯齿波，按下 S02 时输出三角波，当按下 S03 时输出方波，仿真所需元件见表 8-1。

表 8-1   产生锯齿波、三角波和方波的电路仿真所需元件

元 器 件	名 称	描 述
单片机 U1	AT89C51	—
DA 转换器 U2	DAC0832	
运算放大器 U3	UA741	
电阻 R1~R3	MINRES1K	
电容 C1	AVX0402Y5V100N	
电位器 RV1	POT - HG	
按键 S01~S03	BUTTON	

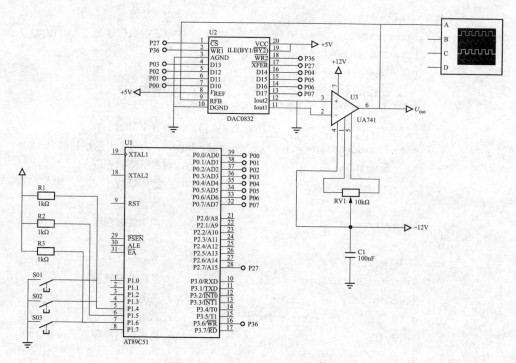

图 8-10 信号发生器电路原理图

（2）源程序。

```
# include <AT89X51. h>
# include <stdio. h>
# include <intrins. h>
# define DAC0832Addr 0x7FFF                    //DAC0832 地址
# define uchar unsigned char                   //uchar 代表单个字节无符号数
# define uint unsigned int                     //uint 无符号字
void TransformData(uchar c0832data);           //转换数据
void Delay() ;                                 //延时子程序
sbit S01=P1^4;                                 //锯齿波按钮
sbit S02=P1^5;                                 //三角波按钮
sbit S03=P1^6;                                 //方波按钮
void main()
{    bit upFlag=0;                             //上升标志位
     bit downFlag=0;                           //下降标志位
     uchar cDigital=0;                         //待转换的数字量
     Delay();                                  //调用延时程序
     while(1)
     {    while(S01==0)                        //锯齿波
          {    TransformData(cDigital);        //进行数模转换
               cDigital++ ;                    //数字量加 1
               Delay();                        //调用延时程序
          }
```

```
        while(S02==0)                                  //三角波
        {    ransformData(cDigital);                   //进行数模转换
             if((cDigital==255)|(cDigital==0))
             {    downFlag=upFlag;
                  upFlag=~upFlag;                       //标志位取反
             }
             if(upFlag==1)    {    cDigital++ ;}        //数字量加 1
             else {if(downFlag==1)    cDigital=0xFE;    //置上升阶段初值 0xFE
                  downFlag=0;                           //清下降标志位
                  cDigital-- ;                          //数字量减 1
             }
             Delay();                                   //调用延时程序
        }
        while(S03==0)                                   //方波
        {    TransformData(cDigital);                   //进行数模转换
             if(cDigital==0)    cDigital=255;           //高电平
             else               cDigital=0;             //低电平
             Delay();                                   //调用延时程序
        }    }
}
void TransformData(uchar c0832data)                     //DAC 转换函数
{ * ((uchar xdata * )DAC0832Addr)=c0832data; }  //向 DAC0832 输出待转换数字量 c0832data
void Delay(){    _nop_ ();        _nop_ ();        _nop_ (); }    //延时程序
```

由于运算放大器的反相作用，图 8-10 中的锯齿波是负向的，并注意：

1）程序每循环一次，累加器 ACC 加 1，因此实际上锯齿波的下降边是由 256 个小阶梯构成，每个小阶梯暂留时间为执行一遍程序所需时间。但由于阶梯很小，所以宏观上看就是从 0V 线性下降到负的最大值。

2）可通过循环程序段的机器周期数，计算出锯齿波的周期。并可根据需要，通过延时的方法来改变波形周期。延时时间不同，波形周期不同，锯齿波的斜率就不同。

3）通过累加器 A 加 1，可得到负向的锯齿波；如要得到正向的锯齿波，改为减 1 指令即可实现。

4）程序中 A 的变化范围是 0～255，因此得到的锯齿波是满幅度的。如果要得到非满幅锯齿波，可通过计算求得数字量的初值和终值，然后在程序中通过置初值判断终值的办法即可实现。

注意在产生三角波程序中，在下降阶段转为上升阶段时，应赋上升阶段初值♯0FEH。同样三角波频率可以通过插入 NOP 指令或延时程序来改变。

根据式（8-2）可知，♯33H 是 -1V 对应的数字量。方波频率也可通过调整延时时间来改变。

（3）Proteus 仿真。经 Keil 软件编译通过后，可利用 Proteus 软件进行仿真。在 Proteus ISIS 编辑环境中绘制仿真电路图，或者打开配套数字资源（源程序）中的"**第八章　A/D 和 D/A 转换器/例 8-1　信号发生器**"文件夹内的"**信号发生器.DSN**"仿真原理图文件。将编译好的"信号发生器.hex"文件加入AT89C51。启动仿真，观看当分别按下S01、S02和S03时的仿真效果。

第三节　A/D 转换器

A/D转换器能把输入的模拟电压或电流变成与它成正比的数字量，即能把被控对象的各种模拟信息变成计算机可以识别的数字信息。从原理上通常可分为计数式A/D转换器、双积分式A/D转换器、逐次逼近式A/D转换器和并行A/D转换器四类。

计数式A/D转换器结构很简单，但转换速度很慢，所以很少采用。双积分式A/D转换器抗干扰能力强，转换精度也很高，但速度不够理想。逐次逼近式A/D转换器的结构不太复杂，转换速度也很高。并行A/D转换器的转换速度最快，但结构复杂而且造价高。因此，下面仅以应用最多的逐次逼近型A/D转换器为例，说明A/D转换器的工作原理。

一、逐次逼近式 A/D 转换器的工作原理

逐次逼近式A/D转换器是一种采用对分搜索原理来实现A/D转换的方法，其逻辑框图和工作原理如图8-11所示。

由图8-11可知，逐次逼近式A/D转换器，由 N 位寄存器、N 位D/A转换器、比较器以及控制逻辑四部分组成。

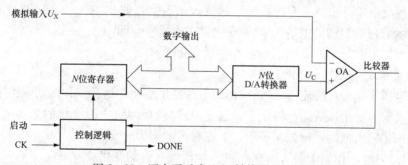

图 8-11　逐次逼近式 A/D 转换器逻辑框图

当启动信号作用后，时钟信号在控制逻辑作用下，首先使寄存器的 $D_{N-1}=1$，N 位寄存器的数字量一方面作为输出用，另一方面经D/A转换器转换成模拟量 U_C 后，送到比较器。在比较器中与被转换的模拟量 U_X 进行比较，控制逻辑根据比较器的输出进行判断。若 $U_X \geqslant U_C$，保留这一位；若 $U_X < U_C$，则 $D_{N-1}=0$。D_{N-1} 位比较完后，再对下一位 D_{N-2} 进行比较，使 $D_{N-2}=1$，与上一位 D_{N-1} 位一起进入D/A转换器，转换后再进入比较器，与 U_X 进行比较，…，如此一位一位地继续下去，直到最后一位 D0 比较完为止。此时，N 位寄存器的数字量即为 U_X 所对应的数字量。

二、A/D 转换器的性能指标

1. 转换精度

A/D转换器的转换精度分为绝对精度和相对精度。所谓绝对精度，是指对应于一个给定的数字量A/D转换器的误差。其误差的大小由实际模拟量输入值和理论值之差来度量。实际上，对于同一个数字量，其模拟量输入不是固定值，而是一个范围。产生已知数字量的

模拟输入值，定义为输入范围的中间值。例如，在理论上，5V 模拟量输入电压应产生 12 位数字量的一半，即 1000 0000 0000，但实际上从 4.997V 到 4.999V 都能产生数字量 1000 0000 0000，则绝对误差为

$$(4.997V + 4.999V)/2 - 5V = -0.002V = -2mV$$

绝对误差包括增益误差、零点误差和非线性误差等。绝对误差的测量应该在标准条件下进行。

相对误差是指绝对误差与满刻度值之比，一般用百分数来表示。对 A/D 转换器也常用 PPM（百万分之一）或最低有效值的位数 LSB 来表示，其换算关系为

$$1LSB = 刻度值/2^N$$

例如，对于一个 8 位 0~5V 的 A/D 转换器，如果其相对误差为 ±1LSB，则其绝对误差为 ±19.5mV，相对百分误差为 0.39%。一般来说，位数 N 越大，其相对误差（或绝对误差）越小。

2. 转换时间

A/D 转换器完成一次转换所需的时间称为转换时间。一般常用的 8 位 A/D 转换器的转换时间为几十至几百微秒，如 ADC0809，其转换时间为 $100\mu s$；10 位的 A/D 转换器的转换时间为几十微秒；12 位的 A/D 转换器的转换时间为几至十几微秒。

3. 分辨率

分辨率是指 A/D 转换器对微小输入信号变化的敏感程度。分辨率越高，转换时对输入量微小变化的反应越灵敏。通常用数字量的位数来表示，如 8、10、12 位和 16 位等。分辨率为 N，表示它可以对满刻度的 $1/2^N$ 的变化量作出反应，即

$$分辨率 = 满刻度值/2^N$$

4. 电源灵敏度

当电源电压变化时，将使 A/D 转换器的电源发生变化，这种变化的实际作用相当于 A/D 转换器输入量的变化，从而产生误差。通常 A/D 转换器对电源变化的灵敏度用相当于同样变化的模拟量输入值的百分数来表示，如电源灵敏度为 $0.05\%/\%\Delta Us$ 时，其含义是电源电压 Us 变化 1% 时，相当于引入 0.05% 的模拟量输入值的变化。

三、8 位串行 A/D 转换芯片 ADC0832

ADC0832 是美国国家半导体公司生产的一种 8 位分辨率、双通道 A/D 转换芯片。由于它体积小、兼容性强、性价比高而深受单片机爱好者及企业欢迎，其目前已经有很高的普及率。ADC083X 是市面上常见的串行模数转换器件系列。ADC0831、ADC0832、ADC0834、ADC0838 是具有多路转换开关的 8 位串行 I/O 模数转换器，转换速度较高（转换时间 $32\mu s$），单电源供电，功耗低（15mW），适用于各种便携式智能仪表。在此以 ADC0832 为例，介绍其使用方法。

ADC0832 是 8 脚双列直插式双通道 A/D 转换器，如图 8-12 所示。它能分别对两路模拟信号实现模数转换，可以工作在单端输入方式和差分方式下。ADC0832 采用串行通信方式，通过 DI 数据输入端进行通道选择、数据采集及数据传送。8 位分辨率（最高分辨可达 256 级），可以适应一般的模拟量转换要求。其内部电源输入与参考电压的复用，使得芯片的模拟电压输入在 0~5V 之

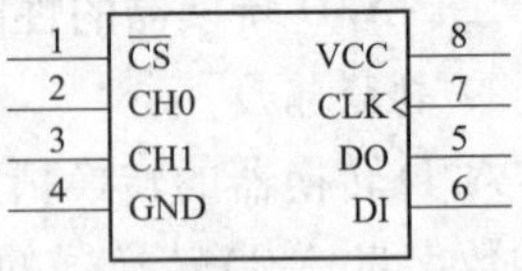

图 8-12   ADC0832 引脚图

间。具有双数据输出可作为数据校验，以减少数据误差，转换速度快且稳定性能强。独立的芯片使能输入，使多器件挂接和处理器控制变得更加方便。

（1）ADC0832 特点。

1）8 位分辨率；

2）双通道 A/D 转换；

3）输入、输出电平与 TTL/CMOS 相兼容；

4）5V 电源供电时输入电压在 0～5V 之间；

5）工作频率为 250kHz，转换时间为 $32\mu s$；

6）一般功耗仅为 15mW；

7）8P、14P—DIP（双列直插）、PICC 多种封装；

8）商用级芯片温宽为 0～+70℃，工业级芯片温宽为-40～+85℃。

（2）芯片接口说明。

1）$\overline{CS}$ 片选使能，低电平芯片使能；

2）CH0 模拟输入通道 0，或作为 IN+/-使用；

3）CH1 模拟输入通道 1，或作为 IN+/-使用；

4）GND 芯片参考 0 电位（地）；

5）DI 数据信号输入，选择通道控制；

6）DO 数据信号输出，转换数据输出；

7）CLK 芯片时钟输入；

8）VCC/VREF 电源输入及参考电压输入（复用）。

正常情况下，ADC0832 与单片机的接口应为 4 条数据线，分别是$\overline{CS}$、CLK、DO 和 DI。但由于 DO 端与 DI 端在通信时并未同时有效且与单片机的接口是双向的，所以电路设计时可以将 DO 和 DI 并联在一根数据线上使用。当 ADC0832 未工作时其$\overline{CS}$输入端应为高电平，此时芯片禁用，CLK 和 DO/DI 的电平可任意。当要进行 A/D 转换时，须先将$\overline{CS}$使能端置于低电平并且保持低电平直到转换完全结束。此时芯片开始转换工作，同时由处理器向芯片时钟输入端（CLK）输入时钟脉冲，DO/DI 端则使用 DI 端输入通道功能选择的数据信号。在第 1 个时钟脉冲下沉之前 DI 端必须是高电平，表示起始信号。在第 2、3 个脉冲下降之前 DI 端应输入 2 位数据用于选择通道功能，其功能项见表 8-2 所列。

当此 2 位数据为"1""0"时，只对 CH0 进行单通道转换。当 2 位数据为"1""1"时，只对 CH1 进行单通道转换。当 2 位数据为"0""0"时，将 CH0 作为正输入端 IN+，CH1 作为负输入端 IN-进行输入。当 2 位数据为"0""1"时，将 CH0 作为负输入端 IN-，CH1 作为正输入端 IN+进行输入。到第 3 个脉冲的下降之后，DI 端的输入电平就失去输入作用，此后 DO/DI 端则开始利用数据输出 DO 进行转换数据的读取。从第 4 个脉冲下降开始由 DO 端输出转换数据最高位 DATA7，随后每一个脉冲下降 DO 端输出下一位数据。直到第 11 个脉冲时发出最低位数据 DATA0，一个字节的数据输出完成。也正是从此位开始输出下一个相反字节的数据，即从第 11 个字节的下降输出 DATD0。随后输出 8 位数据，到第 19 个脉冲时数据输出完成，也标志着一次 A/D 转换的结束。最后将$\overline{CS}$置高电平禁用芯片，直接将转换后的数据进行处理即可。

表 8 - 2   **ADC0832 通道地址设置表**

通道地址		通道		工作方式说明
SGL/DIF	ODD/SIGN	CH0	CH1	
0	0	+	−	差分方式
0	1	−	+	
1	0	+		单端输入方式
1	1		+	

更详细的时序说明如图 8 - 13 所示。

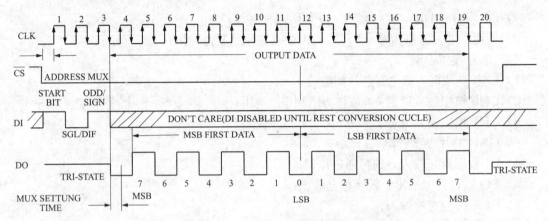

图 8 - 13   ADC0832 工作时序图

作为单通道模拟信号输入时，ADC0832 的输入电压是 0～5V 且 8 位分辨率时的电压精度为 19.53mV，即（5/256）V。如果作为由 IN＋与 IN－进行输入时，可将电压值设定在某一个较大范围之内，从而提高转换的精度。但值得注意的是，在进行 IN＋与 IN－的输入时，如果 IN－的电压大于 IN＋的电压则转换后的数据结果始终为 00H。

第四节 标 度 变 换

生产现场的各种物理量参数都有不同的数值和量纲，例如，温度单位是℃，压力是 Pa（帕），容积流量是 m^3/s。这些参数经 A/D 转换后，统一变为 0～M 个数码，例如，8 位 A/D 转换器输出的数码为 0～255。这些数码虽然代表参数值的大小，但是并不表示带有量纲的参数值，必须转换成有量纲的物理量数值才能进行显示和打印。这种转换称为标度变换或工程量转换。

一、线性参数标度变换

线性标度变换是最常用的标度变换方式，其前提条件是参数值与 A/D 转换结果（采样值）之间应呈线性关系。当输入信号为零（即参数值起点），A/D 输出值不为零时，标度变换公式为

$$A_x = A_0 + (A_m - A_0)\frac{N_x - N_0}{N_m - N_0} \tag{8-4}$$

式中：A_0 为参数量程起点值，一次测量仪表的下限；A_m 为参数量程终点值，一次测量仪表

的上限；A_x 为参数测量值，实际测量值（工程量）；N_0 为量程起点对应的 A/D 转换后的值，仪表下限所对应的数字量；N_m 为量程终点对应的 A/D 转换后的值，仪表上限所对应的数字量；N_x 为测量值对应的 A/D 值（采样值），实际上是经数字滤波后确定的采样值；其中，A_0、A_m、N_0 和 N_m 对一个检测系统来说是常数。

通常，在参数量程起点（输入信号为零），A/D 值为零（即 $N_0 = 0$）。因此，上述标度变换公式简化为

$$A_x = A_0 + \frac{N_x}{N_m}(A_m - A_0) \tag{8-5}$$

在很多测量系统中，参数量程起点值（即仪表下限值）$A_0 = 0$，此时，其对应的 $N_0 = 0$。于是，式（8-4）可进一步简化为

$$A_x = \frac{N_x}{N_m}A_m \tag{8-6}$$

式（8-4）～式（8-6）即为在不同情况下，线性刻度仪表测量参数的标度变换公式。

例如，某测量点的温度量程为 $200 \sim 400℃$，采用 8 位 A/D 转换器，则 $A_0 = 200℃$，$A_m = 400℃$，$N_0 = 0$，$N_m = 255$，采样值为 N_x。其标度变换公式为

$$A_x = 200℃ + \frac{N_x}{255}(400 - 200)℃$$

只要把这一算式编成程序，将 A/D 转换后经数字滤波处理后的值 N_x 代入，即可计算出温度的真实值。

计算机标度变换程序便是根据上述三个公式进行计算的。为此，可分别把三种情况设计成不同的子程序。设计时，可以采用定点运算，也可以采用浮点运算，应根据需要选用。

式（8-4）适用于量程起点（仪表下限）不在零点的参数，计算 A_x 的程序流程图如图 8-14 所示。

二、非线性参数标度变换

如果传感器的输出特性是非线性的，如热敏电阻值－温度特性呈指数规律变化，又如热电偶的电压值－温度特性，流量仪表的传感器的流量－压差值等都是非线性的。必须指出，前面介绍的标度变换公式，只适用于线性变化的参数。

图 8-15 是热敏电阻组成的惠斯登电桥测温电路。R_1 是热敏电阻，当电桥处于某一温度 t_0 时，R_1 取值 $R_1(t_0)$，使电桥达到平衡。平衡条件为

$$R_1(t_0)R_3 = R_2R_4$$

此时，电桥输出电压 $U_0 = 0V$。若温度改变 Δt，R_1 的阻值也改变 ΔR，电桥平衡遭破坏，产生输出电压 U_0。从理论上讲，通过测量电压 U_0 的值就能推得 R_1 的阻值变化，从而测得环境温度的变化。但是，由于存在非线性问题，如按线性

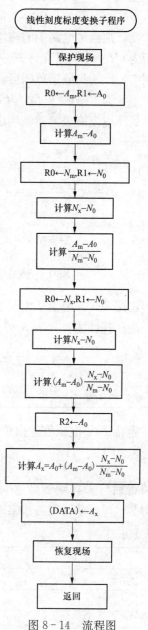

图 8-14　流程图

处理，就会产生较大的误差。

　　一般而言，不同传感器的非线性变化规律各不相同。许多非线性传感器的输出特性变量关系无法写出一个简单的公式，或者虽然能写出，但计算相当困难。这时，可采用查表法进行标度变换。

　　上述温度检测回路是由热敏电阻组成的电桥电路，存在非线性关系。在进行标度变换时，首先直接测量出温度检测回路的温度－电压特性曲线，如图 8-16 所示。然后按照 A/D 转换器的位数（即分辨精确度）以及相应的电压值范围，分别从温度－电压特性曲线中查出各输出电压所对应的环境温度值，将其列成一张表，固化在 EEPROM 中。当单片机采集到数字量（即 A/D 转换输出的电压值）后，只要查表就能准确地得出环境温度值，据此进行显示和控制。例如，医学上常用的温度范围为 35～45℃，如果选 8 位 A/D 转换器单极性进行转换，则测量电路中的热敏电阻应选择环境温度为 35℃ 时使电桥平衡的电阻，此时输出电压为 0V。环境温度为 35～45℃ 时，电桥平衡被破坏，电桥电路有电压输出。通过放大电路调节，此输出电压范围可调整为 0～10V。0V 时，A/D 变换数字量为 00H；10V 时，变换数字量为 FFH。于是，从高到低将电压值分为 256 个等份，分别查出实测温度－电压曲线上的环境温度值，就能列出一张占内存 256 个单元的非线性特性补偿表。

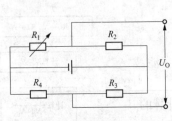
图 8-15　测温电桥电路

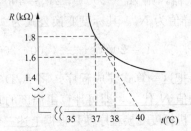
图 8-16　热敏电阻的阻值－温度特性

　　由图 8-16 阻值－温度特性可知，如果流过热敏电阻 R_1 的电流为 1mA，则可得到温度－电压特性表，见表 8-3。

表 8-3　　　　　　　　　　　　　　　　温度－电压特性

电压（V）	1.4	1.5	1.6	1.7	1.8	…
温度（℃）	45.00	40.00	38.00	37.50	37.00	…

　　若将 10V 电压值量化成 256 等份，即

$$\frac{10V}{256} = 0.04V$$

则可得到与采集到的数字量对应的温度特性表。例如，1.4V/0.04V＝35＝23H，1.5V/0.04V＝38＝26H 等为采集的电压数字量，见表 8-4。

表 8-4　　　　　　　　　　　　　　　　电压数字量－温度特性

输出电压（V）	数字量	温度（℃）
1.40	35＝23H	45.00
1.44	36＝24H	44.00
1.48	37＝25H	43.00

续表

输出电压（V）	数字量	温度（℃）
1.52	38＝26H	42.00
1.56	39＝27H	41.00
…	…	…
1.70	43＝2BH	37.50

温度用整型数据表示。

```
unsigned int  code CHECKTAB[]= {0x45,0x44,0x43,0x42,0x41,0x40,0x39,0x38,
0x37,0x36,0x35};
```

例如，采集到的数字量为 35＝23H，查表得温度值为 45.00℃。然后，调用显示子程序即可在 LED 或 LCD 显示器上显示该温度值。

第五节　ADC0832 转换器的应用

一、基于 ADC0832 的数字电压表

【例 8-2】　利用 ADC0832 设计一个 5V 直流数字电压表，要求将输入的直流电压转换成数字信号并处理后，通过 LCD1602 以间接方式显示当前的电压值。试用 C 语言编写程序，并用 Proteus 仿真。

解　（1）硬件设计。硬件电路设计如图 8-17 所示，其仿真所需元器件见表 8-5。

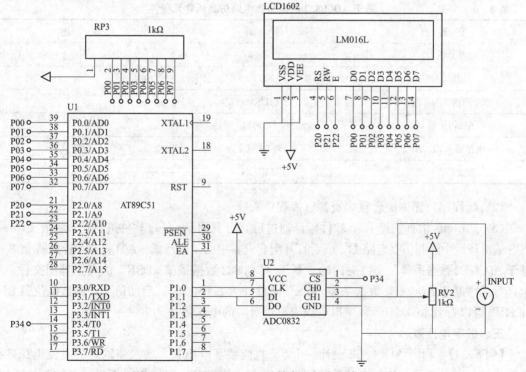

图 8-17　基于 ADC0832 的数字电压表电路原理图

表 8-5   基于 ADC0832 的数字电压表电路仿真所需元器件

元 器 件	名 称	描 述
单片机 U1	AT89C51	—
AD 转换器 U2	ADC0832	
液晶显示器 LCD1602	LM016L	
电阻排 RP3	RESPACK-8	1kΩ
电位器 RV2	POT-HG	1kΩ

（2）源程序。详见配套数字资源（源程序）。

（3）Proteus 仿真。经 Keil 软件编译通过后，可利用 Proteus 软件进行仿真。在 Proteus ISIS 编辑环境中绘制仿真电路图，或者打开配套资料中的“**第八章　A/D 和 D/A 转换器/例 8-2 基于 ADC0832 数字电压表**”文件夹内的“**基于 ADC0832 数字电压表.DSN**”仿真原理图文件。将编译好的“**基于 ADC0832 数字电压表.hex**”文件加入 AT89C51。启动仿真，调节电位器 RV2 可以看到 LCD1602 和虚拟电压表显示对应的电压数字。

二、基于 ADC0832 数据采集

【例 8-3】　利用 ADC0832 设计两通道的模拟输入采集系统，要求将输入的模拟电压转换成数字信号并处理后，通过 LCD1602 以总线方式显示当前的两个通道的电压值。试用 C 语言编写程序，并用 Proteus 仿真。

解　（1）硬件设计。硬件电路设计如图 8-18 所示，其中 P1 端口接四个按键，通过按键可以选择显示不同的信息。其仿真所需元器件见表 8-6。

表 8-6   基于 ADC0832 数据采集电路仿真所需元器件

元 器 件	名 称	描 述
单片机 U1	AT89C51	—
非门 U3	NOT	
四个两输入与非门 U2	74LS00	
AD 转换器 U4	ADC0832	
电位器 RV1、RV2	POT-HG	1kΩ
按键 S01～S04	BUTTON	

（2）源程序。详见配套数字资源（源程序）。

（3）Proteus 仿真。经 Keil 软件编译通过后，可利用 Proteus 软件进行仿真。在 Proteus ISIS 编辑环境中绘制仿真电路图，或者打开配套资料中的“**第八章　A/D 和 D/A 转换器/例 8-3 基于 ADC0832 数据采集**”文件夹内的“**基于 ADC0832 数据采集.DSN**”仿真原理图文件。将编译好的“**基于 ADC0832 数据采集.hex**”文件加入 AT89C51。启动仿真，调节电位器 RV1 和 RV2 可以看到 LCD1602 和虚拟电压表显示对应的电压数字。

三、数字电压表

【例 8-4】　利用 ADC0832 设计一个 5V 直流数字电压表，要求将输入的直流电压转换成数字信号并处理后，通过 8 位数码管进行显示，其中左边四位数码管显示 ADC0832 转换

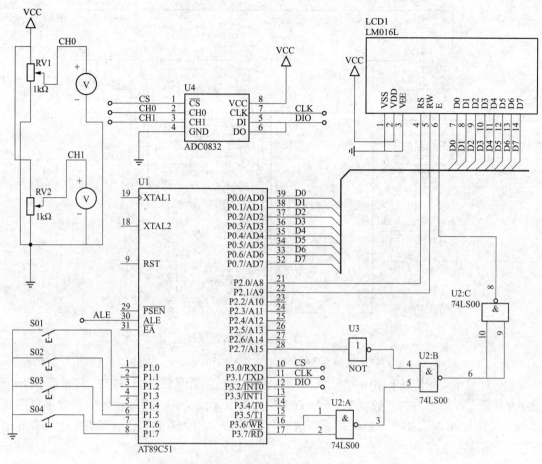

图 8-18 基于 ADC0832 数据采集电路原理图

后的数字量,右边的数码管显示经过数据处理后的实际电压值。试用 C 语言编写程序,并用 Proteus 仿真。

解 (1)硬件设计。硬件电路设计如图 8-19 所示,其仿真所需元器件见表 8-7。

表 8-7   数字电压表电路仿真所需元器件

元 器 件	名 称	描 述
单片机 U1	AT89C51	—
AD 转换器 U2	ADC0832	
电阻排 RP1	RESPACK-8	1kΩ
电阻 R1、R2	3WATT10K,3WATT220R	
电容 C1、C2	CAP	
电解电容 C3	CAP-ELEC	
晶振 X1	CRYSTAL	12MHz
电位器 RV2	POT-HG	10 kΩ
8 位共阳极数码管	7SEG-MPX8-CA-BLUE	

(2)源程序。详见配套数字资源(源程序)。

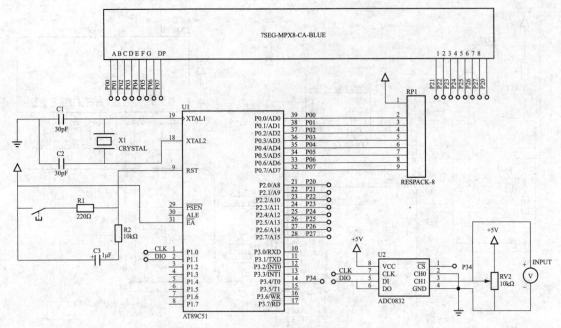

图 8-19　数字电压表电路原理图

（3）Proteus 仿真。经 Keil 软件编译通过后，可利用 Proteus 软件进行仿真。在 Proteus ISIS 编辑环境中绘制仿真电路图，或者打开配套资料中的"**第八章　A/D 和 D/A 转换器/例 8-4 数字电压表**"文件夹内的"**数字电压表.DSN**"仿真原理图文件。将编译好的"**数字电压表.hex**"文件加入 AT89C51。启动仿真，调节电位器 RV2 可以看到数码管和虚拟电压表显示对应的电压数字。

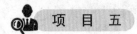 项 目 五　　　低频信号发生器设计

一、设计的任务和要求

（1）产生三种以上波形，如正弦波、三角波、矩形波等。

（2）最大频率不低于 500Hz，并且频率可按一定规律调节，如周期按 1T、2T、3T、4T 或 1T、2T、4T、8T 变化。

（3）幅度可调，峰峰值在 0～5V 之间变化。

（4）扩展要求，产生更多的频率和波形。

二、设计方案

采用 51 单片机和 DAC0832 数模转换器生成波形，加上一个低通滤波器，生成的波形比较纯净。特点是：可产生任意波形，频率容易调节，频率能达到设计的 500Hz 以上；性能高，在低频范围内稳定性好、操作方便、体积小、耗电少。其系统框图如图 8-20 所示，主要包括单片机最小系统、液晶显示电路、

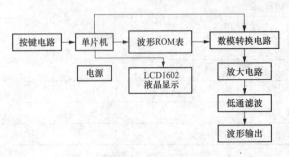

图 8-20　系统框图

电源指示、按键和波形输出及幅值调节电路构成。

三、硬件设计

系统原理图如图 8-21 所示。

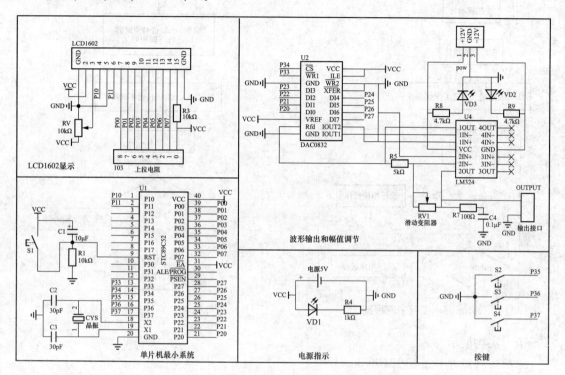

图 8-21　系统原理图

（1）数/模转换电路。DAC0832 有三种工作方式，即直通方式、单缓冲方式和双缓冲方式。本设计选用直通方式。DAC0832 的数据端口和单片机的 P2 端口相连。

/CS：片选信号输入线（选通数据锁存器），低电平有效；与单片机 P34 相连。

/WR1：数据锁存器写选通输入线，负脉冲（脉宽应大于 500ns）有效。由 ILE、CS、/WR1 的逻辑组合产生 LE1，当 LE1 为高电平时，数据锁存器状态随输入数据线变换，LE1 的负跳变时将输入数据锁存。与单片机 P33 相连。

（2）运算放大电路和低通滤波电路。第一级运算放大器的作用是将 DAC0832 输出的电流信号转化为电压信号 V1，第二级运算放大器的作用是将 V1 通过反向放大电路，放大一 R_{RV1}/R_5 倍。在第二个运算放大器的输出端连了一个低通滤波器。低通滤波器的截止频率 $f = \dfrac{1}{2\pi R_7 C_4}$，R7 为 100Ω 电阻，C4 为 104 电容，截止频率 $f = 16\text{kHz}$。

（3）按键电路。共有 4 个按键，其中 S1 为单片机复位键、S2 为波形频率加 10 键、S3 为波形频率减 10 键、S4 为波形选择键。

四、软件设计

（1）主程序流程图如图 8-22 所示。

（2）定时器 T0 中断服务程序如图 8-23 所示。

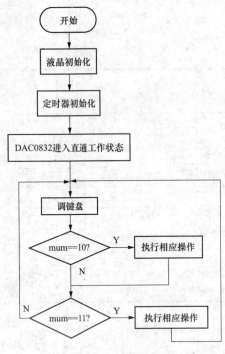

图 8-22　主程序流程图

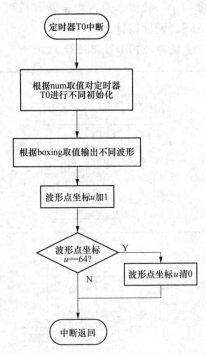

图 8-23　T0 中断服务程序流程图

五、实物展示

系统实物照片如图 8-24 所示。

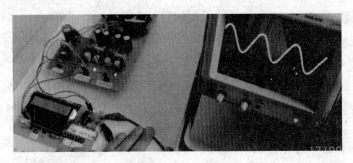

图 8-24　实物图片

微课五

低频信号发生
器系统组成及
作品演示

六、设计制作要点

（1）刚开始写的测试程序输出的波形失真很大。原图是波形的 ROM 表里的数据值过小，导致 DA 输出的误差很大。因而将波形的 ROM 表里的数据值调大，在测试时发现波形变得好多了。

（2）调试波形时发现矩形波的失真比较大。原因是低通滤波器的截止频率太低了，因而将 RC 低通滤波器的电阻 R7 由 1kΩ 换成了 100Ω，效果好很多。

（3）波形采集方法：MATLAB 软件或者康芯公司的波形生成小软件 Mif_Maker2010。当用信号发生器在示波器显示时，可看到波形实际上是由一个个点组成的。

（4）输出波形频率的控制。单片机内部有一个定时器，可以用这个定时器来控制频率。单片机的定时器溢出中断，如果装初值时全部为 0，则每 65536μs 溢出一次，则可以控制装的初值不同来控制频率，装的初值可以用公式 $1000000/(64 \times x)$ 来定义，x 代表想要的频率，因为装初值为微秒级的，所以分子扩大 1000000 倍，64 是因为一个完整的周期波形取的点数为 64 个，所以除以 64 可得到显示每个点的时候的初值，这样便可以控制频率。

习 题

1. D/A 与 A/D 转换器有哪些重要技术指标？

2. D/A 转换器由哪几部分组成？D/A 转换电路为什么要有锁存器和运算放大器？

3. 试述 DAC0832 芯片输入寄存器和 DAC 寄存器二级缓冲的优点。

4. 分别画出 [例 8-1] ～ [例 8-4] 程序流程图。

5. 线性参数和非线性参数的标度变换的各自特点是什么？

6. 根据本章实例试制作一个 5V 数字电压表实物，显示可以选择数码管或 LCD1602。

第九章　单片机扩展技术

单片机内资源少，容量小，在进行较复杂计算和控制时，它自身的资源有时远远不能满足需要。为此，应扩展其功能。51单片机的扩展性能较强，根据需要，可扩展ROM、RAM、定时器/计数器、并行I/O端口、串行端口和中断系统扩展等。本章主要介绍单片机外部总线、线选法、译码法、输入三态输出锁存、串入并出并入串出接口扩展。

第一节　单片机系统的扩展

单片机系统扩展一般包括程序存储器（ROM、EPROM、EEPROM）扩展、数据存储器（RAM）扩展、输入/输出端口（I/O）扩展、定时器/计数器扩展、中断系统扩展等。

一、最小应用系统

51单片机内部集成有8KB FLASH程序存储器，256B的RAM，对于一般小的应用系统，无需外扩RAM和ROM。如图9-1所示，其电路特点是：

（1）全部I/O端口线均可供用户使用。由于无外部ROM扩展，$\overline{EA}$引脚应接高电平。

（2）内部存储器容量有限（只有8KB地址空间）。

（3）应用系统开发简单。程序下载方便，可以多次擦写。

由图9-1可知，51单片机最小应用系统必须外接时钟和复位电路。该系统的资源如下：8 KB FLASH MEMORY，256B RAM；六源中断系统；3个16位加1定时器/计数器；一个全双工串行UART；四个并行I/O端口。

二、单片机的片外总线结构

51系列单片机片外引脚可以构成如图2-8所示的三总线结构，即地址总线（AB）、数据总线（DB）和控制总线（CB）构成。所有外部芯片都通过这三组总线进行扩展。由图2-8可知：

（1）数据总线。8位数据总线由P0端口的八位线组成，不用外接上拉电阻。

（2）地址总线。16位地址总线由P0端口承担地址低八位线即A0～A7；P2端口承担地址高八位线，即A8～A15。

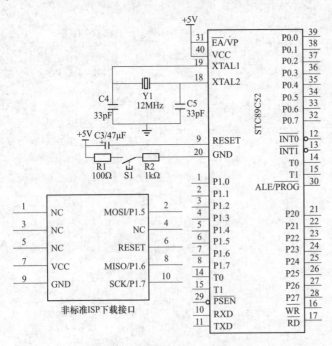

图9-1　51单片机最小应用系统

注 意

P0 端口线地址/数据总线分时复用，需用地址锁存器 74LS373 锁存地址。

（3）控制总线。控制总线包括片外系统扩展用线和片外信号对单片机的控制线。系统扩展用控制线有 $\overline{RD}$、$\overline{WR}$、$\overline{PSEN}$、ALE、$\overline{EA}$。

$\overline{RD}$、$\overline{WR}$：用于片外数据存储器（RAM）的读/写控制。当执行片外数据存储器操作指令 MOVX 时，这两个信号自动生成。

$\overline{PSEN}$：用于片外程序存储器（ROM）的读数（取指）控制。在读取 ROM 中的数据（指令）时不用 $\overline{RD}$ 信号。

ALE：用于锁存 P0 端口输出的低 8 位地址的控制线。它通常在下降沿控制锁存器锁存地址数据。

$\overline{EA}$：用于选择片内或片外程序存储器。当 $\overline{EA} = 1$（即高电平）时，访问内部程序存储器，当 PC 值超过内 ROM 范围（0FFFH）时，自动转执行外部程序存储器的程序；当 $\overline{EA} = 0$（即低电平）时，只访问外部程序存储器。

片外信号对单片机的控制线主要有 $\overline{INT0}$、$\overline{INT1}$、T0、T1、RST 等。

$\overline{INT0}$、$\overline{INT1}$：用作外部中断输出线，其触发方式可由程序设定。

T0、T1：既可以用作单片机的内部定时器，也可以作为单片机的外部事件计数器，以实现外部对单片机工作的控制。

RST：单片机的复位端。当该引脚上保持 10ms 以上高电平，即可使单片机复位，并从0000H 地址开始运行程序。

三、单片机的系统扩展能力

根据地址总线的宽度，在片外可扩展的存储器容量最大为 64KB，地址宽度为 0000H～FFFFH。

片外数据存储器与程序存储器的操作使用不同的指令和控制信号，允许两者地址重复，故片外允许扩展的程序存储器和数据存储器各为 64KB。

片外程序存储器与片内程序存储器使用同样的操作指令，片内片外程序存储器的选择靠硬件结构实现：当 $\overline{EA} = 0$ 时，不论片内有无程序存储器，CPU 都从外部程序存储器 0000H单元开始访问；当 $\overline{EA} = 1$（即高电平）时，则前 4KB 地址（0000H～0FFFH）为片内程序存储器所有，片外程序存储器的地址只能从 1000H 开始设置。因为 CPU 首先从内部程序存储器 0000H 开始访问，当 PC 值超过内 ROM 范围（0FFFH）时，自动转向执行外部程序存储器的程序，如图 9-2 所示。提示：当 $\overline{EA} = 1$（即高电平）时，对于 STC89C52 芯片，则前 8KB 地址（0000H～1FFFH）为片内，其余为片外。

四、存储器扩展

存储器的扩展方法主要有线选法和译码法。

1. 线选法

线选法把单片机高位地址分别与多个扩展芯片的片选端连通，控制选择各芯片的电平，以达到选片的目的。

线选法的优点是接线简单，适用于扩展芯片较少的场合；缺点是芯片地址不连续，地址

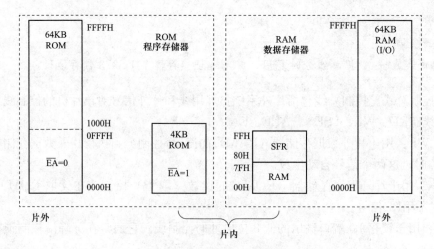

图 9-2　51 单片机系统的存储器扩展能力

空间利用率低。用线选法扩展多片存储器如图 9-3 所示。

　　图 9-3 中扩展了 2 片 2764 EPROM 和 1 片 6264 RAM。16 位地址线的低 13 位用于片内单元选择，而高 3 位用于芯片选择。也就是说，单片机发出的 16 位地址码中，既包含了字选控制，又包含了片选控制，而片选控制线任一时刻只能有一条线为低电平，以保证该时刻只有一片芯片工作，否则将会发生地址冲突。3 片存储器的地址空间分配见表 9-1。

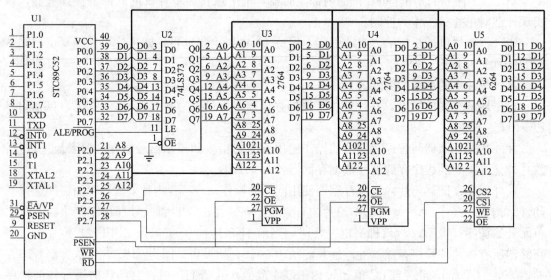

图 9-3　用线选法扩展多片存储器

表 9-1　　　　　　　　　　　　图 9-3 中外扩存储器的地址空间分配

芯片序号	存储器	容量(KB)	$A_{15}\ A_{14}\ A_{13}$ (P2.7 P2.6 P2.5)	A12～A0	地址编码
U3	2764	8	1 1 0	0000000000000～1111111111111	C000H～DFFFH
U4	2764	8	1 0 1	0000000000000～1111111111111	A000H～BFFFH
U5	6264	8	0 1 1	0000000000000～1111111111111	6000H～7FFFH

　　关于 2764 和 6264 系列芯片的命名规则：

（1）型号：2764，前两位数 27 表示 EPROM，后两位 64÷8＝8KB 容量；27128 容量有 128÷8＝16KB；27256 容量有 256÷8＝32KB。

（2）型号：6264，前两位数 62 表示 SRAM，后两位 64÷8＝8KB 容量；62128 容量有 128÷8＝16KB；62256 容量有 256÷8＝32KB。

2. 译码法

译码法是通过译码电路决定扩展芯片地址的方法。译码电路常选择集成芯片如 74HC138（3－8 译码器）、74HC139（双 2－4 译码器）和 PLD 器件实现。

译码法的优点是适用于扩展芯片较多的场合，芯片地址连续，地址空间利用率高，缺点是接线复杂。用译码法扩展多片存储器如图 9－4 所示。

图 9－4 中扩展了 2 片 2764 EPROM 和 2 片 6264 RAM。16 位地址线的低 13 位用于片内单元选择，而高 2 位 A14A13 用于地址译码，高位地址线 A15 用于控制 74HC139 译码器的使能端，译码器的输出信号用于 4 个芯片的选择。4 片存储器的地址空间分配见表 9－2。

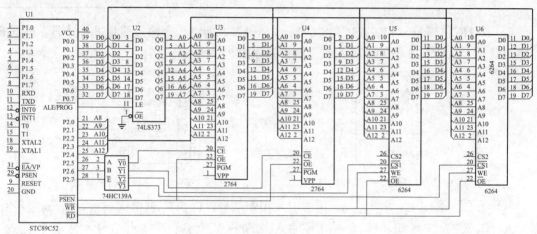

图 9－4　用译码法扩展多片存储器

表 9－2　　　　　　　　　　图 9－4 中外扩存储器的地址空间分配

芯片序号	存储器	容量（KB）	$A_{15} A_{14} A_{13}$	$A_{12} \sim A_0$	地址编码
U3	2764	8	0 0 0	0000000000000～1111111111111	0000H～1FFFH
U4	2764	8	0 0 1	0000000000000～1111111111111	2000H～3FFFH
U5	6264	8	0 1 0	0000000000000～1111111111111	4000H～5FFFH
U6	6264	8	0 1 1	0000000000000～1111111111111	6000H～7FFFH

3. 存储器与单片机三总线的连接关系

由图 9－3 和图 9－4 可知存储器与单片机三总线的连接关系如下：

（1）数据线 D0～DN 连接数据总线 DB0～DBN；

（2）地址线 A0～AN 连接地址总线低位 AB0～ABN；

（3）片选线 CS 连接地址总线高位 ABN＋X；

（4）读写线 $\overline{OE}$、$\overline{WE}$ 分别连接读写控制线 $\overline{RD}$ 和 $\overline{WR}$。

4. 译码芯片

（1）74HC139 译码器。74HC139 片中共有两个 2－4 译码器，其 DIP16 封装引脚排列如

图 9-5 所示。

其中，$\overline{E}$ 为使能端，低电平有效。A、B 为选择端，即译码输入，控制译码输出的有效性。Y0、Y1、Y2、Y3 为译码输出信号，低电平有效。

74HC139 对两个输入信号译码后得到 4 个输出状态，其真值表见表 9-3。

表 9-3　　　　　　　　　　　　　　　　74HC139 真值表

输入端			输出端			
使能	选择		Y0	Y1	Y2	Y3
$\overline{E}$	B	A				
1	×	×	1	1	1	1
0	0	0	0	1	1	1
0	0	1	1	0	1	1
0	1	0	1	1	0	1
0	1	1	1	1	1	0

（2）74HC138 译码器。74HC138 是 3-8 译码器，即对 3 个输入信号进行译码，得到 8 个输出状态。74HC138 的 DIP16 封装引脚排列如图 9-6 所示。

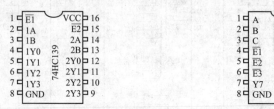

图 9-5　74HC139 译码器引脚图　　　　图 9-6　74HC138 译码器引脚图

其中，$\overline{E1}$、$\overline{E2}$、E3 为使能端，用于引入控制信号。$\overline{E1}$、$\overline{E2}$ 低电平有效，E3 高电平有效。A、B、C 为选择端，即译码信号输入。Y0～Y7 为译码输出信号，低电平有效。74HC138 的真值表见表 9-4。

表 9-4　　　　　　　　　　　　　　　　74HC138 真值表

输入端						输出端							
使能			选择			Y0	Y1	Y2	Y3	Y4	Y5	Y6	Y7
E3	$\overline{E2}$	$\overline{E1}$	C	B	A								
1	0	0	0	0	0	0	1	1	1	1	1	1	1
1	0	0	0	0	1	1	0	1	1	1	1	1	1
1	0	0	0	1	0	1	1	0	1	1	1	1	1
1	0	0	0	1	1	1	1	1	0	1	1	1	1
1	0	0	1	0	0	1	1	1	1	0	1	1	1
1	0	0	1	0	1	1	1	1	1	1	0	1	1
1	0	0	1	1	0	1	1	1	1	1	1	0	1
1	0	0	1	1	1	1	1	1	1	1	1	1	0
0	×	×	×	×	×	1	1	1	1	1	1	1	1
×	1	×	×	×	×	1	1	1	1	1	1	1	1
×	×	1	×	×	×	1	1	1	1	1	1	1	1

5. 锁存芯片

常用的地址锁存芯片有 74HC373、74HC573 和 74HC273。74HC373 与 74HC573 只是引脚布置的不同，74HC273 的 11 脚 G 逻辑与以上相反，如图 9-7 所示。

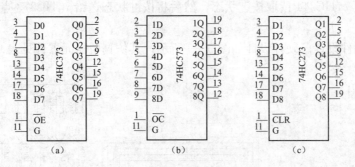

图 9-7 常用的地址锁存芯片

第二节 简单 I/O 端口扩展

只要根据"输入三态，输出锁存"与总线相连的原则，选择 74HC 系列的 TTL 电路或 MOS 电路即能组成简单的扩展 I/O 端口。例如采用 8 位三态缓冲器 74HC244 组成输入端口，采用 8D 锁存器 74HC273、74HC373、74HC377 等组成输出端口。

一、简单的并行输入、输出端口扩展电路

由于 51 单片机是将外部 I/O 端口和外部 RAM 单元统一编址的，这样每个扩展的端口如同一个扩展的外部 RAM 单元一样。因此，访问外部 I/O 端口和访问外部 RAM 单元一样，都是使用 MOVX 类指令。

图 9-8 给出了一种简单的输入、输出端口扩展电路。

由图 9-8 可知，输入和输出端口都是在 P2.7 为 0 时有效，故输入端口和输出端口占有相同的地址编号（设为 7FFFH），但由于它们分别由 $\overline{RD}$ 和 $\overline{WR}$ 信号控制，仍然不会发生冲突。

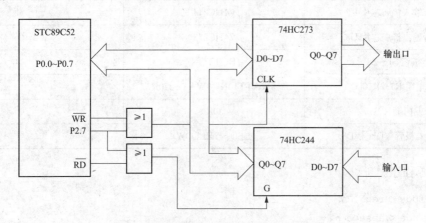

图 9-8 简单的输入、输出端口扩展电路

如果要访问 74HC273 可以使用如下两条语句来实现，即 "♯define HC273 XBYTE

［0x7fff］"和"HC273＝ACC;"。若是访问 74HC244 可以使用如下两条语句来实现，即"♯ define HC244 XBYTE ［0x7fff］和 ACC＝ HC244;"。

【例 9-1】　以图 9-8 为例，其中 74HC244 外接 8 个按键，74HC273 接 8 个发光二极管，单片机通过 74HC244 读取按键状态，然后将按键状态送给 74HC273 点亮对应的发光二极管。

　　解　（1）硬件设计。硬件设计如图 9-9 所示，其仿真所需元器件见表 9-5。

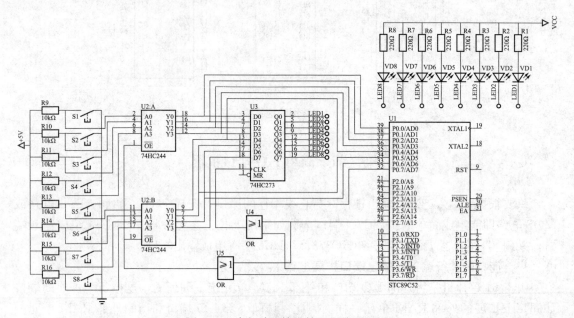

图 9-9　串行端口输出扩展电路原理图

表 9-5　　　　　　　　　　　　串行端口输出扩展电路仿真所需元器件

元 器 件	名 称	描 述
单片机 U1	AT89C51	—
并行输入扩展芯片 U2	74HC244	
并行输出扩展芯片 U3	74HC273	
按钮 S1~S8	BUTTON	
电阻 R1~R16	3WATT10K, 3WATT220R	
或门 U4、U5	OR	
发光二极管 VD1~VD8	LED - YELLOW	

（2）源程序。

```
# include < reg51. h>
# include < absacc. h>
# defineHC244 XBYTE[0x7fff]
# defineHC273 XBYTE[0x7fff]
void main(){while(1){ACC=HC244;                    //读 74HC244
```

```
        HC273=ACC;                              //写 74HC273
    }}
```

（3）Proteus 仿真。经 Keil 软件编译通过后，可利用 Proteus 软件进行仿真。在 Proteus ISIS 编辑环境中绘制仿真电路图，或者打开配套资料中的"**第九章　单片机扩展技术/例 9-1 简单 IO 的扩展**"文件夹内的"**简单 IO 的扩展.DSN**"仿真原理图文件。将编译好的"**简单 IO 的扩展.hex**"文件加入 STC89C52。启动仿真，可以看到当按下按钮 S1、S4 和 S7，发光二极管 VD1、VD4 和 VD7 被点亮。

二、用串行端口扩展 I/O 端口

当 51 单片机串行端口工作在方式 0 时，使用移位寄存器芯片可以扩展一个或多个 8 位并行 I/O 端口。这种方法不会占用片外 RAM 地址，而且可节省单片机的硬件开销。缺点是操作速度较慢，扩展芯片越多，速度越慢。

图 9-10 和图 9-11 分别给出了利用串行端口扩展 2 个 8 位并行输入端口（使用 74HC165）和扩展 2 个 8 位并行输出端口（使用 74HC164）的接口电路。

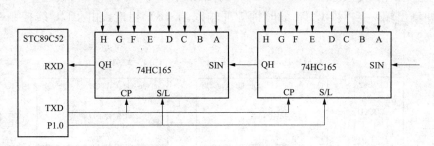

图 9-10　利用串行端口扩展并行输入端口

在图 9-10 中，单片机的 RXD（P3.0）作为串行输入端与 8 位并行输入串行输出移位寄存器 74HC165 的串行输出端 QH 相连；TXD（P3.1）为移位脉冲输出端，与所有的 74HC165 芯片的移位脉冲输出端相连；用一根 I/O 线 P1.0 与 74HC165 的置位/移位（S/L）相连，以控制 74HC165 的置位和移位扩展多个 8 位输出端口时，应将两芯片的首尾（QH 与 SIN）相连。根据该扩展电路，以两个 8 位并行端口读入 16 组字节数据，并把它们转存到内部 RAM 数据区（设首地址为 30H）。程序如下：

```
# include  <AT89X51.H>                    // C 参考程序(查询方式)。
# define uchar unsigned char
uchar * R0;                               //定义内部 RAM 数据区指针
void serial();                            //串行端口函数原型
void main(){    uchar i;
    R0=0x30;                              //内部 RAM 数据区指针赋初值
    F0=1;                                 //设置读入字节奇偶标志,第一个 8 位数为偶
    for(i=0;i<16;i++ ){    serial();    } //读 16 组数
    while(1);
}
void serial(){
    P1_0= 0;                             //74HC165 置入数据
    P1_0= 1;                             //允许 74HC165 串行移位
```

```
RCVI: SCON=0x10;                              //方式 0，允许接收并启动接收过程
STP: if (RI==0)    goto STP;                   //等待接收一个 8 位数
    RI=0;                                      //清 RI 标志，以备下次接收
    ACC=SBUF;                                  //读入数据
    * R0=ACC;                                  //数据送存
    R0++ ;                                     //指向数据区下一个地址
    F0=! F0;                                   //指向第奇数个 8 位数
    if (F0==0) goto RCVI;                       //如未读完奇数个 8 位数转 RCVI
}
```

程序中用户标志位 F0 用来标志一组数中前 8 位与后 8 位。前 8 位为 74HC165（1）并行端口的输入数据，F0 标志为 1；后 8 位为 74HC165（2）并行端口的输入数据，F0 标志为 0。P1.0 控制置入一次，串行端口应接收到两个 8 位数据（一组）。

图 9-11 中使用 8 位串入并出移位寄存器 74HC164 扩展并行输出端口，用单片机的 RXD（P3.0）端作为串行输出与 74HC164 的数据输入端（1、2 脚）相连；TXD（P3.1）为移位脉冲输出端，与 74HC164 的时钟脉冲输入端（8）相连，由 P1.0 线控制 74HC164 的清除端（9）。

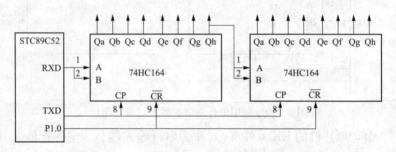

图 9-11　利用串行端口扩展并行输出端口

项 目 六　　　　数码管万年历设计

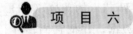

一、设计任务和要求

（1）数码管能够动态显示阳历的年、月、日以及星期、时、分、秒，并具有自动校准和闰年补偿功能。

（2）能够通过按键调节时间及日期。

二、设计方案

采用 STC89C52 芯片作为硬件核心，LED 数码管动态扫描进行显示；DS1302 时钟芯片是一款高性能的时钟芯片，可自动对秒、分、时、日、周、月、年以及闰年补偿的年进行计数，并能够通过按键调节时间。其系统框图如图 9-12 所示。

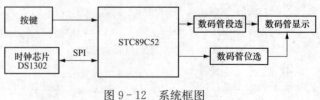

图 9-12　系统框图

三、硬件设计

系统原理图如图 9-13 所示。

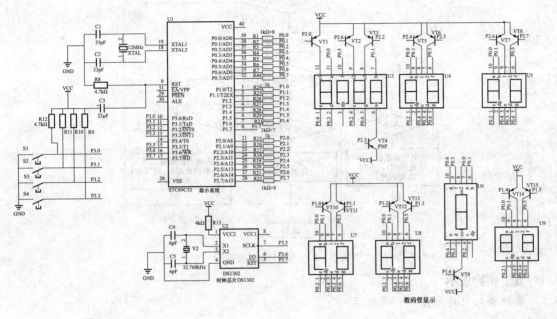

图 9-13 系统原理图

四、软件设计

主程序流程图如图 9-14 所示。DS1302 流程图如图 9-15 所示。按键操作流程图如图 9-16 所示。

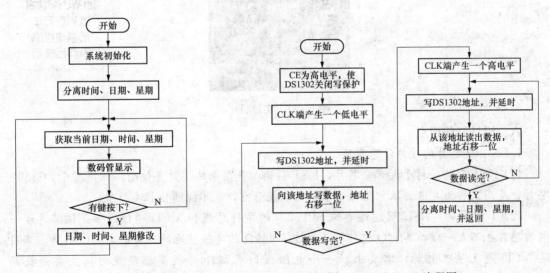

图 9-14 主程序流程图

图 9-15 DS1302 流程图

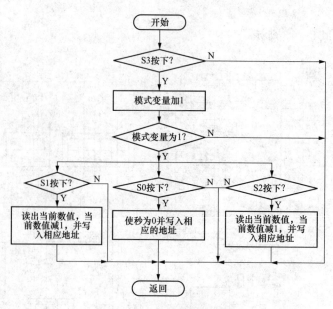

图 9-16　按键操作流程图

五、实物展示

系统实物照片如图 9-17 所示。

图 9-17　实物照片

六、设计制作要点

1. DS1302 芯片的硬件注意事项

（1）RST 引脚：对于大部分芯片，RST 引脚都是用来给芯片复位的，但是对于 DS1302 芯片，是用来作为片选的很重要的信号，既不能悬空，也不能随便拉高拉低。

（2）I/O 引脚：DS1302 通过类似 SPI 端口的串行总线和 MCU 通信，但是该芯片和一般的芯片也不太一样，其 I/O 内部都是经过了 40kΩ 的电阻接地的；特别是 I/O 引脚，直接连 MCU 是无法工作的，需要上拉一个电阻（如 4.7kΩ），提高驱动能力（主要是提高 DS1302 的输出能力）。这里，最好是三个信号（RST、IO、SCK）都按一个 4.7 kΩ 的上拉电阻。

2. DS1302 芯片的软件注意事项

（1）读数时，要先读入 I/O 数据，再将 CLK 拉高，进而将 CLK 拉低，准备读取下一个数字。注意，芯片数据手册上"下降沿芯片会将数据放到 I/O 上"；上升沿后，芯片 I/O 进入高阻态。访问寄存器不能太快，实际测试大概两次访问间隔最短极限为 5ms。

（2）写入前需要修改 WP 标志位。注意是将 WP "清零"来使能写入。

习　题

1. 试以 STC89C52 为主机，用 2 片 2764 EPROM 扩展 16KB ROM，画出硬件接线图。

2. 设计扩展 2KB RAM 和 4KB EPROM 的电路图。

3. 当单片机应用系统中数据存储器 RAM 地址和程序存储器 EPROM 地址重叠时，是否会发生数据冲突，为什么？

4. 51 单片机在应用中 P0 和 P2 是否可以直接作为输入/输出连接开关、指示灯等外围设备？

第十章 常用串行总线扩展技术

本章主要讲述了 I²C、SPI、单总线三种单片机串行端口总线及其典型芯片 24C02、DS1302、DS18B20 芯片的应用。

第一节 I²C 总线及其应用

一、I²C 总线简介

1. I²C 总线的主要特点

I²C 总线是由 PHILIPS 公司开发的一种简单的双向二线制同步串行总线。它只需要两根线即在连接于总线上的器件之间传送信息。这种总线的主要特点有：

（1）总线只有两根线，即串行时钟线（SCL）和串行数据线（SDA），这在设计中大大减少了硬件端口。

（2）每个连接到总线上的都有一个用于识别的器件地址，器件地址由芯片内部硬件电路和外部地址引脚同时决定，避免了片选线的连接方法，并建立简单的主从关系，每个器件既可以作为发送器，又可以作为接收器。

（3）同步时钟允许器件以不同的波特率进行通信。

（4）同步时钟可以作为停止或重新启动串行端口发送的握手信号。

（5）串行的数据传输位速率在标准模式下可达 100kbit/s，快速模式下可达 400kbit/s，高速模式下可达 3.4Mbit/s。

（6）连接到同一总线的集成电路数只受 400pF 的最大总线电容的限制。

2. I²C 总线的基本结构

I²C 总线只有两根信号线，一根是双向的数据/地址线 SDA（Serial Data Line）；另一根是串行时钟总线 SCL（Serial Clock Line）。所有连接到 I²C 总线上的设备的串行数据线都接到总线的 SDA 上，而设备的串行时钟线都接到总线的 SCL 上。如图 10 - 1 所示为典型 I²C 总线外围扩展系统示意图。

一个单片机外围系统可以扩展多个 I²C 总线器件，每个器件需要设定不同的地址。这样单片机可以根据器件的不同地址进行识别并与之进行相互间的数据传输。挂接到总线上的所有外围器件的外设端口都是总线上的节点。在任何时刻总线上只有一个主控器件实现总线的控制操作。

I²C 总线的数据传送速率在标准工作方式下为 100kbit/s。在快速方式下，最高传送速率可达 400kbit/s。需要说明的是，应用时两根总线必须接有 5～10kΩ 的上拉电阻，即图 10 - 1 中的 RP。

3. I²C 总线信息传送

当 I²C 总线没有进行信息传送时，数据线（SDA）和时钟线（SCL）都为高电平。当主控制器向某个器件传送信息时，首先应向总线传送开始信号，然后才能传送信息，当信息传

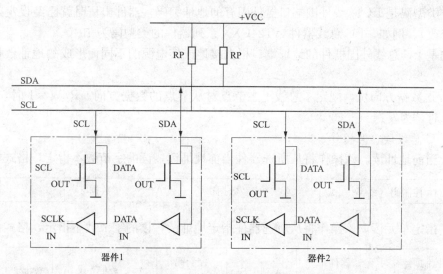

图 10 - 1　I²C 总线的基本结构

送结束时应传送结束信号。开始信号和结束信号规定如下：

开始信号：SCL 为高电平时，SDA 由高电平向低电平跳变，开始传送数据。

结束信号：SCL 为高电平时，SDA 由低电平向高电平跳变，结束传送数据。

开始信号和结束信号之间传送的是信息，信息的字节数没有限制，但每个字节必须为 8 位，高位在前，低位在后。数据线 SDA 上每一位信息状态的改变只能发生在时钟线 SCL 为低电平的期间，因为 SCL 高电平期间 SDA 状态的改变已经被用来表示开始信号和结束信号。每个字节后面必须接收一个应答信号（ACK），ACK 是从控制器在接收到 8 位数据后向主控制器发出的特定的低电平脉冲，用以表示已收到数据。主控制器接收到应答信号（ACK）后，可根据实际情况作出是否继续传递信号的判断。若未收到 ACK，则判断为从控制器出现故障。具体情况如图 10 - 2 所示。

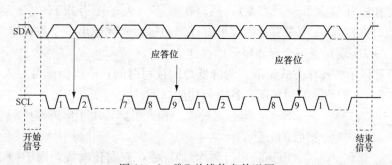

图 10 - 2　I²C 总线信息传送图

主控制器每次传送的信息的第一个字节必须是器件地址码，第二个字节为器件单元地址，用于实现选择所操作的器件的内部单元，从第三个字节开始为传送的数据。其中器件地址码格式如下：

D7	D6	D5	D4	D3	D2	D1	D0
器件类型码				片选			R/$\overline{W}$

器件类型码是 I²C 总线外围端口器件固有的地址编码，器件出厂时就已经设定好的（用户不能修改）。例如，I²C 总线器件 AT24CXX 系列器件的类型码为 1010。

片选是 I²C 总线外围器件的地址端口根据接地或接电源的不同而形成的地址数据（由用户控制）。

R/$\overline{W}$是数据方向位，规定了总线上主节点对从节点的数据方向。R/$\overline{W}$＝1 时，为接收；R/$\overline{W}$＝0 时，为发送。

4．I²C 总线读、写操作

（1）当前地址读。该操作将从所选器件当前地址读，读的字节数不指定，格式如下：

S	控制码（R/$\overline{W}$=1）	A	数据1	A	数据2	A	P

（2）指定单元读。该操作将从所选器件指定地址读，读的字节数不指定，格式如下：

S	控制码（R/$\overline{W}$=0）	A	器件单元地址	A	S	控制码（R/$\overline{W}$=1）	A	数据1	A	数据2	A	P

（3）指定单元写。该操作将从所选器件指定地址写，写的字节数不指定，格式如下：

S	控制码（R/$\overline{W}$=0）	A	器件单元地址	A	数据1	A	数据2	A	P

其中：S 表示开始信号，A 表示应答信号，P 表示结束信号。

二、AT24C02 存储器的软硬件设计

下面以 AT24C02 为例，介绍 I²C 器件的基本应用。

1．AT24C02 简介

AT24C02 是美国 ATMEL 公司的低功耗 CMOS 串行 EEPROM，它内含 256×8 位存储空间，具有工作电压宽（2.5～5.5V）、擦写次数多（大于 1 万次）、写入速度快（小于 10ms）等特点。AT24C02 中带有片内寻址寄存器。每写入或读出一个数据字节，该地址寄存器自动加 1，以实现对下一个存储单元的操作。

所有字节都以单一操作方式读取。为降低总的读写时间，一次操作可写入多达 8B 的数据。图 10-3 为 AT24C02 的封装图。各引脚功能如下：

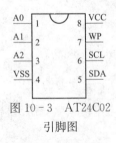

图 10-3　AT24C02
引脚图

SCL：串行时钟线，输入引脚，用于形成器件所有数据发送或接收的时钟。

SDA：串行数据/地址线，双向传输线，用于传送地址和所有数据的发送或接收。它是一个漏极开路端，因此要求接一个上拉电阻到 VCC 端（速率为 100kHz 时电阻为 10kΩ，400kHz 时为 1kΩ）。对于一般的数据传输，仅在 SCL 为低电平期间，SDA 才允许变化。SCL 为高电平期间，留给开始信号（START）和停止信号（STOP）。

A0、A1、A2：器件地址输入端。这些输入端用于多个器件级联时设置器件地址，当这些引脚悬空时默认值为 0（CAT24WC01 除外）。

WP：写保护。如果 WP 引脚连接到 VCC，所有的内容都被写保护（只能读）。当 WP 引脚连接到 VSS 或悬空，允许对器件进行正常的读/写操作。

VCC：电源线。

VSS：地线。

2. AT24C02 写操作

（1）字节写。在字节写模式下，主器件发送起始命令和从器件地址信息 R/$\overline{W}$ 位置零给从器件，在从器件产生应答信号后，主器件发送 AT24C01/02/04/08/16 的字节地址，主器件在收到从器件的另一个应答信号后，再发送数据到被寻址的存储单元。AT24C01/02/04/08/16 再次应答，并在主器件产生停止信号后，开始内部数据的擦写，在内部擦写过程中 AT24C01/02/04/08/16 不再应答主器件的任何请求。图 10-4 中 S 表示开始，P 表示结束。应答信号 0 均为从器件发出。

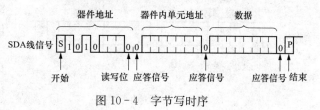

图 10-4　字节写时序

（2）页写。用页写，AT24C01 可一次写入 8 个字节数据，AT24C02/04/08/16 可以一次写入 16 个字节的数据。页写操作的启动和字节写一样，不同在于传送了一字节数据后并不产生停止信号。主器件被允许发送 P（AT24C01：P＝7；AT24C02/04/08/16：P＝15）个额外的字节。每发送一个字节数据后，AT24C01/02/04/08/16 产生一个应答位并将字节地址低位加 1，高位保持不变。页写时序如图 10-5 所示。

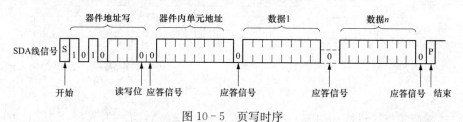

图 10-5　页写时序

如果在发送停止信号之前主器件发送超过 P＋1 个字节，地址计数器将自动翻转，先前写入的数据被覆盖。

接收到 P＋1 字节数据和主器件发送的停止信号后，AT24CXXX 启动内部写周期将数据写到数据区。所有接收的数据在一个写周期内写入 AT24C01/02/04/08/16。

（3）应答查询。可以利用内部写周期时禁止数据输入这一特性。一旦主器件发送停止位指示主器件操作结束时，AT24CXX 启动内部写周期，应答查询立即启动，包括发送一个起始信号和进行写操作的从器件地址。如果 AT24C02/04/08/16 正在进行内部写操作，不会发送应答信号。如果 AT24C02/04/08/16 已经完成了内部自写周期，将发送一个应答信号，主器件可以继续进行下一次读写操作。

（4）写保护。写保护操作特性可使用户避免由于不当操作而造成对存储区域内部数据的改写，当 WP 引脚接高电平时，整个寄存器区全部被保护起来而变为只可读取。AT24C01/02/04/08/16 可以接收从器件地址和字节地址，但是装置在接收到第一个数据字节后不发送应答信号，从而避免寄存器区域被编程改写。

3. AT24C02 读操作

对 AT24C01/02/04/08/16 读操作的初始化方式和写操作时一样，仅把 R/$\overline{W}$ 位置为 1，有三种不同的读操作方式，即立即地址读、选择读和连续读。

（1）立即地址读。图 10-6 为 AT24CXX 立即地址读时序图。AT24C01/02/04/08/16 的地址计数器内容为最后操作字节的地址加 1。也就是说，如果上次读/写的操作地址为 N，则立即读的地址从地址 N+1 开始。如果 N=E（这里对于 24C01，E=127；对于 24C02，E=255；对于 24WC04，E=511；对于 24C08，E=1023；对于 24C16，E=2047），则计数器将翻转到 0，且继续输出数据。AT24WC01/02/04/08/16 接收到从器件地址信号后（R/$\overline{W}$ 位置 1），它首先发送一个应答信号，然后发送一个 8 位字节数据。主器件不需发送一个应答信号，但要产生一个停止信号。

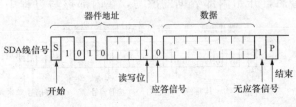

图 10-6　立即地址读时序

（2）选择读。选择读操作允许主器件对寄存器的任意字节进行读操作，主器件首先通过发送起始信号、从器件地址和它想读取的字节数据的地址执行一个伪写操作。在 AT24C01/02/04/08/16 应答之后，主器件重新发送起始信号和从器件地址。此时 R/$\overline{W}$ 位置 1，AT24C01/02/04/08/16 响应并发送应答信号，然后输出所要求的一个 8 位字节数据，主器件不发送应答信号但产生一个停止信号。选择读时序如图 10-7 所示。

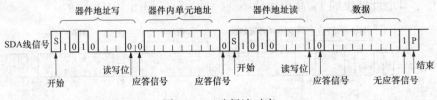

图 10-7　选择读时序

（3）连续读。连续读操作可通过立即读或选择读操作启动，在 AT24C01/02/04/08/16 发送完一个 8 位字节数据后，主器件产生一个应答信号来响应，告知 CAT24WC01/02/04/08/16 主器件要求更多的数据，对应每个主机产生的应答信号 AT24C01/02/04/08/16 将发送一个 8 位数据字节。当主器件不发送应答信号而发送停止位时结束此操作。

从 AT24C01/02/04/08/16 输出的数据按顺序由 N 到 N+1 输出。读操作时地址计数器在 CAT24WC01/02/04/08/16 整个地址内增加，这样整个寄存器区域可在一个读操作内全部读出。当读取的字节超过 E（对于 24C01，E=127；对于 24C02，E=255；对于 24C04，E=511；对于 24C08，E=1023；对于 24C16，E=2047），计数器将翻转到零并继续输出数据字节。连续读时序如图 10-8 所示。

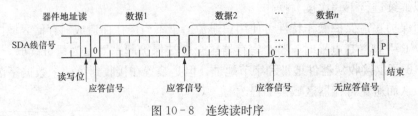

图 10-8　连续读时序

4. AT24C02 应用举例

【例 10 - 1】　利用单片机将数据串"0x7e，0xbd，0xdb，0xe7，0xdb，0xbd，0x7e，0xff"写入 AT24C02，然后依次将其读出并传送至 P0 和 P2 端口进行显示。试用 C 语言编写程序，并用 Proteus 仿真。

解　(1) 硬件设计。硬件电路设计如图 10-9 所示，其仿真所需元器件见表 10-1。

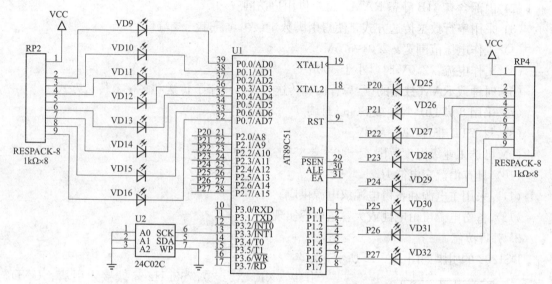

图 10 - 9　AT24C02 读写电路原理图

表 10 - 1　　　　　　　AT24C02 读写硬件电路仿真所需元器件

元 器 件	名　　称	描　　述
单片机 U1	AT89C51	—
I²C 存储芯片 U2	24C02C	
电阻排 RP2 和 RP4	RESPACK - 8	
发光二极管 VD9～VD16，VD25～VD32	LED - YELLOW	

(2) 源程序。详见配套数字资源（源程序）。

(3) Proteus 仿真。经 Keil 软件编译通过后，可利用 Proteus 软件进行仿真。在 Proteus ISIS 编辑环境中绘制仿真电路图，或者打开配套数字资源（源程序）中的"**第十章　常见串行总线扩展技术/例 10 - 1　24C02**"文件夹内的"24C02. DSN"仿真原理图文件。将编译好的"24C02. hex"文件加入 AT89C51。启动仿真，观看仿真效果。

第二节　SPI 总线及其应用

一、SPI 总线简介

　　SPI 总线又称为同步串行外设接口，是一种符合工业标准、全双工、三线或四线通信方式的总线系统。它允许 MCU 与各种外围设备以串行方式进行通信。在 SPI 接口中，数据的传输需要一条时钟线、一条数据线和一条控制线（有些芯片需要两条控制线）。SPI 可以工作在主模式下或从模式下。在主模式下每位数据发送/接收需要一个时钟周期。

二、DS1302 实时时钟芯片

1. DS1302 的主要性能指标

（1）DS1302 实时时钟具有能计算 2100 年之前的秒、分、时、日、日期、星期、月、年的能力，还有闰年调整的能力。

（2）内部含有 31B 静态 RAM，可提供用户访问。

（3）采用串行数据传送方式，使得引脚数量最少，简单三线端口。

（4）工作电压范围宽：2.0～5.5V。

（5）工作电流：2.0V 时，小于 300nA。

（6）时钟或 RAM 数据的读/写有两种传送方式：单字节传送和多字节传送方式。

（7）采用 8 脚 DIP 封装或 SOIC 封装。

（8）与 TTL 兼容，$V_{CC}=5V$。

（9）可选工业级温度范围：$-40\sim+85℃$。

（10）具有涓流充电能力。

（11）采用主电源和备份电源双电源供应。

（12）备份电源可由电池或大容量电容实现。

2. 引脚功能

DS1302 的引脚如图 10 - 10 所示。

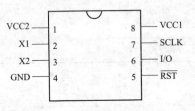

图 10 - 10　DS1302 引脚图

其中，X1、X2：32.768kHz 晶振接入引脚；GND：地；$\overline{RST}$：复位引脚，低电平有效；I/O：数据输入/输出引脚，具有三态功能；SCLK：串行时钟输入引脚；VCC1：工作电源引脚；VCC2：备用电源引脚。

3. DS1302 的寄存器及片内 RAM

DS1302 有一个控制寄存器、12 个日历、时钟寄存器和 31 个 RAM。

（1）控制寄存器。控制寄存器用于存放 DS1302 的控制命令字，DS1302 的 $\overline{RST}$ 引脚回到高电平后写入的第一个字就为控制命令。它用于对 DS1302 读写过程进行控制，格式如下：

D7	D6	D5	D4	D3	D2	D1	D0
1	RAM/$\overline{CK}$	A4	A3	A2	A1	A0	RD/$\overline{W}$

其中，D7：固定为 1；D6：RAM/$\overline{CK}$ 位，片内 RAM 或日历、时钟寄存器选择位；D5～D1：地址位，用于选择进行读写的日历、时钟寄存器或片内 RAM。对日历、时钟寄存器或片内 RAM 的选择见表 10 - 2。

表 10 - 2　　　　　　　　　　日历、时钟寄存器的选择

寄存器名称	D7	D6	D5	D4	D3	D2	D1	D0
	1	RAM/CK	A4	A3	A2	A1	A0	R/W
秒寄存器	1	0	0	0	0	0	0	0 或 1

续表

寄存器名称	D7	D6	D5	D4	D3	D2	D1	D0
	1	RAM/CK	A4	A3	A2	A1	A0	R/W
分寄存器	1	0	0	0	0	0	1	0或1
小时寄存器	1	0	0	0	0	1	0	0或1
日寄存器	1	0	0	0	0	1	1	0或1
月寄存器	1	0	0	0	1	0	0	0或1
星期寄存器	1	0	0	0	1	0	1	0或1
年寄存器	1	0	0	0	1	1	0	0或1
写保护寄存器	1	0	0	0	1	1	1	0或1
慢充电寄存器	1	0	0	1	0	0	0	0或1
时钟突发模式	1	0	1	1	1	1	1	0或1
RAM0	1	1	0	0	0	0	0	0或1
⋮	1	1	⋮	⋮	⋮	⋮	⋮	0或1
RAM30	1	1	1	1	1	1	0	0或1
RAM突发模式	1	1	1	1	1	1	1	0或1

（2）日历、时钟寄存器。DS1302 共有 12 个寄存器，其中有 7 个与日历、时钟相关，存放的数据为 BCD 码形式。日历、时钟寄存器的格式见表 10-3。

表 10-3　　　　　　　　　　　　　日历、时钟寄存器的格式

寄存器名称	取值范围	D7	D6	D5	D4	D3	D2	D1	D7
秒寄存器	00~59	CH	秒的十位			秒的个位			
分寄存器	00~59	0	分的十位			分的个位			
小时寄存器	01~12 或 00~23	12/24	0	A/P	HR	小时的个位			
日寄存器	01~31	0	0	日的十位		日的个位			
月寄存器	01~12	0	0	0	1 或 0	月的个位			
星期寄存器	01~07	0	0	0	0	星期几			
年寄存器	01~99	年的十位				年的个位			
写保护寄存器		WP	0	0	0	0	0	0	0
慢充电寄存器		TCS	TCS	TCS	TCS	DS	DS	DS	DS
时钟突发模式									

说明：

1）数据都用 BCD 码形式。

2）小时寄存器的 D7 位为 12 小时制/24 小时制的选择位，当为 1 时选 12 小时制，当为 0 时选 24 小时制。当 12 小时制时，D5 位为 1 是上午（A），D5 位为 0 是下午（P），D4 为小时的十位。当 24 小时制时，D5、D4 位为小时的十位。

3）秒寄存器中的 CH 位为时钟暂停位，为 1 时钟暂停，为 0 时钟开始启动。

4）写保护寄存器中的 WP 为写保护位。当 WP＝1，写保护；当 WP＝0，未写保护。

当对日历、时钟寄存器或片内 RAM 进行写时 WP 应清零，当对日历、时钟寄存器或片内 RAM 进行读时 WP 一般置 1。

5）慢充电寄存器的 TCS 位为控制慢充电的选择，当它为 1010 才能使慢充电工作。DS 为二极管选择位。DS 为 01 选择一个二极管，DS 为 10 选择两个二极管，DS 为 11 或 00 充电器被禁止，与 TCS 无关。RS 用于选择连接在 VCC2 与 VCC1 之间的电阻，RS 位为 00，充电器被禁止，与 TCS 无关。电阻选择情况见表 10-4。

表 10-4   RS 对电阻的选择

RS 位	电阻器	阻值（kΩ）
00	无	无
01	R1	2
10	R2	4
11	R3	8

（3）片内 RAM。DS1302 片内有 31 个 RAM 单元，对片内 RAM 的操作有两种方式，即单字节方式和多字节方式。当控制命令字为 C0H～FDH 时为单字节读写方式，命令字中的 D5～D1 用于选择对应的 RAM 单元，其中奇数为读操作，偶数为写操作。当控制命令字为 FEH、FFH 时为多字节操作（表 10-2 中的 RAM 突发模式），多字节操作可一次把所有的 RAM 单元内容进行读写。FEH 为写操作，FFH 为读操作。

（4）DS1302 的输入输出过程。DS1302 通过 $\overline{RST}$ 引脚驱动输入输出过程，当置 $\overline{RST}$ 高电平启动输入输出过程。在 SCLK 时钟的控制下，首先把控制命令字写入 DS1302 的控制寄存器，其次根据写入的控制命令字，依次读写内部寄存器或片内 RAM 单元的数据。对于日历、时钟寄存器，根据控制命令字，一次可以读写一个日历、时钟寄存器，也可以一次读写 8 个字节。对所有的日历、时钟寄存器（表 10-2 中的时钟突发模式），写的控制命令字为 0BEH，读的控制命令字为 0BFH；对于片内 RAM 单元，根据控制命令字，一次可读写一个字节，一次也可读写 31 个字节。当数据读写完后，$\overline{RST}$ 变为低电平结束输入输出过程。无论是命令字还是数据，一个字节传送时都是低位在前，高位在后，每一位读写发生在时钟的上升沿。

4. DS1302 应用举例

【例 10-2】 利用 DS1302 设计一个数字时钟，通过 8 位共阳数码管将时、分和秒显示出来。试用 C 语言编写程序，并用 Proteus 仿真。

解 （1）硬件设计。硬件电路设计如图 10-11 所示，其仿真所需元器件见表 10-5。

表 10-5   DS1302 数字时钟硬件仿真所需元器件

元 器 件	名 称	描 述
单片机 U1	AT89C51	—
时钟芯片 U2	DS1302	
电阻排 RP1	RESPACK-8	
电阻 R1、R2	3WATT220R 3WATT10K	
8 位共阳 LED 数码管	7SEG-MPX8-CA-BLUE	

续表

元　器　件	名　称	描　述
晶振 X1、X2	CRYSTAL	
电容 C1、C2	CAP	
电解电容 C3、C4	CAP‑ELEC	
复位按钮	BUTTON	

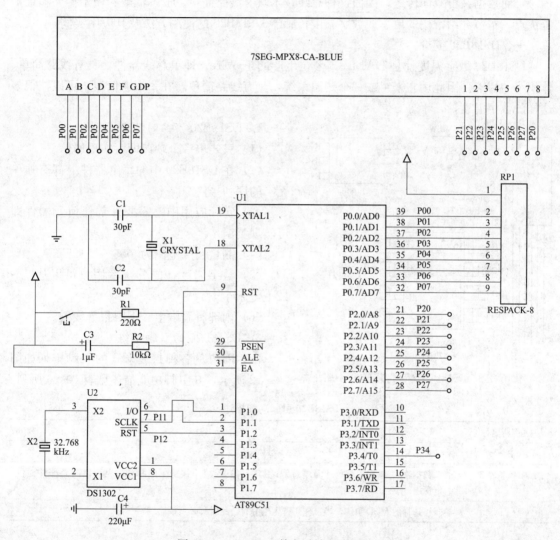

图 10‑11　DS1302 数字时钟电路原理图

（2）源程序。详见配套数字资源（源程序）。

（3）Proteus 仿真。经 Keil 软件编译通过后，可利用 Proteus 软件进行仿真。在 Proteus ISIS 编辑环境中绘制仿真电路图，或者打开配套数字资源（源程序）中的"**第十章　常见串行总线扩展技术/例 10‑2　DS1302 数字时钟**"文件夹内的"**DS1302 数字时钟.DSN**"仿真原理图文件。将编译好的"**DS1302 数字时钟.hex**"文件加入 AT89C51。启动仿真，观看仿真效果。

第三节　单总线温度传感器 DS18B20

I²C 总线器件与单片机之间的通信需要两根线，SPI 总线器件与单片机之间的通信需要三根或四根线，而单总线器件与单片机间的数据通信只要一根线。美国 DALLAS 公司推出的单总线与 I²C 和 SPI 总线不同，它采用单根信号线，既可以传输时钟信号又可以传送数据信号，而数据又可双向传送，因而这种总线技术具有线路简单、成本低廉、便于扩展和维护等优点。本节介绍常用的单总线数字温度传感器 DS18B20 的使用方法及其应用实例。

一、DS18B20 简介

DS18B20 数字温度计是 DALLAS 公司生产的 1-Wire，即单总线器件，具有线路简单、体积小的特点。因此用它来组成一个测温系统，具有线路简单，在一根通信线，可以挂很多这样的数字温度计，十分方便。

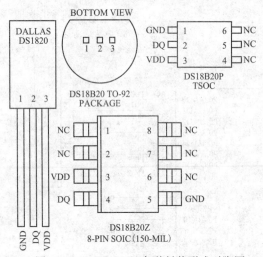

图 10 - 12　DS18B20 各种封装形式引脚图

1. DS18B20 产品的特点

（1）只要求一个端口即可实现通信。

（2）在 DS18B20 中的每个器件上都有独一无二的序列号。

（3）实际应用中不需要外部任何元器件即可实现测温。

（4）测量温度范围为 −55～＋125℃。

（5）数字温度计的分辨率用户可以从 9～12 位选择。

（6）内部有温度上、下限报警设置。

2. DS18B20 的引脚介绍

DS18B20 的各种封装形式的引脚排列如图 10 - 12 所示，其引脚功能描述见表 10 - 6 所列。

表 10 - 6　　　　　　　　　　　　　　　DS18B20 引脚功能描述

引脚名称	功　能　描　述
GND	地信号
DQ	数据输入/输出引脚；开漏单总线端口引脚；当被用在寄生电源下，也可以向元器件提供电源
VDD	可选择的 VDD 引脚，当工作于寄生电源时，此引脚必须接地

3. DS18B20 的内部结构

DS18B20 内部结构如图 10 - 13 所示，主要由 64 位 ROM、温度传感器、非易失性温度报警触发器 TH 和 TL、配置寄存器四部分组成。ROM 中的 64 位序列号是出厂前被光刻好的，它可以看作是该 DS18B20 的地址序列码，每个 DS18B20 的 64 位序列号均不相同。64 位激光 ROM 从高位到低位依次为 8 位 CRC、48 位序列号和 8 位家族代码（28H）。ROM 的作用是使每一个 DS18B20 都各不相同，这样就可以实现一根总线上挂接多个 DS18B20 的目的。非易失性温度报警触发器 TH 和 TL 可通过软件写入用户报警上下限值。配置寄存器为高速寄存器中的第 5 个字节。

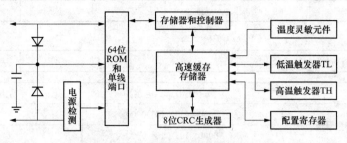

图 10 - 13 DS18B20 内部结构

DS18B20 在工作时按配置寄存器中的分辨率将温度转换成相应精度的数值，其各位定义如下：

TM	R1	R0	1	1	1	1	1
MSB							LSB

其中，TM：测试模式标志位，出厂时被写入 0，不能改变；R0、R1：温度计分辨率设置位，其对应 4 种分辨率见表 10 - 7 所列的配置寄存器与分辨率关系表。出厂时 R0、R1 置为默认值。[R0＝1，R1＝1（即 12 位分辨率）]，用户可以根据需要改写配置寄存器以获得合适的分辨率。

表 10 - 7 　　　　　　　　　　　配置寄存器与分辨率关系表

R0	R1	温度计分辨率（bit）	最大转换时间（ms）
0	0	9	93.75
0	1	10	187.5
1	0	11	375
1	1	12	750

非易失温度报警器触发器 TH 和 TL、配置寄存器均由一个字节的高速暂存器 EEP-ROM 组成。高速暂存器是一个 9 字节的存储器，分配如下：

温度低位	温度高位	TH	TL	配置	保留	保留	保留	8 位 CRC
LSB								MSB

当温度转换命令发布后，经转换所得的温度值以两个字节补码形式存放在高速暂存寄存器的第 1 个字节和第 2 个字节。单片机可以通过单总线接口读到该数据，读取时低位在前，高位在后。第 3、4、5 字节分别是 TH、TL、配置寄存器的临时副本，每一次上电复位时被刷新；第 6、7、8 字节未用，表现为全逻辑 1；第 9 字节读出的是前面所有 8 个字节的 CRC 码，可用来保证通信正确。一般情况下，用户只使用第 1 个字节和第 2 个字节。

表 10 - 8 列出了 DS18B20 温度采集转化后所得到的 16 位数据，存储在 DS18B20 的两个 8 位 RAM 中，二进制中的前面 5 位是符号位。如果测得的温度大于或等于 0，符号位为 0，只要将测得的数值除以 16 即可得到实际温度；如果测得的温度小于 0，符号位为 1，测到的数据需要取反加 1 除以 16 即可得到实际温度。

表 10-8 实际温度和数字输出之间关系

2^3	2^2	2^1	2^0	2^{-1}	2^{-2}	2^{-3}	2^{-4}
MSB			（单位：℃）				LSB
S	S	S	S	S	2^6	2^5	2^4

温度（℃）	数字输出（二进制）	数字输出（十六进制）
+125	0000 0111 1101 0000	07D0H
+85	0000 0101 0101 0000	0550H*
+25.0625	0000 0001 1001 0001	0191H
+10.125	0000 0000 1010 0010	00A2H
+0.5	0000 0000 0000 1000	0008H
0	0000 0000 0000 0000	0000H
−0.5	1111 1111 1111 1000	FFF8H
−10.125	1111 1111 0101 1110	FF5EH
−25.0625	1111 1110 0110 1111	FF6FH
−55	1111 1100 1001 0000	FC90H

* 上电复位时温度值为+85℃。

下面通过一个例子介绍温度转换的计算方法。

当 DS18B20 采集到+125℃时，输出为 07D0H，则

$$实际温度 = \frac{07D0H}{16} = \frac{0 \times 16^3 + 7 \times 16^2 + 13 \times 16^1 + 0 \times 16^0}{16} = 125℃$$

当 DS18B20 采集到−55℃时，输出为 FC90H，则应先将 11 位数据取反加 1 得 0370H（符号位不变，也不作计算），则

$$实际温度 = \frac{0370H}{16} = \frac{0 \times 16^3 + 3 \times 16^2 + 7 \times 16^1 + 0 \times 16^0}{16} = 55℃$$

负号需要对检测结果进行逻辑判断后再予以显示。

4. DS18B20 的使用方法

由于 DS18B20 采用的是 1-Wire 总线协议方式，即在一根数据线实现数据的双向传输，而对于 51 单片机来说，硬件上并不支持单总线协议，因此必须采用软件的方法来模拟单总线的协议时序来完成对 DS18B20 芯片的访问。

由于 DS18B20 是在一根 I/O 线上读写数据，因此对读写的数据位有着严格的时序要求。DS18B20 有严格的通信协议来保证各位数据传输的正确性和完整性。该协议定义了几种信号的时序，即初始化时序、读时序、写时序。所有时序都是将主机作为主设备，单总线器件作为从设备。而每一次命令和数据的传输都是从主机主动启动写时序开始，如果要求单总线器件回送数据，在进行写命令后，主机需启动读时序完成数据接收。数据和命令的传输都是低位在前。

（1）DS18B20 复位时序见图 10-14。

（2）DS18B20 的读时序。DS18B20 的读时序分为读 0 时序和读 1 时序两个过程。

对于 DS18B20 的读时序是从主机把单总线拉低之后，在 $15\mu s$ 之内就得释放单总线，以

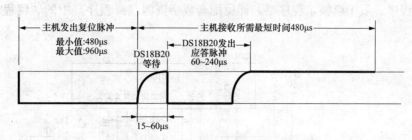

图 10 - 14   DS18B20 的复位时序

使 DS18B20 将数据传输到单总线上。DS18B20 完成一个读时序过程，至少需要 $60\mu s$ 才能完成，如图 10 - 15 所示。

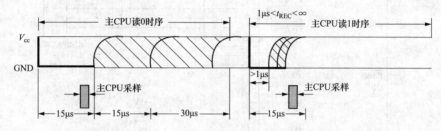

图 10 - 15   DS18B20 的读时序

（3）DS18B20 的写时序。DS18B20 的写时序仍然分为写 0 时序和写 1 时序两个过程。

对于 DS18B20，写 0 时序和写 1 时序的要求不同。当要写 0 时序时，单总线要被拉低至少 $60\mu s$，保证 DS18B20 能够在 $15\sim45\mu s$ 之间能够正确地采样 I/O 总线上的"0"电平；当要写 1 时序时，单总线被拉低之后，在 $15\mu s$ 之内就得释放单总线，如图 10 - 16 所示。

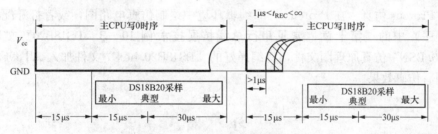

图 10 - 16   DS18B20 的写时序

二、DS18B20 应用举例

【例 10 - 3】 利用 DS18B20 设计一个温度计，并通过 LCD1602 间接方式将当前温度显示出来。试用 C 语言编写程序，并用 Proteus 仿真。

解 （1）硬件设计。硬件电路设计如图 10 - 17 所示，其仿真所需元器件见表 10 - 9。

表 10 - 9   **基于 DS18B20 数字温度计电路仿真所需元器件**

元 器 件	名 称	描 述
单片机 U1	AT89C51	—
单总线温度芯片 U2	DS18B20	
电阻排 RP1	RESPACK - 8	
液晶显示器 LCD1602	LM016L	

（2）源程序。限于篇幅，程序略，详见配套数字资源（源程序）中的"**例程\ 第十章/例 10-3**"。

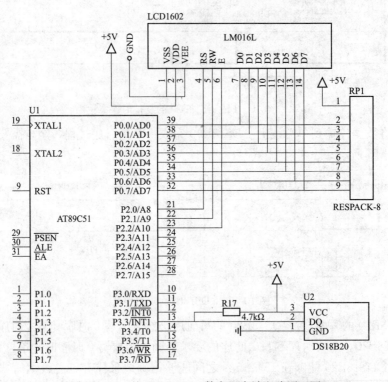

图 10-17　基于 DS18B20 数字温度计电路原理图

（3）Proteus 仿真。在 Proteus ISIS 编辑环境中绘制仿真电路图，或者打开配套数字资源（源程序）中的"**第十章　常见串行总线扩展技术/例 10-3　DS18B20**"文件夹内的"DS18B20.DSN"仿真原理图文件，将编译好的"DS18B20.hex"文件加入 AT89C51。启动仿真，观看仿真效果。

习　题

1．I^2C 串行总线的优点是什么？

2．I^2C 总线芯片还有哪些？

3．分别画出［例 10-1］～［例 10-3］程序流程图。

4．［例 10-3］中数字温度计如果采用数码管显示，试编写其程序。

5．参考本章［例 10-2］和［例 10-3］，利用 DS1302 和 DS18B20 设计一个带有日历功能的测温计，并通过 LCD1602 同时显示当前时间和温度？

第十一章　红外线和无线遥控

本章主要讲述了红外线和无线遥控的基本原理，并给出了典型应用实例。

第一节　红外线遥控原理及其应用

一、红外遥控简介

由于红外线遥控装置具有体积小、功耗低、功能强、成本低等特点，因此在彩电、录影机、音响设备、空调和玩具等装置中已经广泛使用红外线遥控。本节以常用的红外接收器件 IRM138S 为例，介绍红外遥控信号的解码方法及其应用实例。

1. 红外遥控系统

通用的红外遥控系统由发射部分和接收部分组成，应用编/解码专用集成电路芯片进行控制操作，如图 11 - 1 所示。发射部分包括矩阵键盘、编码调制、LED 红外发送器；接收部分包括光/电转换放大器、解调电路和解码电路。

2. 遥控发射器及其编码

（1）遥控编码的定义。遥控发射器专用芯片很多，根据编码格式可以分成脉冲宽度调制和脉冲相位调制两大类。这里以运用比较广泛、解码比较简单的脉冲宽度调制来加以说明。现以应用比较广泛的日本 NEC 的红外遥控信号发射芯片 UPD6121 为例，当发射器按键按下后，即有遥控码发出，其遥

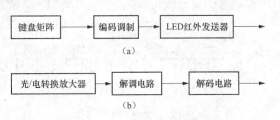

图 11 - 1　红外遥控系统框图
(a) 红外遥控发射器；(b) 红外遥控接收器

控码编码定义为：引导码由宽度 9ms 的高电平和宽度为 4.5ms 的低电平组成，引导码也称为起始码。"0" 码由 0.56ms 低电平和 0.56ms 高电平组合而成，脉冲宽度为 1.12ms。"1" 码由 0.56ms 低电平和 1.68ms 高电平组合而成，脉冲宽度为 2.24ms，如图 11 - 2 所示。

（2）键盘矩阵按键的编码。当按下遥控器的按键时，遥控器将发出如图 11 - 3 所示的一串二进制代码，称它为一帧数据。根据其功能的不同，可将它们分为五部分，分别为引导码、地址码、地址反码、数据码、数据反码。遥控器发射代码时，均是低位在前、高位在后。由图 11 - 3 可知，当接收到引导码时，表示一帧数据的开始，单片机可以准备接收下面的数据。地址码由 8 位二进制组成，共 256 种。图 11 - 3 中地址码重发了一次，主要是为了加强遥控器的可靠性。如果两次地址码不相同，则说明本帧数据有错，应丢弃。不同的设备可以拥有不同的地址码，因此同种编码的遥控器只要设置地址码不同，也不会相互干扰。图 11 - 3 中的地址码为十六进制的 10H（注意低位在前）。在同一个遥控器中，所有按键发出的地址码都是相同的。数据为 8 位，可编码 256 种状态，代表实际所按下的键。数据反码是数据码的各位求反，通过比较数据码与数据反码，可判断接收到的数据是否正确。如果数据码与数据反码之间不满足相反的关系，则说明本次遥控接收有误，数据应丢弃。在同一个遥

控器上，所有按键的数据码均不相同。在图 11 - 3 中，数据码为十六进制的 C6H，数据反码为十六进制的 39H（注意低位在前），两者之和应为 0FFH（这是数字键 0 的代码）。

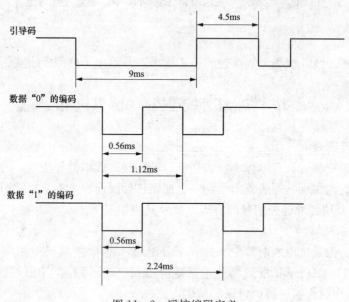

图 11 - 2　遥控编码定义

图 11 - 3　遥控编码格式

3. 单片机遥控接收电路

红外遥控接收可采用较早的红外接收二极管加专用的红外处理电路的方法。如 CXA20106，此种方法电路复杂，现在一般不采用。较好的接收方法是用一体化红外接收头。它是一种集红外线接收、放大、整形于一体的集成电路，不需要任何外接元件，就能完成从红外线接收到输出与 TTL 电平信号兼容的所有工作，没有红外遥控信号时为高电平，收到红外信号时为低电平，而体积和普通的塑封三极管大小一样，它适合于各种红外线遥控和红外线数据传输。常用的一体化接收头的外形及引脚如图 11 - 4 所示，它只有 3 个引脚，分别是＋5V 电源、地、信号输出。有一点需要注意的是红外接收头的种类很多，3 个引脚排列顺序会有所不同。例如 HS0038B，其 1 脚为地，2 脚为 VCC，3 脚为信号输出端；而本书所选用的是一体化接收头 IRM138S，其 1 脚为信号输出端，2 脚为地，3 脚为 VCC（图 11 - 4 所示一体化接收头引脚从左到右数分别应为 1、2、3 脚）。在得知三个引脚的具体定义之后，把信号输出引脚直接接到单片机某个 I/O 端口即可。

图 11 - 4　一体化红外接收器实物图

4. 遥控信号的解码算法及编程思路

平时遥控器无键按下，红外发射二极管不发出信号，遥控接收器输出为高电平。有键按下时，遥控接收器信号输出引脚首先输出一个 9ms 的低电平引导码，此时与信号输出引脚相连的某个单片机 I/O 端口被拉低。利用这一特性有两种方式对红外遥控信号进行解码，一是采用外部中断方式，一旦 I/O 端口变低，即进入外部中断服务程序对遥控信号进行解码，但注意此时的 I/O 只能是 INT0 引脚或 INT1 引脚；二是采用查询方式，这就需要在主函数中无限循环体中对信号输出端的电平状态不断进行检测。显然外部中断方式节省了 CPU 时间，但进入外部中断以后还是以查询方式进行解码。

解码的关键是如何识别"0"和"1"，从位的定义可以发现"0""1"均以 0.56ms 的低电平开始，不同的是高电平的宽度不同，"0"为 0.56ms，"1"为 1.68ms，所以必须根据高电平的宽度区别"0"和"1"。如果从 0.56ms 低电平过后，开始延时 0.56ms 以后，若读到的电平为低，说明位为"0"，反之则为"1"。为了可靠起见，延时必须比 0.56ms 长些，但又不能超过 1.12ms，否则如果该位为"0"，读到的已是下一位的高电平，因此取 (1.12ms ＋0.56ms)/2＝0.84ms 最为可靠，一般取 0.84ms 左右均可。

下面以外部中断方式为例，其解码过程具体如下：

（1）初始化外部中断 0（或者 1）为下降沿中断。

（2）进入外部中断服务程序，关闭外部中断。

（3）对引导码进行判断。如果引导码正确，准备接收下面的一帧遥控数据，以查询方式判断遥控的数据是 0 还是 1。如果非引导码，则退出外部中断。

（4）先后依次接收地址码、地址反码、数据码、数据反码。

（5）当接收到 32 位数据时，说明一帧数据接收完毕。比较数据码和数据反码，若数据码取反后与数据反码不同，则表示为无效数据，应放弃本次接收数据。

（6）开启外部中断，准备下一次遥控接收。

查询方式与上述过程中的（2）～（5）一致，这里不再重复。

二、红外遥控应用举例

【例 11-1】　利用单片机控制 IRM138S 对红外遥控矩阵键盘信号进行解码，并把解码的按键值通过两位数码管进行显示，当按下键值为"17"号键时，继电器吸合，当按下键值为"19"号键时，继电器断电。试用 C 语言编写程序（本例不能用 Proteus 仿真）。

解　（1）硬件设计。硬件电路如图 11-5 所示。

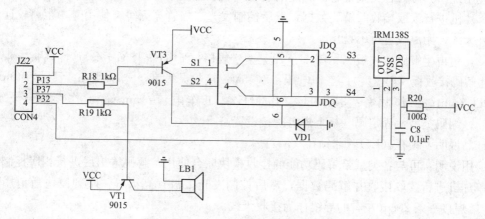

图 11-5　红外遥控接收电路原理图

（2）源程序。详见配套数字资源（源程序）。

第二节　无线遥控模块及其应用

一、无线通信概述

通过无线的方式进行数据通信称为无线通信。在有些实际应用场合，不允许系统间的通信采用传统有线通信方式，此时数据交换就只能以无线数据通信的方式进行。在日常生活中常见的无线通信有手机和无绳电话、汽车遥控锁、遥控门等。根据我国国家无线电管理委员会分配给我国的陆地移动通信频率范围以及各种其他因素的综合考虑，真正适合当前陆地移动通信的有 150、230（数据传输用）、350、450MHz 和 900MHz 几个工作频段，其中350MHz 频段划归公安部门专用，900MHz 作为 GSM 公用移动通信频段，因此实际留给常规无线电台可用的频率资源非常有限。

1. 无线通信模块原理与分类

无线通信的原理就是将数据加到载波上从而实现数据传输。本节所介绍的无线收发模块包括编码/解码电路和高频电路两部分。编码/解码电路主要负责对数据的编/解码，高频电路负责将前端处理好的数据发送出去。无线通信模拟按工作频段可以分为 350MHz 和459MHz 等，按控制路数可以分为单路、双路、三路等，无线接收模块按输出信号类型还可以分为锁存和非锁存。

2. 无线通信模块主要技术指标

本节选用了市面上常见的无线收发模块套件来介绍单片机与无线收发模块间的软硬件接口。其主要技术指标如下。

（1）四键遥控器（见图 11 - 6）。

型号规格：YJRF - YK200 - 4T；产品名称：200m 四键遥控器（桃木外壳）；发射/接收距离：200 m；工作电压：DC 12V（电池供电）；尺寸：58 mm×38 mm×13 mm；工作频率：315MHz、433MHz；工作电流：13mA；工作温度：－40～＋60℃；编码类型：固定码（板上焊盘跳接设置）；编码方式：焊盘。

应用说明：可与各类型带解码功能的接收模块联合使用，解码输出后进行相应控制，如采用单片机进行读取接收并解码数据，然后控制发光二极管亮灭等。使用时，距离较远要拉出拉杆天线，距离较近可不拉出。

（2）超再生解码接收板（见图 11 - 7）。型号规格：YJRF - JSM - Z；产品名称：带解码超再生解码接收板（焊盘型）；工作电压：DC 5V；接收灵敏度：－103dBm；尺寸：49mm×20mm×7mm；工作频率：315MHz、433MHz；工作电流：5mA；工作温度：－40～＋60℃；编码类型：固定码（板上焊盘跳接设置）；

产品说明：锁存（L4），非锁存（M4）。

应用说明：可与各类型带解码功能的接收模块联合使用，解码输出后进行相应控制，如采用单片机进行读取接收并解码数据，然后控制发光二极管亮灭等。收到模块后请用户在ANT 端焊接一条 20cm 左右的导线作为接收天线。

二、PT2262/PT2272 无线模块介绍

目前，市场上出现了很多无线数据收发模块，如 PTR2000、FB230 等。无线数据收发

模块（简称无线收发模块）的性能优异，外围元器件少，设计、应用非常简单。无线收发模块一般在内部都集成了高频发射、高频接收、PLL合成、FSK调制/解调、参数放大和功率放大等功能。

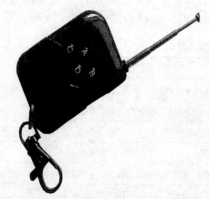
图11-6　四键遥控器（无线遥控发射器）

图11-7　超再生解码接收板（无线遥控接收器）

在无线遥控领域，PT2262/2272是目前最常用的芯片之一。下面重点介绍这两款芯片的原理及相应模块的应用。无线收发模块的实物如图11-8所示。

1．PT2262/PT2272工作原理

PT2262/2272是台湾普城公司生产的一种CMOS工艺制造的低功耗、低价位通用编/解码电路。PT2262/2272最多可有12位（A0～A11）三态（悬空、接高电平、接低电平）地址端引脚，任意组合可提供531441个地址码。PT2262最多可有6位（D0～D5）数据端引脚，设定的地址码和数据码从17引脚（Dout）串行输出，可用于无线遥控发射电路。

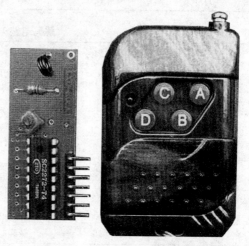
图11-8　无线收发模块实物图

PT2262和PT2272的引脚排列如图11-9和图11-10所示。它们的引脚功能见表11-1和表11-2。

1	A0	VCC	18
2	A1	Dout	17
3	A2	OSC1	16
4	A3	OSC2	15
5	A4	TE	14
6	A5	A11/D0	13
7	A6/D5	A10/D1	12
8	A7/D4	A9/D3	11
9	VSS	A8/D2	10

图11-9　PT2262引脚图

1	A0	VCC	18
2	A1	VT	17
3	A2	OSC1	16
4	A3	OSC2	15
5	A4	DIN	14
6	A5	A11/D0	13
7	A6/D5	A10/D1	12
8	A7/D4	A9/D2	11
9	VSS	A8/D3	10

图11-10　PT2272引脚图

对于编码器PT2262，A0～A5共6根线为地址线，而A6～A11共6根线可以作为地址线，也可以作为数据线，这取决于所配合使用的解码器。若解码器没有数据线，则 A6～A11 作为地址线使用，这种情况下，A0～A11 共 12 根地址线，每线都可以设置成"1""0""开路"三种状态之一，因此共有编码数 $3^{12}=531441$ 种；但若配对使用的解码器如 PT2272 的 A6～A11 是数据线，那么这时 PT2262 的 A6～A11 也作为数据线用，并只可设置为"1"和"0"两种状态之一，而地址线只剩下 A0～A5 共 6 根，编码数降为 $3^6=729$ 种。

表 11-1　　　　　　　　　　　编码电路 PT2262 引脚功能表

名称	引脚号	功能说明
A0～A11	1～8、10～13	地址引脚，用于进行地址编码，可置为"0""1""f"（悬空）
D0～D5	7～8、10～13	数据输入端，有一个为"1"即有编码发出，内部下拉
VCC	18	电源正端（＋）
VSS	9	电源负端（一）
TE	14	编码启动端，用于多数据的编码发射，低电平有效
OSC1	16	振荡电阻输入端，与 OSC2 所接电阻决定振荡频率
OSC2	15	振荡电阻振荡器输出端
Dout	17	编码输出端（正常时为低电平）

表 11-2　　　　　　　　　　　解码电路 PT2272 引脚功能表

名称	引脚号	功能说明
A0～A11	1～8、10～13	地址引脚，用于进行地址编码，可置为"0""1""f"（悬空），必须与 2262 一致，否则不解码
D0～D5	7～8、10～13	地址或数据引脚，当作为数据引脚时，只有在地址码与 PT2262 一致，数据引脚才能输出与 PT2262 数据端对应的高电平，否则输出为低电平，锁存型只有在接收到下一数据才能转换
VCC	18	电源正端（＋）
VSS	9	电源负端（一）
DIN	14	数据信号输入端，来自接收模块输出端
OSC1	16	振荡电阻输入端，与 OSC2 所接电阻决定振荡频率
OSC2	15	振荡电阻振荡器输出端

PT2262 / 2272 的编码信号格式是：用 2 个周期的占空比为 1：3（即高电平宽度为 1，低电平宽度为 2，周期为 3）的波形来表示 1 个"0"，用 2 个周期的占空比为 2：3（即高电平宽度为 2，低电平宽度为 1，周期为 3）的波形来表示 1 个"1"，用 1 个周期的占空比为 1：3 的波形紧跟着 1 个周期的占空比为 2：3 的波形来表示"开路"。地址码和数据码都用宽度不同的脉冲来表示，两个窄脉冲表示"0"，两个宽脉冲表示"1"，一个窄脉冲和一个宽脉冲表示"F"也就是地址码的"悬空"，如图 11-11 所示。

图 11-11 中，CLK 值为 2 倍的时钟振荡周期，位"F"仅对码地址有效。1 位宽＝32 CLK。

编码芯片 PT2262 发出的编码信号由地址码、数据码、同步码组成一个完整的码字，解码芯片 PT2272 接收到信号后，其地址码经过两次比较核对后，VT 引脚才输出高电平，与此同时相应的数据引脚也输出高电平。PT2262 每次发射时至少发射 4 组字码，因为无线发射的特点是，第一组字码非常容易受零电平干扰，往往会产生误码，所以 PT2272 只有在连续两次检测到相同的地址码加数据码，才会根据数据码中的"1"驱动相应的数据输出端为高电平和驱动 VT 端同步为高电平。如果发送端一直按住按键，编码芯片也会连续发射。当发射机没有按键按下时，PT2262 不接通电源，其 17 引脚为低电平，所以 315MHz 的高频发射电路不工作，当有按键按下时，PT2262 得电工作，其第 17 引脚输出经调制的串行数据信号，当 17 引脚为高电平期间 315MHz 的高频发射电路起振并发射等幅高频信号，当 17 引脚为低平期间 315MHz 的高频发射电路停止振荡，所以高频发射电路完全受控于 PT2262 的 17 引脚输出的数字信号，从而对高频电路完成幅度键控（ASK 调制）相当于调制度为 100%的调幅。

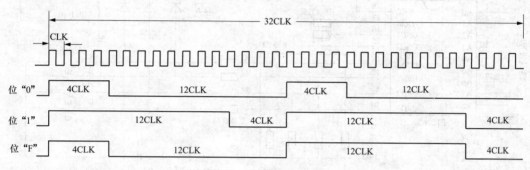

图 11-11 编码信号格式

PT2272 解码芯片有不同的后缀，表示不同的功能，有 L4/M4/L6/M6 之分，其中 L 表示锁存输出，数据只要成功接收就能一直保持对应的电平状态，直到下次遥控数据发生变化时才改变；M 表示非锁存输出，数据引脚输出的电平是瞬时的而且与发射端是否发射相对应，可以用于类似点动的控制；后缀的 6 和 4 表示有几路并行的控制通道。当采用 4 路并行数据时（PT2272 - M4），对应的地址编码应该是 8 位；当采用 6 路的并行数据时（PT2272 - M6），对应的地址编码应该是 6 位。

PT2262 和 PT2272 除地址编码必须完全一致外，振荡电阻也必须匹配，一般要求译码器振荡频率要高于编码器振荡频率的 2.5～8 倍，否则接收距离会变近甚至无法接收。随着技术的发展市场上出现一批兼容芯片，在实际使用中只要对振荡电阻稍做改动就能配套使用。

在具体的应用中，外接振荡电阻可根据需要进行适当的调节，阻值越大振荡频率越小，编码的宽度越大，发码一帧的时间越长。市场上大部分产品都是用 2262/1.2MΩ＝2272/200kΩ 组合的，少量产品用 2262/4.7MΩ＝2272/820kΩ。

PT2262 编码电路与 PT2272 解码电路一般配对使用。PT2262 的特点是在其内部已经把编码信号调制在了一个较高的载频上。要把遥控编码信息用无线方式（红外线或无线电等）传送出去，必须有载体（载波），把编码信息"装载"在载体上（调制在载波上）才能传送出去，因此需要一个振荡电路和一个调制电路。PT2262 编码器内部已包含了这些电路，从 Dout 端送出的是调制好的，约 38kHz 的高频已调波，使用起来非常方便，适用于红外线和超声波遥控电路。

2. 基于 PT2262 的无线编码模块

编码发射模块外形小巧、美观，类似很多汽车/电动自行车防盗系统中的遥控器。根据功能的多少按键数也不一样，本节使用的发射模块为 A、B、C、D 四个按键。编码模块主要由 PT2262 编码 IC 和高频调制、功率放大电路组成。实物如图 11-6 所示。

其中编码部分电路由 PT2262 编码 IC 来组成，具体电路如图 11-12 所示。

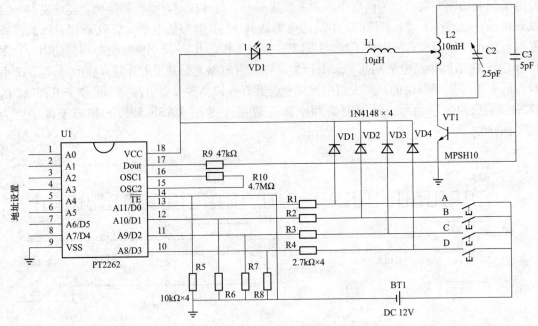

图 11-12　8 位地址 4 位数据编码电路原理图

3. 基于 PT2272 的无线解码模块

解码接收模块由接收头和解码芯片 PT2272 两部分组成。接收头将收到的信号输入 PT2272 的 14 引脚（DIN），PT2272 再将收到的信号解码。解码接收模块实物如图 11-7 所示，电路原理图如图 11-13 所示。

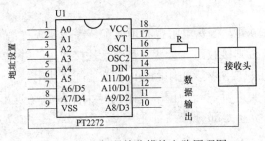

图 11-13　解码接收模块电路原理图

4. PT2262/2272 芯片的地址编码设定和修改

在通常使用中，一般采用 8 位地址码和 4 位数据码，这时编码电路 PT2262 和解码 PT2272 的第 1～8 引脚为地址设定引脚，有三种状态可供选择，即悬空、接正电源、接地。3 的 8 次方为 6561，所以地址编码不重复度为 6561 组，只要发射端 PT2262 和接收端 PT2272 的地址编码完全相同，才能配对使用。遥控模块的生产厂家为了便于生产管理，出厂时遥控模块的 PT2262 和 PT2272 的 8 位地址编码端全部悬空，这样用户可以很方便选择各种编码状态，用户如果想改变地址编码，只要将 PT2262 和 PT2272 的第 1～8 引脚设置相同即可。例如将发射机的 PT2262 的第 1 引脚接地，第 5 引脚接正电源，其他引脚悬空，那么接收机的 PT2272 只要也第 1 引脚接地，第 5 引脚接正电源，其他引脚悬空就能实现配对接收。当两者地址编码完全一致时，接收机对应的 D1～D4 端输出约 4V 互锁高电平控制信号，同时 VT 端也输出解码有效高电平信号。用户可将这些信号加一级放大，便可驱动继电器、功率三极管等进行负载遥控开关操纵。

本遥控套件预留地址编码区，采用焊锡搭焊的方式来选择悬空（标注 B 的行）、接正电源（标注 H 的行）、接地（标注 L 的行）三种状态中的一种，如图 11 - 14 所示。出厂时一般都悬空，便于用户自己修改地址码。这里以常用的超再生插针式接收板的跳线区为例。

接地

悬空

接正电源

图 11 - 14 超再生插针式接收板地址设置跳线图

由图 11 - 14 可以看到，跳线区是由三排焊盘组成，中间的 8 个焊盘是 PT2272 解码芯片的第 1~8 引脚，最左边有 1 字样的是芯片的第一引脚，最上面的一排焊盘上标有 L 字样，表示和电源地连通，如果用万用表测量会发现和 PT2272 的第 9 引脚相通；最下面的一排焊盘上标有 H 字样，表示和正电源连通，如果用万用表测量会发现和 PT2272 的第 18 引脚连通。所谓的设置地址码就是用焊锡将上下相邻的焊盘用焊锡桥搭短路起来。例如将第 1 引脚和上面的焊盘 L 用焊锡短路后就相当于将 PT2272 芯片的第 1 引脚设置为接地，同理将第 1 引脚和下面的焊盘 H 用焊锡短路后就相当于将 PT2272 芯片的第 1 引脚设置为接正电源。如果什么都不接就是表示悬空。设置地址码的原则是：同一个系统地址码必须一致；不同的系统可以依靠不同的地址码加以区分。至于设置什么样的地址码完全随用户喜欢。

三、PT2262/PT2272 无线模块应用举例

【例 11 - 2】 利用 PT2262/PT2272 无线模块套件设计一个无线应用系统，要求如下：第 1 次按遥控器按键 A，蜂鸣器响一声，P00 LED 亮；第 2 次按遥控器按键 A，蜂鸣器响一声，P00 LED 灭。第 1 次按遥控器按键 B，蜂鸣器响两声，P01 LED 亮；第二次按遥控器按键 B，蜂鸣器响两声，P01 LED 灭。第 1 次按遥控器按键 C，蜂鸣器响三声，P02 LED 亮；第二次按遥控器按键 C，蜂鸣器响三声，P02 LED 灭。第一次按遥控器按键 D，蜂鸣器响四声，P03 LED 亮；第二次按遥控器按键 D，蜂鸣器响四声，P03 LED 灭。试用 C 语言编写程序。

解 （1）硬件设计。硬件电路如图 11 - 14 和图 11 - 15 所示。其中接收模块有七个引出端，正视面从左至右分别为 10、11、12、13、GND、VT、VCC，如图 11 - 15 所示。

图 11 - 15 接收模块

　　VT 端为解码有效输出端，D1～D4 为四位数据非锁存输出端，用杜邦线分别连接到单片机系列开发板或者到实验仪开发板上。注意电源不要接反，其他数据线按照下面对应关系连接：10—P2.4 接收板数据端口 D0；11—P2.5 接收板数据端口 D1；12—P2.6 接收板数据端口 D2；13—P2.7；接收板数据端口 D3；VT—P3.3 解码有效输出端 VT。

　　（2）源程序详见配套数字资源（源程序）。

习　　题

　　1. 红外线遥控通信原理是什么？

　　2. 无线遥控通信原理是什么？

　　3. 分别画出［例 11-1］和［例 11-2］程序流程图。

　　4. ［例 11-1］中将接收数据用 LCD1602 显示，试编写其程序。

　　5. 参考第五、十章的例子，试设计一个带遥控和调时功能的电子时钟？显示可以选择数码管或 LCD1602。

　　6. 参考第五、十章的例子，试设计一个带遥控和调时功能的温度计？显示可以选择数码管或 LCD1602。

第十二章　单片机典型系统设计

本章主要介绍了 12 个单片机典型系统项目案例。

项 目 七　　　带温湿度播报的万年历设计

一、设计任务和要求

（1）能够显示年月日、时分秒、星期、阳历、农历、温度值和闹钟设定。

（2）可以按键修改当前的时间，并还可以设置一个闹钟。

（3）具有闰年补偿，可以准确显示时间等信息。

（4）系统时间和闹钟时间具有掉电保持功能。

二、设计方案

整个系统由单片机最小系统、DS1302 时钟芯片、LCD1602 液晶、DHT11 温湿度传感器、按键和语音播报模块组成。其系统框图如图 12-1 所示。

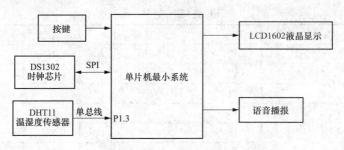

图 12-1　系统框图

三、硬件设计

系统原理图如图 12-2 所示。

（1）按键。实物图中从左边第一个算起，分别为 REPORT 播报（S4 键）、SELT 设置（S2 键）、ENTER 确认（S3 键）、UP 加（S5 键）、DOWN 减（S4 键）和 S1 系统复位键。通过按键可以修改当前的时间，并还可以设置一个闹钟。

（2）LCD1602 用来显示年月日、时分秒、星期、阳历、农历、温度值和闹钟设定。

（3）采用进口时钟芯片 DS1302，具有闰年补偿，可以准确显示时间等信息。

（4）自带 3V 纽扣电池，当系统掉电后，纽扣电池供电给时钟芯片继续工作，再次上电无需重新设置时间。设置的闹钟具有掉电保存功能，保存在 STC 单片机内部，上电无需重新设置。

（5）DHT11 温湿度传感器。VCC 接 3.3V/5V 电源正极，GND 接电源负极，DATA 接单片机 I/O 端口 P1.3。

（6）语音播报模块。语音播报模块里面的语音是固定的，见表 12-1，通过发送不同的地址，组合在一起。

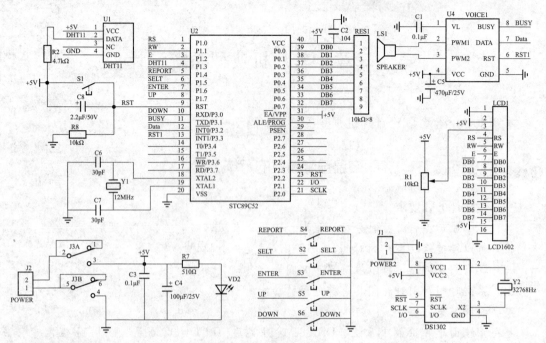

图 12-2　系统原理图

表 12-1　　　　　　　　　　语 音 芯 片 内 容

地址	内容	地址	内容	地址	内容
1	0	12	佰	23	现在温度是
2	1	13	点	24	现在湿度是
3	2	14	分	25	火车站播音声音叮叮叮
4	3	15	秒	26	整
5	4	16	年	27	今天是
6	5	17	月	28	上午
7	6	18	日	29	下午
8	7	19	星期	30	晚上
9	8	20	度	31	负
10	9	21	百分之	32	滴
11	拾（时）	22	现在时刻北京时间		

　　1）控制原理说明。采用了模拟串行的控制方式。如需要播放第几个地址的内容就发送几个脉冲（大于 0.2ms 即可，建议采用 1ms 左右，下同）的原理，可以快速控制多达 32 段地址的任意组合，单独播放某段的声音程序详见本节"设计制作要点"中的语音程序。

　　2）模拟串行工作时各 I/O 的作用。

　　BUSY：芯片工作时（播放声音），输出低电平，停止工作或者待机时，保持高电平。

　　DATA：接收控制脉冲的引脚位。收到几个脉冲，就播放第几个地址的内容。

　　RST：任何时候，收到一个脉冲时，可以使芯片的播放指针归零（就是使 DATA 的引脚位恢复到初始状态），同时即刻使芯片停止，进入待机状态。

　　3）工作示例。需要连续播放第十段和第五段声音：先发送一个复位脉冲到 RST 引脚，

接着发送 10 个脉冲到 DATA 引脚，芯片播放第十段的声音，同时单片机判断语音芯片的 BUSY 是否是高电平，如果不是则一直等待播放结束。如果是高电平，则发送一个复位脉冲到 RST 引脚，接着发送 5 个脉冲到 DATA 引脚，芯片播放第五段的声音，依此类推。

四、软件设计

主程序流程图如图 12-3 所示。

五、实物展示

系统实物照片如图 12-4 所示。

微课七

带温湿度播报的万年历系统组成及作品演示

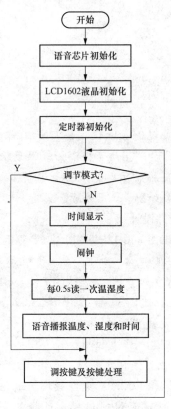

图 12-3　主程序流程图

图 12-4　实物照片

六、设计制作要点

(1) DHT11 温湿度传感器的 VCC 与 GND 切勿接反，接反必烧。

(2) DHT11 温湿度传感器特点：①湿度测量范围为 $20\%\sim90\%$RH；②湿度测量精度为 $\pm5\%$RH；③温度测量范围为 $0\sim50℃$；④温度测量精度为 $\pm2℃$；⑤工作电压为 DC5V/3.3V；⑥数字信号输出。

(3) 语音播报模块。

1) 声音输出模式：直接驱动喇叭（PWM），外接功放驱动。

2) 可以直接控制采用按键或者开关控制 3 个声音，或者是多段声音。

3) 可以通过单片机控制（2 个 I/O，或者 3 个 I/O）32 段以上的声音。比如点、分、星期、年、北京时间，$0\sim9$ 的数字等可以由单片机任意组合数字。

4) 单独播放第 k 段语音程序

```
void music(uchar k){
    RST=1; delay(2);   RST=0;   delay(2);           //发送复位脉冲,即起始信号
    while(k>0)                                        //发送 k 个脉冲,播放第 k 段内容
    {   DATA=1;    delay(1);    DATA=0;    delay(1);    k--;   }
}
```

项目八　基于 nRF24L01 无线温度控制系统设计

一、设计任务和要求

（1）温度实时测量显示。

（2）能够进行语音播报温度。

（3）温度超过设定上限报警。

（4）采集数据能够无线传输。

二、设计方案

整个系统主要由 11 个模块组成：①主机键盘部分，用来实现输入和设定温度等工作；②主机无线收发；③主机单片机最小系统；④LCD12864 液晶显示；⑤语音报温；⑥温度检测；⑦从机无线收发；⑧从机单片机最小系统；⑨LCD1602 液晶显示；⑩加热；⑪降温。主机包括第①～⑤模块，从机包括第⑥～⑪模块。整个系统方案如图 12－5 所示。

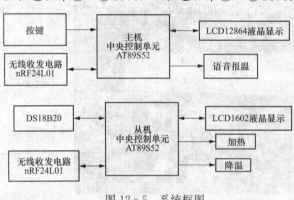

图 12－5　系统框图

三、硬件设计

系统原理图如图 12－6～图 12－8 所示。

（1）主机键盘。如图 12－6 所示，S9 键温度加 1 键，S3 温度加 10 键，S4 键温度减 10 键，S5 键发送降温指令 0x05 键，S6 键发送加热指令 0x06 键，S7 语音播报键，S1 复位键。

（2）主机无线收发电路。如图 12－6 所示，DC5V 转 DC3.3V 电源模块为通信模块提供电源。无线通信模块选择的是 nRF24L01，通过 SPI 总线形式与主机单片机进行通信。

nRF24L01 的封装及引脚排列如图 12－9 所示。其中，CE 为使能发射或接收；CSN、SCK、MOSI、MISO 为 SPI 引脚端，微处理器可通过此引脚配置 nRF24L01；IRQ 为中断标志位；VDD 为电源输入端；VSS 为电源地；XC2、XC1 为晶体振荡器引脚；VDD_PA 为功率放大器供电，输出为 1.8 V；ANT1、ANT2 为天线接口；IREF 为参考电流输入。

nRF24L01 工作模式为，通过配置寄存器可将 nRF24L01 配置为发射、接收、空闲及掉电四种工作模式，见表 12－2。

表 12－2　　　　　　　　　　　　　　　nRF241L01 工作模式

模式	PWR_UP	PRIM_RX	CE	FIFO 寄存器状态
接收模式	1	1	1	
发射模式	1	0	1	数据在 TX FIFO 寄存器中
发射模式	1	0	1→0	停留在发送模式，直至数据发送完
待机模式 2	1	0	1	TX FIFO 为空
待机模式 1	1	—	0	无数据传输
掉电	0	—	—	

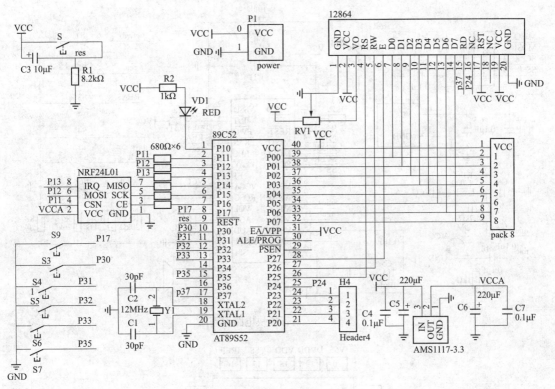

图 12-6 主机原理图

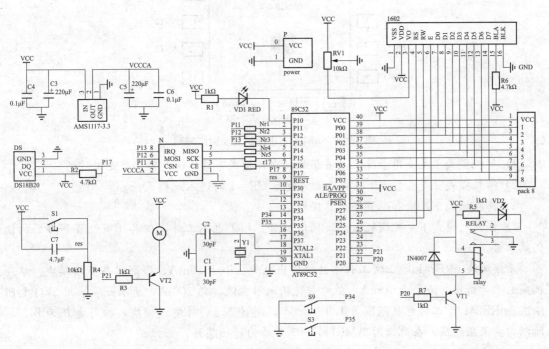

图 12-7 从机原理图

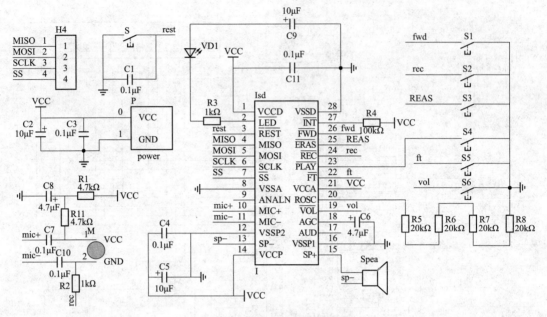

图 12-8　语音模块电路原理图

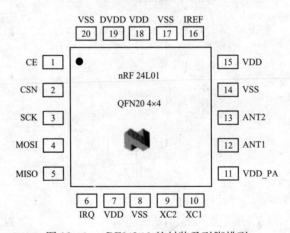

图 12-9　nRF24L01 的封装及引脚排列

1）待机模式 1 主要用于降低电流损耗，在该模式下晶体振荡器仍然是工作的。

2）待机模式 2 是在当 FIFO 寄存器为空且 CE＝1 时进入此模式。

3）待机模式下，所有配置字仍然保留。

4）在掉电模式下电流损耗最小，同时 nRF24L01 也不工作，但其所有配置寄存器的值仍然保留。

无线模块 nRF24L01 正常工作单片机输出电流应小于 10mA，否则容易烧毁模块。单片机高电平时输出电流小于 10mA，低电平时输入灌电流，约 20mA，所以一般采用 2kΩ 电阻限流。nRF24L01 工作电压范围为 1.9～3.6V，超过 3.6V 将烧毁模块，推荐电压为 3.3V，所以需要采用稳压，在此选用 AMS1117-3.3 作为稳压芯片。

（3）主机和从机单片机最小系统。它们均由单片机、时钟电路、复位电路和 LED 指示电路。

（4）LCD12864 显示电路。选用带字库的 LCD12864。

（5）语音报温电路。语音模块和主机模块之间通过 H4 进行连接。

（6）温度检测。DS18B20 是单总线温度传感器，数据线是漏极开路，则需要数据线强上拉，给 DS18B20 供电，一般选择 $4.7k\Omega$。

（7）从机无线收发。从机无线收发电路如图 12-7 所示，DC5V 转 DC3.3V 电源模块为通信模块提供电源。无线通信模块选择的是 nRF24L01，通过 SPI 总线形式与从机单片机进行通信。

（8）从机单片机最小系统。其主要包括单片机、时钟电路、复位电路和 LED 指示电路。

（9）LCD1602 显示。寄存器选择端与单片机的 P2.5 相连，读写使能端与单片机的 P2.6 相连，液晶使能与单片机的 P2.7 相连，数据端口和单片机的 P0 端口链接。其主要用来实时显示现场测量的温度。

（10）加热。单片机的 P2.0 控制继电器线圈的得电和失电，当 P2.0 输出低电平时继电器得电加热，同时 LED 灭；当 P2.0 输出高电平时继电器失电停止加热，LED 亮。

（11）降温电路。当 P2.1 输出低电平时电机转动降温，当 P2.1 输出高电平时电机停止转动停止降温。

四、软件设计

从机流程图如图 12-10 所示，主要完成系统初始化、温度的测量显示和发送、接收主机发来的命令（加热、降温）。主机流程图如图 12-11 所示，主要完成系统初始化、开机界面显示、按键处理、语音播报温度和发送命令等。

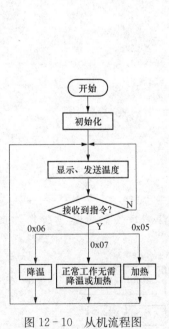

图 12-10 从机流程图

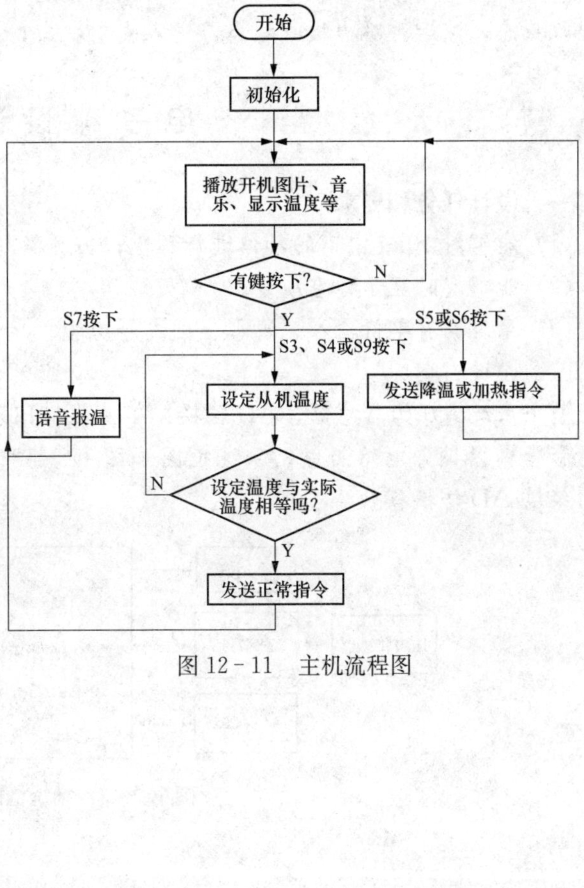

图 12-11 主机流程图

五、实物展示

系统实物照片如图 12-12 所示。

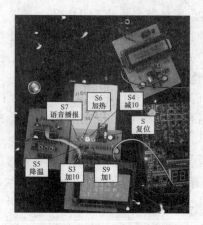

图 12 - 12 实物照片

微课八

基于 24L01 无线
温度控制系统
组成及作品演示

六、设计制作要点

（1）在 ISD1720 定点播放时要实现无缝连接，需要读状态寄存器，判断 ISD1720 返回的信号是上一个指令是否已经完成，每次定点录音后 ISD1720 会自动在语音结尾加 EOM 标志，所以录音时不应全部录完然后再查找所需要的语音，应单个录音。

（2）nRF24L01 是单收单发器件，不能同时工作在既发射又接收状态，为此必须做以下调整。

对于主机，应一直工作在接收状态，当有按键被按下时进入发射状态，同时停止接收，当发射结束后，自动跳出，进入接收状态。

对于从机，用标志位循环工作在发射接收状态，当发射结束后，自动定义标志位使其进入接收状态，然后再跳出接收状态，进入发射状态，如此循环。

项 目 九　　　　　电 子 秤 设 计

一、设计任务和要求

（1）能够对 10kg 以下的物体进行称重；当质量超过 10kg 时，能够进行报警。

（2）能够实时显示称重质量。

（3）系统具有单价输入、清零、去皮等功能。

二、设计方案

整个系统由压力传感器、AD 转换、单片机、LCD1602 显示、存储电路 AT24C02 矩阵键盘和蜂鸣器报警电路组成，系统框图如图 12 - 13 所示。压力传感器将压力转化为电信号，经过 AD 转换模块

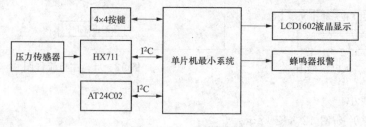

图 12 - 13　系统框图

HX711 之后，将数据发送给单片机，单片机处理之后，将结果发送到 LCD1602 进行显示。LCD1602 可以显示当前的质量、单价和金额。矩阵键盘可以对单价进行输入，具有清零，去皮的功能。质量超过 10kg，蜂鸣器发出报警。

三、硬件设计

系统原理图如图 12-14 所示。

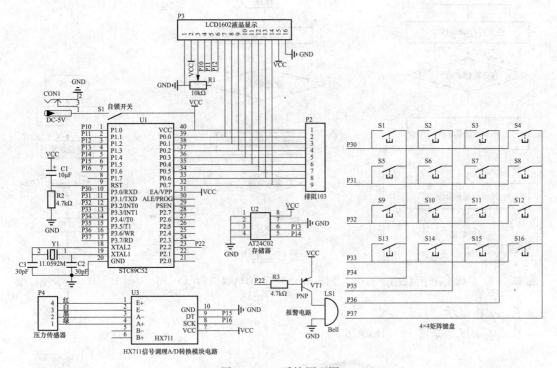

图 12-14　系统原理图

（1）键盘采用 4×4 矩阵式键盘。包括 0～9 十个数字键、∗、♯、A、B、C、D。4×4 矩阵键盘定义见表 12-3。

表 12-3　　　　　　　　　　　　4×4 矩阵键盘定义表

1	2	3	A（自校准）
4	5	6	B（清零）
7	8	9	C（未定义）
∗（未定义）	0	♯（小数点）	D（确定价格）

（2）称重传感器和 HX711 电路。基于 HX711 可任意选取通道 A 或通道 B 的输入选择开关，两个通道均与其内部的可编程放大器相连。通道 A 的可编程增益为 64 或 128，与其对应的是分别为 ±20mV 或 ±40mV 的满额度差分输入信号幅值。通道 B 则为固定的 32 增益，主要用于检测系统参数。所以使用内部时钟振荡器（XI＝0），10Hz 的输出数据速率（RATE＝0）。

（3）当超重后能同时发出声、光两种警报信号。

四、软件设计

（1）系统的主程序流程图如图 12-15 所示。

（2）A/D 转换流程图。程序流程图如图 12-16 所示。

（3）报警子程序流程图。当系统运行时检测到称重的物体超过该电子秤的测量上限时，将会产生一个信号传给报警电路。流程图如图 12-17 所示。

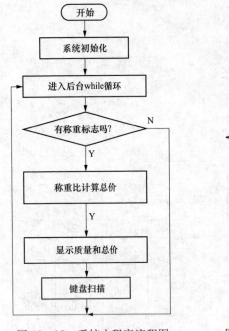

图 12-15　系统主程序流程图

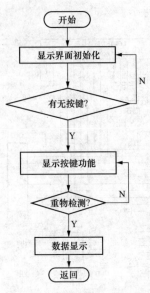

图 12-16　A/D 转换流程图

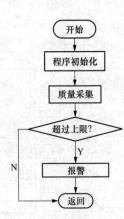

图 12-17　报警流程图

五、实物展示

系统实物照片如图 12-18 所示。

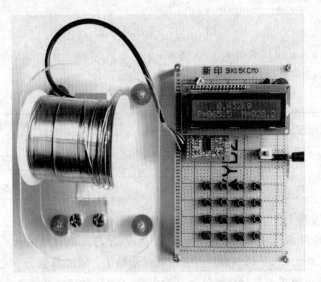

图 12-18　实物照片

六、设计制作要点

（1）HX711 与单片机及传感器的接口为串行通信 I^2C 总线。

（2）AT24C02 用来保存设置数据。

项目十　基于 HC-SR04 超声波测距仪设计

一、设计任务和要求

（1）测量范围 0.21～4.50m，测量精度 0.01m，测量时与被测物体不接触。

（2）当检测到距离和温度时用 LCD1602 液晶显示出来。

（3）当距离小于安全距离时发出警报声，并且安全距离可调。

二、设计方案

系统由主控制器模块、超声波发射接收模块、温度检测 DS18B20 显示模块和报警模块五个基本模块构成。测距时，首先由单片机通过 I/O 端口给发射模块的 Trig 最少 $10\mu s$ 的高电平信号，模块自动发送 8 个 40kHz 的方波，自动检测是否有信号返回。有信号返回时，通过 I/O 端口 Echo 输出一个高电平，高电平持续的时间就是超声波从发射到返回的时间。经过单片机处理即可得到距离值，并且通过 LCD1602 将处理后的实际距离显示出来。其系统框图如图 12-19 所示。

图 12-19　系统框图

三、硬件设计

系统原理图如图 12-20 所示。

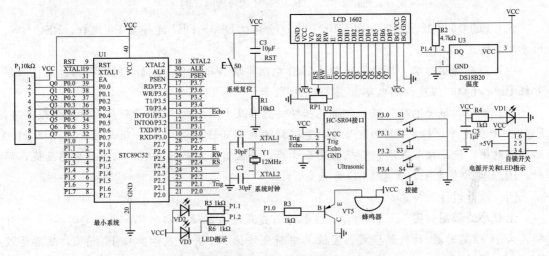

图 12-20　系统原理图

（1）按键电路。如图 12-20 所示。S1、S2、S3、S4 功能分别为加 1cm、减 1cm、加 10cm、减 10cm，S0 为系统复位键。

（2）超声波模块。HC-SR04 超声波测距模块可提供 0.03～4m 的非接触式距离感测功能，测距精度可达高到 3mm；模块包括超声波发射器、接收器与控制电路。实物图如图 12-21 所示。

HC-SR04 基本工作原理为：

1）采用 I/O 端口 Trig 触发测距，给至少 $10\mu s$ 的高电平信号。

2）模块自动发送 8 个 40kHz 的方波，自动检测是否有信号返回。

图 12-21　HC-SR04 实物图

3) 有信号返回，通过 I/O 端口 Echo 输出一个高电平，高电平持续的时间就是超声波从发射到返回的时间。

图 12-22 表明只需要提供一个 $10\mu s$ 以上脉冲触发信号，该模块内部将发出 8 个 40kHz 周期电平并检测回波。一旦检测到有回波信号则输出回响信号，回响信号的脉冲宽度与所测的距离成正比。由此通过发射信号到收到的回响信号时间间隔可以计算得到

距离［距离＝高电平时间×声速（340m/s）/2］。测量周期为 60ms 以上，以防止发射信号对回响信号的影响。

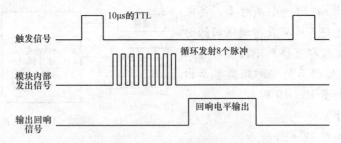

图 12-22　HC-SR04 超声波时序图

（3）LCD1602 显示电路。LCD1602 的 I/O 端口 DB0～DB7 连接至 P0 端口，RS、RW、E 分别连接至 P2.4～P2.6。

（4）温度检测电路。数据总线与 $4.7k\Omega$ 电阻串联后接入 5V 电源，同时数据总线接入单片机 P1.4 端口，温度检测电路如图 12-20 所示。

（5）蜂鸣器报警电路。报警电路包括蜂鸣器以及 LED 灯。当测量距离大于安全距离时，P1.2 端口低电平，绿色 LED 亮；当测量得到的距离小于设置的安全距离时，单片机 P1.0 端口高电平，使三极管导通，蜂鸣器发出响声，并且随着距离的缩短，响声越来越急促，同时，P1.1 端口低电平，黄色 LED 灯点亮。

四、软件设计

主程序流程图如图 12-23 所示。主程序首先是对系统硬件初始化，设置定时器 T0 工作模式为 16 位定时器/计数器模式。置位总中断允许位 EA 并给显示端口 P0 清 0。然后通过 P2.1 端口向超声波传感器模块发送一个 $20\mu s$ 的高电平，超声波传感器模块即自动发射 8 个循环的脉冲，需要延时约 0.1 ms（这也就是超声波测距仪会有一个最小可测距离的原因）后，才打开外中断 1（即 P3.3 端口）接收返回的超声波信号。一旦接收到返回超声波信号（即 INT0 引脚出现高电平），立即进入中断程序。进入中断后就立即关闭计时器 T0 停止计时，并将测距成功标志字赋值 1。

如果当计时器溢出时还未检测到超声波返回信号，则定时器 T0 溢出中断将外中断 1 关闭。由于采用的是 12MHz 的晶振，计数器每计一个数就是 $1\mu s$，当主程序检测到接收成功的标志位后，将计数器 T0 中的数（即超声波来回所用的时间）按式（12-1）计算，即可得到被测物体与测距仪之间的距离，设计时取 20℃时的声速为 344 m/s，则有

$$d = ct/2 = 344 \times T_0 \times 10^{-6}/2 = 172 T_0 \times 10^{-6} (\text{m}) = 172 T_0 \times 10^{-4} \text{cm} \qquad (12-1)$$

式中，c 为声速，单位为 m/s；t 表示超声波来回所用的时间，单位为 s；T_0 为计数器 T0 的计数值。

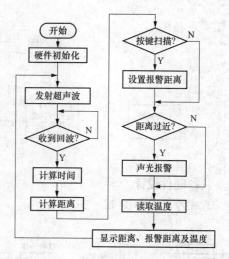

测出距离后，检测按键是否有按下，有按下按照按键设置的值进行比较，无按键按下则与默认设置的 50cm 进行比较，大于警报距离时，将 P1.1 端口电平拉低，绿色 LED 灯点亮。如果小于警报距离，则将 P1.0 端口电平拉高，P1.2 端口电平拉低，蜂鸣器报警，黄色 LED 点亮。然后读取温度，将测得的距离、当前设置的报警距离送到 LCD1602 显示。最后向 P2.1 端口发送高电平重复测量过程。

图 12-23 超声波测距主程序流程图

五、实物展示

系统实物照片如图 12-24 所示。

图 12-24 实物照片

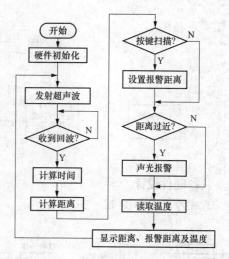

微课十

基于 HC-SR04
超声波测距仪系统
组成及作品演示

六、设计制作要点

(1) 超声波 HC-SR04 模块与单片机的端口及其含义。

(2) 式（12-1）中参数的含义。

(3) 温度对超声波速度的影响情况，如何进行补偿。

项目十一 红外遥控的步进电动机控制系统设计

一、设计任务和要求

(1) 对步进电动机的转速进行控制，实现十级调速和正反转。

(2) 通过红外遥控实现正反转和调速。

二、设计方案

采用 STC89C52 芯片作为硬件核心，LED 数码管动态扫描对挡位和转速进行显示。单片机产生 PWM 送 ULN2003 对步进电动机进行驱动，调节相序可以实现正反转；通过按键或无线遥控能够设置 PWM 的占空比，实现正转十级调速和反转十级调速。其系统框图如图 12-25 所示。

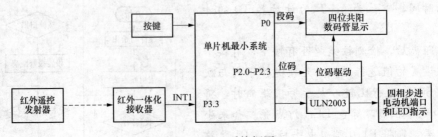

图 12-25　系统框图

三、硬件设计

系统原理图如图 12-26 所示。

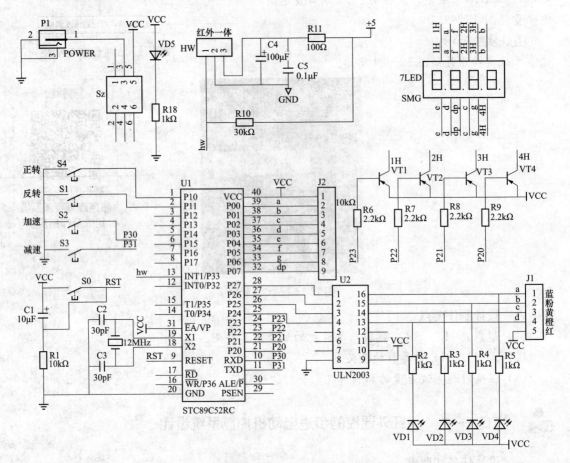

图 12-26　系统原理图

（1）按键。S4 正转、S1 反转、S2 加速、S3 减速、S0 系统复位。

（2）红外一体化接收器选用 IRM138S，连接到单片机 STC89C52 的外部中断 1 上。

（3）四位一体共阳数码管显示的段码有 P0 端口直接驱动，位选线由 P2.0～P2.3 控制，然后经 PNP 三极管 VT1～VT4 进行驱动。

（4）步进电动机的驱动选用 ULN2003，通过 P2.4～P2.7 进行控制，在步进电动机端口处并联发光二极管 VD1～VD4 进行指示。

四、软件设计

主程序流程图如图 12-27 所示。其主要完成系统初始化，电动机正反转/加减速判断，定时器的启动或关闭，LED 指示灯的亮灭控制以及数码管的动态显示控制。

五、实物展示

系统实物照片如图 12-28 所示。

六、设计制作要点

（1）步进电动机的接线颜色依次分别为蓝、粉、黄、橙和红。

（2）红外遥控的编码详见本书第十一章第一节。

微课十一

红外遥控的步进电动机控制系统组成及作品演示

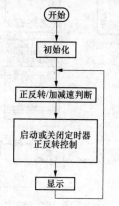

图 12-27 主程序流程图

图 12-28 实物照片

项目十二　　**LED 点阵显示屏设计**

一、设计任务和要求

（1）要求能显示图形或文字，显示图形或文字应稳定、清晰。

（2）图形或文字显示有静止、左移或右移等显示方式。

二、设计方案

整个系统主要由四个模块组成，即单片机最小系统、行驱动电路、列驱动电路、16×16 点阵，如图12-29 所示。

三、硬件设计

系统原理图如图 12-30 所示。

（1）单片机最小系统。单片机的串行端口与列驱动电路相连，用来送显示数据。P1 端口低 4 位与行驱动电路相连，输出行选信号；P2.5、P2.6 和 P2.7 则用来发送控制信号。

（2）行驱动电路。单片机 P1 端口低 4 位输出的行信号经 4-16 译码器 74LS154 译码后生成 16 条行选通

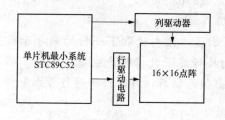

图 12-29 系统框图

信号线，再经过三极管驱动对应的行线。一条行线上要带动 16 列 LED 进行显示，按每一个 LED 器件 5mA 电流计算，16 个 LED 同时发光时，需要 80mA 的电流，选用三极管 8550 作为驱动管可满足要求。

（3）列驱动电路。列驱动电路由集成电路 74HC595 构成，具有一个 8 位串入并出的移位寄存器和一个 8 位输出锁存器的结构，而且移位寄存器和输出锁存器的控制是各自独立的，可以实现在显示本行各列数据的同时，传送下一行的列数据，即达到重叠处理的目的。

（4）16×16 点阵。由 4 个 8×8 的点阵组成。

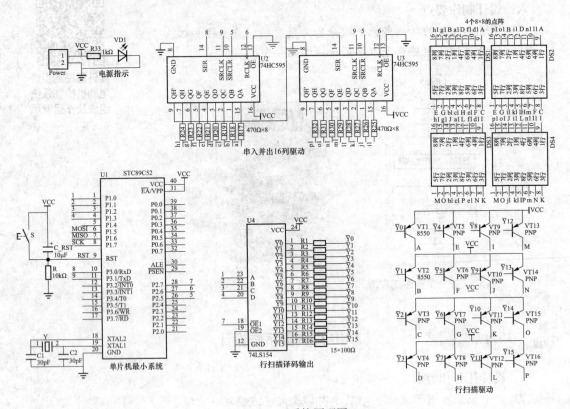

图 12-30　系统原理图

四、软件设计

显示驱动程序在进入中断后首先要对定时器 T0 重新赋初值，以保证显示屏刷新率的稳定。16 行扫描格式的显示屏刷新率（帧频）的计算公式为

$$\text{刷新率（帧频）} = \frac{1}{16} \times T0 \text{ 溢出率} = \frac{1}{16} \times \frac{f_{OSC}}{12(65536-t_0)} \qquad (12-2)$$

式中：f_{OSC} 为晶振频率；t_0 为定时器 T0（工作于方式 1）初值。

另外，显示驱动程序查询当前点亮的行号，从显示缓冲区内读取下一行的列显示数据，并通过串行端口发送到移位寄存器。为消除在切换行显示数据时产生拖尾现象，驱动程序先要关闭显示屏，即消隐，等显示数据输入输出锁存器后，再输出新的行号，重新打开显示。

主程序流程图如图 12-31 所示。图 12-32 所示为显示驱动程序（显示屏扫描函数）流程图。系统主程序开始后，首先对系统环境初始化，包括设置串口、定时器、中断和端口。

然后以"卷帘出"效果显示文字或图案，停留几秒钟，接着向上滚动显示汉字或图形，停留几秒后，再左移显示汉字或图形、右移显示等。最后以"卷帘入"效果隐去文字。显示效果可以根据需要进行设置，系统程序会不断地循环执行显示效果。

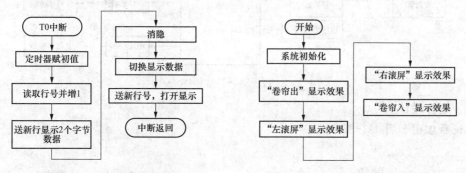

图 12-31　主程序流程图　　　　　图 12-32　显示驱动程序流程图

五、实物展示

系统实物照片如图 12-33 所示。

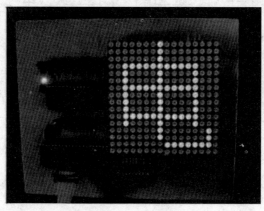

图 12-33　实物照片

六、设计制作要点

（1）显示屏显示刷新率公式的参数含义。

（2）LED 点阵的动态驱动原理和数码管动态显示原理类似。

项目十三　　　　　　光 控 灯 设 计

一、设计任务和要求

（1）手动模式下，通过按键与红外线遥控控制发光二极管的亮度。

（2）自动模式下，可以通过周围的光线亮度来自动控制发光二极管的亮度。

（3）呼吸模式下，发光二极管从亮到灭，然后又从灭到亮，显示均匀平滑。

二、设计方案

系统主要由单片机最小系统、按键、红外发射和接收、程序下载接口、工作状态的发光二极管指示、发光二极管驱动和光亮度的检测电路组成。其系统框图如图 12-34 所示。

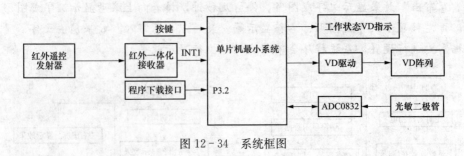

图 12-34　系统框图

三、硬件设计

系统原理图如图 12-35 所示。

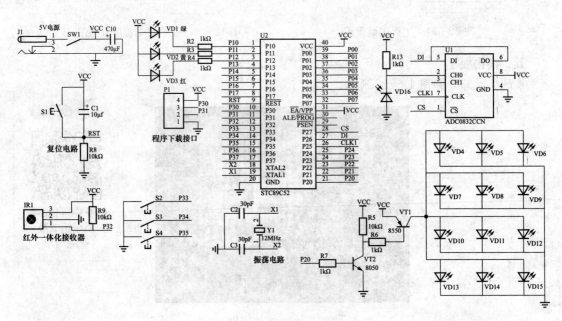

图 12-35　系统原理图

（1）按键电路。S1 为系统复位键、S2 为工作模式切换键、S3 为亮度增键、S4 为亮度减键。

（2）红外一体化接收器选用 HS38B。HS38B 是用于红外遥控接收的小型一体化接收头，中心频率 38.0kHz。

（3）灯光控制电路。单片机的 P2.0 输出 PWM，通过三极管复合放大驱动 12 支发光二极管亮灭和亮度。

（4）VD 工作状态指示。VD1 绿灯亮表示自动工作模式，VD2 黄灯亮表示手动工作模式，VD3 红灯亮表示呼吸模式，三种工作模式可以通过按键 S2 进行切换。

（5）亮度检测。光线传感器选用光敏二极管，将亮度值送 ADC0832 进行 A/D 转换。

四、软件设计

智能台灯可分为自动和手动两种模式。在自动模式下，台灯能根据环境光的明暗来自动开启台灯。台灯自动感应环境光线，调节发光亮度，自动感应开灯。手动模式是灯光亮度不随环境光线变化而变化，可以手动按下调节亮度按键来调节灯光亮度。并在呼吸模式（即逐渐亮逐渐灭）下，VD以呼吸的方式显示工作。

　　主程序流程图、ADC0832流程图、按键控制流程图分别如图12-36～图12-38所示。

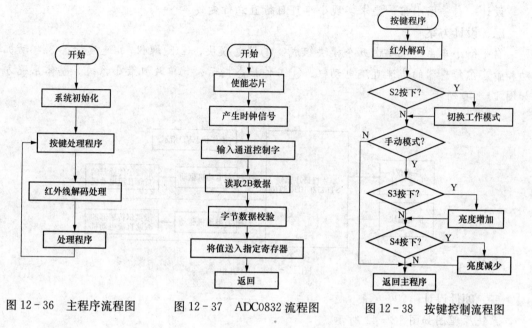

图12-36　主程序流程图　　　　图12-37　ADC0832流程图　　　　图12-38　按键控制流程图

五、实物展示

系统实物照片如图12-39所示。

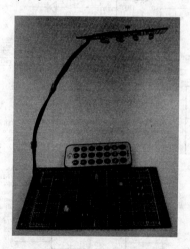

图12-39　实物照片

六、设计制作要点

（1）红外接收头内部放大器的增益很大，很容易引起干扰，在接收头的供电引脚上必须加上滤波电容。

（2）VD工作模式切换。

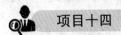 项目十四 　　　　两轮平衡小车设计

一、设计任务和要求

设计一自平衡小车，要求实现小车可自行直立行走。

二、设计方案

自平衡小车系统主要由五个模块组成：①供电模块；②陀螺仪/加速度计；③电动机驱动和带霍尔传感器的减速直流电动机；④工作状态指示；⑤单片机最小系统。整体系统方案如图 12-40 所示。

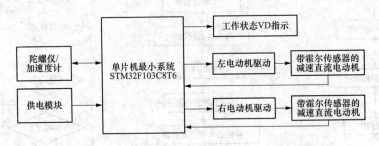

图 12-40　系统框图

三、硬件设计

系统原理图如图 12-41 所示。

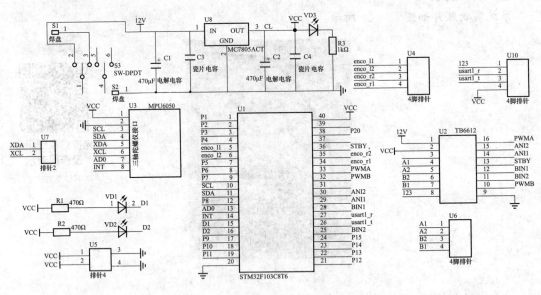

图 12-41　系统原理图

(1) 供电模块。电路中需要 12V 和 5V 两种的电源。采用可充电 12V 锂电池给系统供电，然后将 12V 电压通过 7805 降压到 5V 给系统供电。

(2) 单片机最小系统。其主要包括单片机、时钟电路和复位电路。

（3）驱动模块。TB6612FNG 是一款新型电动机驱动器件，能独立双向控制 2 个直流电动机。

（4）电动机。电动机采用带霍尔传感器的减速直流电动机，裸电动机转速 12V 12000RPM，减速比为 34：1，减速后 350RPM。编码器单圈 11 脉冲，减速后单圈为每圈 374 脉冲，可以通过 STM32 编码器模式 4 倍频至每圈 1496 脉冲。

（5）倾角度传感器。倾角度测量采用 MPU6050 来实现。MPU6050 为全球首例集成六轴传感器的运动处理组件，内置了运动融合引擎。它内置一个三轴 MEMS 陀螺仪、一个三轴 MEMS 加速度计、一个数字运动处理引擎（DMP）以及用于第三方的数字传感器端口的辅助 I²C 端口（常用于扩展磁力计）。当辅助 I²C 端口连接到一个三轴磁力计，MPU6050 能提供一个完整的九轴融合输出到其主 I²C 端口。

MPU6050 拥有 16 位 A/D 转换器，将三轴陀螺仪及三轴加速度计数据转化为数字量输出。为了精确跟踪快速和慢速运动，MPU6050 支持用户可编程的陀螺仪满量程范围有 ±250、±500、±1000、±2000o/sec，支持用户可编程的加速度计满量程范围有 ±2G、±4G、±8G、±16G。同时 MPU6050 内置了一个可编程的低通滤波器，可用于传感器数据的滤波。MPU6050 数据传输可通过最高至 400kHz 的 I²C 总线完成。

（6）LED 指示灯。VD1 红灯接单片机的 B10 引脚，VD2 绿灯接单片机的 B11 引脚。当小车向前倾斜时绿灯亮，向后倾斜时红灯亮。

四、软件设计

（1）初始化程序。初始化程序主要的任务是对硬件模块和单片机内部资源的初始化。初始化 MPU6050、编码器和单片机时钟定时器和串行端口等。

（2）MPU6050 数据读取程序。每隔 5ms 读取一次 MPU6050 的数据。利用定时器中断读取数据。MPU6050 采用 I²C 通信，用 STM32 模拟 I²C 通信来和 MPU6050 通信。

（3）数据处理程序。采用卡尔曼滤波对 MPU6050 测得的数据进行处理。将 MPU6050 传来的数据经过换算变成角速度和加速度，再将角速度和加速度传递给卡尔曼滤波函数，经过滤波后得到准确的角度，以最后的角度作为控制小车平衡的参数。

（4）平衡控制程序。平衡控制是本项目的关键。平衡控制主要是用 PD 控制器。PD 控制器的输入是参数为角度和角速度，这些参数为滤波之后的参数。通过 PD 算法计算出 PWM 的脉宽送给电机驱动。PID 的系数需要调试，每个系统是不一样的。这一步才是关键也是难点。PID 调试方法可查见相关资料。

（5）速度控制程序。速度控制采用 PI 控制器。输入参数是编码器测量的初速度。计算出 PWM 值，与直立环的 PWM 叠加后送给电动机驱动。

（6）定时器中断程序。每 5ms 对系统参数进行一次更新。将 5ms 分成 5 份，每份 1ms，在每 1ms 做一个任务。这样做的目的是不破坏定时器的时序。

第 1ms：测量速度；第 2ms：读取 MPU6050 数据；第 3ms：数据处理卡尔曼滤波；第 4ms：直立 PWM 计算；第 5ms：速度 PWM 计算。

程序流程图如图 12-42 所示。

五、实物展示

系统实物照片如图 12-43 所示。

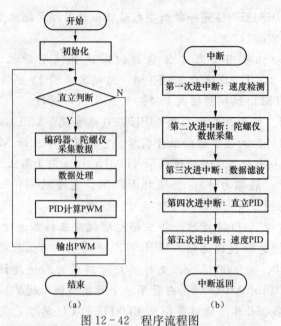

图 12-42　程序流程图

（a）总流程图；（b）中断流程图

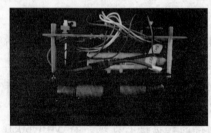 

图 12-43　实物照片

六、设计制作要点

（1）平衡车调试时，先调直立环，再调速度环。

（2）如果没有速度环，只有直立环时，小车会向一边加速然后倒下。

（3）陀螺仪要测量出静差，即静止不动时的读数，多测几组求平均值。

（4）调 PID 时车子出现高频抖动，立即关掉电源防止电动机烧坏。

（5）锂电池不要过度放电，以免损坏电池造成损失，建议插上电压报警器调试。

（6）电动机驱动正负极不能反接。

 项目十五　　　　　　有害气体检测系统设计

一、设计任务和要求

（1）能够实时检测可燃气体浓度，并显示当前检测到的可燃气体浓度。

（2）当可燃气体浓度检测值大于设置值时，能够进行声光报警。

二、设计方案

整个系统由按键、可燃气体检测、AD 转换、单片机最小系统、LCD1602 液晶显示和声

光报警电路组成，系统框图如图 12-44 所示。

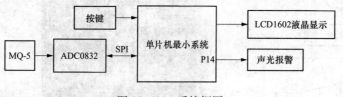

图 12-44　系统框图

三、硬件设计

系统原理图如图 12-45 所示。

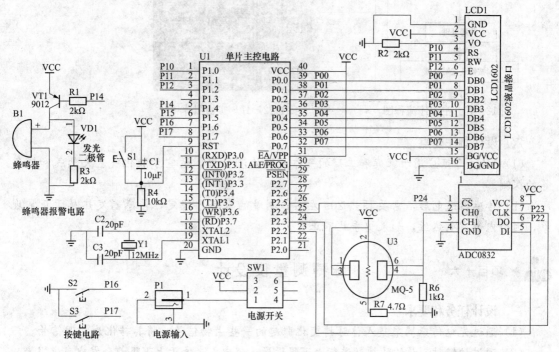

图 12-45　系统原理图

（1）按键。S1 为系统复位键，S2 为可燃气体浓度设置加 1 键，S3 为可燃气体浓度设置减 1 键。

（2）可燃气体检测和 AD 转换电路。传感器选用 MQ-5，能够检测液化气、煤气、甲烷等可燃气体。将检测到的可燃气体浓度值送 ADC0832 进行 A/D 转换。MQ-5 模拟电压输出 0.1~0.3V 相对无污染，最高浓度电压 4V 左右。

（3）LCD1602 液晶显示电路。第一行默认显示"Gas：000PPM"，表示检测值为 0PPM；第二行默认显示"S-Gas：100PPM"，表示可燃气体设定值为 100PPM。

（4）声光报警电路。当可燃气体浓度检测值大于设置值时，蜂鸣器 B1 会鸣叫，同时红色的 VD1 会亮。

四、软件设计

主程序流程图如图 12-46 所示。

五、实物展示

系统实物照片如图 12-47 所示。

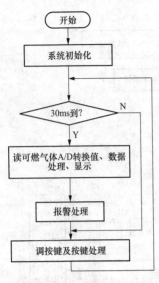

微课十五

有害气体检测
系统组成及
作品演示

图 12-46　主程序流程图

图 12-47　实物照片

六、设计制作要点

（1）MQ-5 可应用于家庭和工厂的气体泄漏检测装置，适宜于液化气、天然气和煤气等的探测。

（2）传感器通电后，需要预热 20s 左右，测量的数据才稳定，传感器发热属于正常现象，因为内部有电热丝，如果烫手就不正常了。

项目十六　　　脉搏测量仪设计

一、设计任务和要求

（1）通过光电传感器采集人体脉搏变化引起的一些生物信号，将其转化为物理信号。

（2）通过按键对测量的脉搏数进行上下限设置，超出或者低于上下限都会发出声光报警。

（3）显示每分钟的脉搏次数。

二、设计方案

整个系统由脉搏测量、按键、单片机最小系统、蜂鸣器报警和 LCD1602 液晶显示组成。其系统框图如图 12-48 所示。

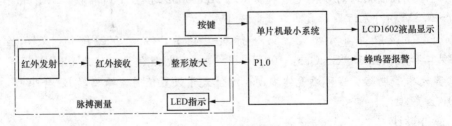

图 12-48　系统框图

三、硬件设计

系统原理图如图 12-49 所示。

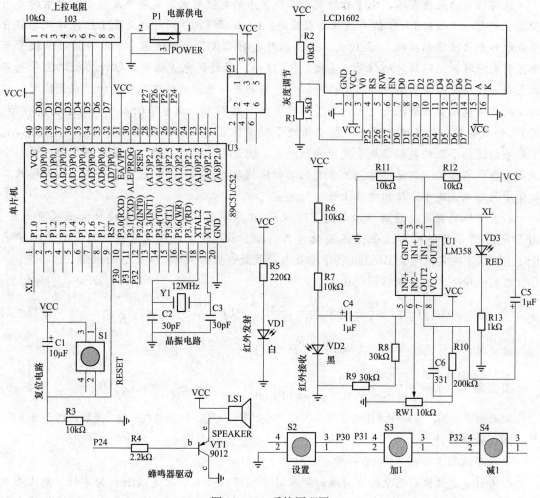

图 12-49　系统原理图

（1）按键。S1 为系统复位键、S2 为设置键、S3 为加 1 键、S4 为减 1 键。S2 键按下 1 次进入脉搏报警的下限值设置状态，第 2 次按下设置脉搏报警的上限值，第 3 次按下进入脉搏正常测量。

（2）蜂鸣器报警。正常的脉搏数是在 50～100 之间。不在此范围，则开启定时器 T0 中断，在 P2.4 引脚产生一定频率的矩形波，驱动蜂鸣器，产生警报声。

（3）LCD1602 液晶显示。第一行显示"Heat Rate："。第二行若显示"Warning L：40"表示脉搏下限值为 40，通过加和减键调整报警下限值；第二行若显示"Warning H：100"表示脉搏上限值为 100，通过加和减键调整报警上限值；第二行若显示"76"表示脉搏测量值 76，工作于脉搏测量模式。

（4）脉搏测量。当手指放在红外线发射二极管 VD1 和接收二极管 VD2 中间，随着心脏的跳动，血管中血液的流量将发生变换。由于手指放在光的传递路径中，血管中血液饱和程度的变化将引起光的强度发生变化，因此和心跳的节拍相对应，红外接收二极管的电流也跟着改变，这就导致红外接收二极管输出脉冲信号。该脉冲信号经 LM358 放大、滤波、整形后送到单片机的 P1.0，单片机对脉冲信号进行计算处理后把结果送到 LCD1602 显示。

脉搏信号的采集电路，由于红外发射二极管中的电流越大，发射角度越小，产生的发射强度就越大，所以对 R5 阻值的选取要求较高。R5 选择 220Ω 同时也是基于红外接收二极管感应红外光灵敏度考虑的。R5 过大，通过红外发射二极管的电流偏小，红外接收二极管无法区别有脉搏和无脉搏时的信号。反之，R5 过小，通过的电流偏大，红外接收二极管也不能准确地辨别有脉搏和无脉搏时的信号。当手指离开传感器或检测到较强的干扰光线时，输入端的直流电压会出现很大变化，为了使它不致泄露到下一级电路输入端而造成错误指示，用 C4 组成的耦合电容把它隔断。当手指处于测量位置时，会出现两种情况：一是无脉期。虽然手指遮挡了红外发射二极管发射的红外光，但是由于红外接收二极管中存在暗电流，会造成输出电压略低。二是有脉期。当有跳动的脉搏时，血脉使手指透光性变差，红外接收二极管中的暗电流减小，输出电压上升。

按人体脉搏在运动后跳动次数达 240 次/min 频率来算，放大器应设计为低通放大器。图 12-49 所示为一阶有源低通滤波放大器。R8、R9、C4 组成低通滤波器，截止频率由 R8、R9、C4 决定；运放 LM358 将信号放大，放大倍数由 RW1 和 R10 的阻值之比决定。

根据一阶有源滤波电路的传递函数，可得

$$A_u(s) = \frac{U_o(s)}{U_i(s)} = \left(1 + \frac{R_{10}}{RW_1}\right)\frac{U_p(s)}{U_i(s)} = \left(1 + \frac{R_{10}}{RW_1}\right)\frac{1}{S(R_8 + R_9)C_4} \tag{12-3}$$

放大倍数　　　　　　$$A_0 = \left(1 + \frac{R_{10}}{RW_1}\right) = 1 + \frac{200\text{k}\Omega}{10\text{k}\Omega} = 21 \tag{12-4}$$

截止频率　$$f_0 = \frac{1}{2\pi(R_8 + R_9)C_4} = \frac{1}{2\pi(30+30)\times10^3\times1\times10^{-6}} \approx 2.65\,\text{Hz} \tag{12-5}$$

按此频率计算，每分钟脉搏跳动约 360 次，完全是可以的，低频的截止频率是满足这个要求的。

四、软件设计

主程序流程图如图 12-50 所示。

心率计是通过检测两次脉冲间隔时间来计算心率。心跳计时是以 1ms 为单位，两次心跳中间计数如果是 1000 次，也就是 1000×1ms＝1000ms＝1s；那么计算出的 1min（60s）心跳数就是：60×1000/(1000×1ms)＝60 次，其中 60 是一分钟 60s，1000 是一秒有 1000ms，1000 是计数值，1 是一次计数对应的时间是 1ms。T1 中断服务程序流程图如图 12-51 所示。

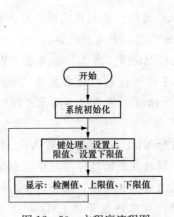

图 12-50　主程序流程图

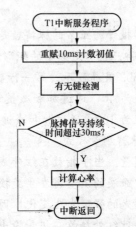

图 12-51　T1 中断服务程序流程图

五、实物展示

实物照片如图 12-52 所示。

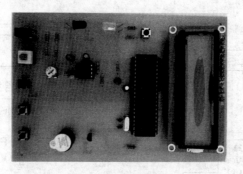

微课十六

脉搏测量仪
系统组成及
作品演示

图 12-52　实物照片

六、设计制作要点

（1）在本设计中，红外接收二极管和红外发射二极管相对摆放以获得最佳的指向特性。

（2）放大倍数的增加。传感器的输出端经示波器观察有幅度很小的正弦波，但经整形输出后检测到的脉冲还是很弱，在确定电路没有问题的情况下，加强信号的放大倍数，调整电阻器 RW1 值。

（3）显示正常但经适当运动后测量，脉搏次数没有增加，可能是前置放大级有问题，可采用更换的办法判断并排除。

（4）进入测量状态，但测量值不稳定。不稳定原因主要是光电传感器受到电磁波等干扰，其次是损坏或有虚焊。

（5）超过 30ms 有信号，判定此次是脉搏信号。

　项目十七　　　　　　　　　　**PM2.5 监测仪设计**

一、设计任务和要求

（1）PM2.5 粉尘传感器检测空气质量给 ADC0832 模数转换芯片，ADC0832 将模拟量装换成数字量给单片机。

（2）采用 LCD1602 液晶屏实时显示粉尘检测数据。

（3）检测值超过设定上限值能够声光报警。

二、设计方案

整个系统由单片机最小系统、LCD1602 液晶显示、PM2.5 粉尘检测模块、ADC0832 模数转换、按键、蜂鸣器报警和 LED 指示组成。系统框图如图 12-53 所示。

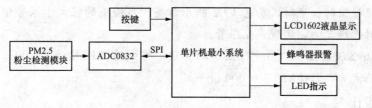

图 12-53　系统框图

三、硬件设计

系统原理图如图 12-54 所示。

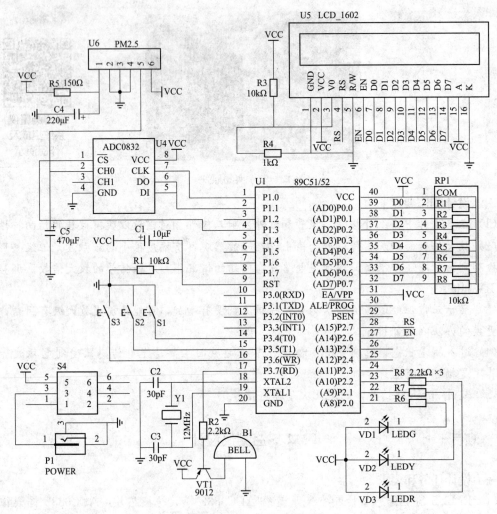

图 12-54　系统原理图

（1）按键。S1 设置键、S2 加 10 键、S3 减 10 键、S4 电源开关。

（2）PM2.5 粉尘检测和 A/D 转换。夏普的 GP2Y1010AUOF（检测范围 $0\sim1000\mu g/m^3$）粉尘传感器将检测的模拟量信号通过 ADC0832 转换成数字量信号给单片机，实时检测空气中的 PM2.5 值并通过 LCD1602 显示出来。

（3）LED 指示和蜂鸣器报警。当检测到的粉尘值小于报警值的一半时，绿色 VD1 指示灯亮；当大于报警值的一半时，黄色 VD2 指示灯亮；当检测的值大于报警值时，红色 VD3 指示灯亮，同时蜂鸣器响，实现声光报警。

（4）LCD1602 液晶显示。第一行显示测量值，格式为"PM2.5：$000\mu g/m^3$"；第二行显示设定值，格式为："HPM2.5：$000\mu g/m^3$"。

四、软件设计

主程序流程图如图 12-55 所示。

五、实物展示

系统实物照片如图 12-56 所示。

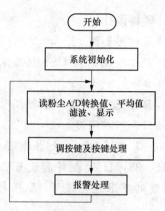

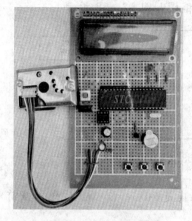

微课十七

PM2.5 监测仪系统组成及作品演示

图 12-55 主程序流程图　　　　图 12-56 实物照片

六、设计制作要点

（1）粉尘检测传感器 GP2Y1010AUOF 的检测范围 $0\sim1000\mu g/m^3$。

（2）PM2.5 粉尘传感器的端口信号和内部结构图，如图 12-57 所示。

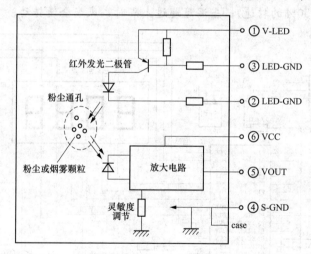

图 12-57　GP2Y1010AU0F 粉尘传感器的内部结构图

　项目十八　　　　　　　温控风扇系统设计

一、设计任务和要求

（1）采集温度范围 0～99.9℃，实时显示风扇挡位和当前温度值。

（2）能够通过按键设置温度上下限报警值。

（3）当温度低于下限时，风扇不转动；当温度处于上、下限之间时 1 挡转动（50% 的转速）；当温度超过上限时，风扇全速转动。

二、设计方案

整个系统由单片机最小系统、数码管显示模块、风扇电动机驱动模块、按键模块和温度检测模块组成。其系统框图如图 12-58 所示。

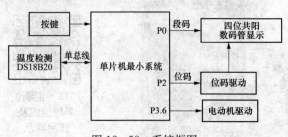

图 12-58　系统框图

三、硬件设计

系统原理图如图 12-59 所示。

（1）温度检测采用 DS18B20 采集温度 0～99.9℃。

（2）显示选用四位一体数码管，显示风扇挡位和当前温度，如 1-26，1 代表当前是 1 挡，26 代表当前温度是 26℃；H-38，H 代表当前设置温度的上限值，26 代表上限温度是 26℃；L-5，L 代表当前对温度的下限进行设置，5 代表下限温度是 5℃。

（3）按键。S1 为设置键、S2 加键、S3 减键。按一次 S1 设置键可以设置上限，再按下 S1 设置下限，第 3 次按下 S1 进入正常显示，如此循环；在上下限温度值设置过程中，通过 S2 和 S3 键能够进行温度的加减调整。

（4）利用 PWM 进行调速控制。当温度低于下限时，风扇不转动；当温度处于上、下限之间时，1 挡转动（50%的转速）；当温度超过上限时，风扇全速转动。

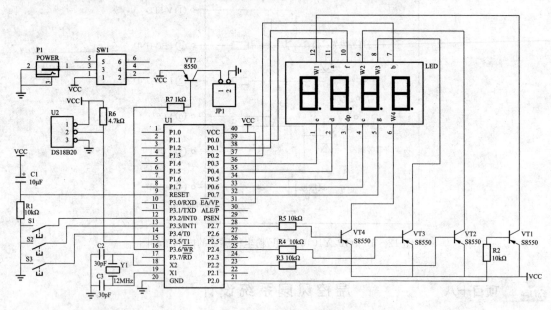

图 12-59　系统原理图

四、软件设计

主程序流程图如图 12-60 所示。

五、实物展示

系统实物照片如图 12-61 所示。

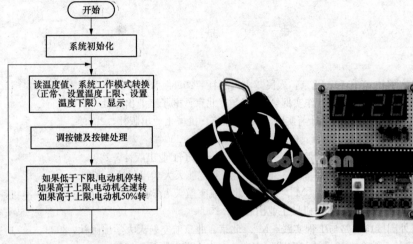

图 12-60　主程序流程图

图 12-61　实物照片

六、设计制作要点

（1）JP1 用来接直流电动机。

（2）显示的三种模式对应系统的三种工作方式，即正常、设置温度上限、设置温度下限。

参 考 文 献

[1] 陶春鸣，等. 单片机实用技术［M］. 北京：人民邮电出版社，2008.

[2] 瓮嘉民，等. 单片机典型系统设计与制作实例解析［M］. 北京：电子工业出版社，2014.

[3] 谢楷. MSP430 系列单片机系统工程设计与实践［M］. 北京：机械工业出版社，2009.

[4] 楼然苗. 51 系列单片机实例［M］. 北京：航空航天大学出版社，2004.

[5] 李学礼. 基于 Proteus 的 8051 单片机实例教程［M］. 北京：电子工业出版社，2008.

[6] 马忠梅. 单片机的 c 语言应用程序设计［M］. 北京：北京航空航天大学出版社，2007.

[7] 楼然苗，李光飞. 单片机课程设计指导［M］. 北京：北京航空航天大学出版社，2007.

[8] 朱运利. 单片机技术应用［M］. 北京：机械工业出版社，2005.

[9] 刘同法，等. 单片机外围接口电路与工程实践［M］. 北京：北京航空航天大学出版社，2009.

[10] 田良，黄正瑾，陈建元. 综合电子设计与实践. 南京：东南大学出版社，2010.

[11] 张桂香. 单片机现场应用中的几个技术问题［M］. 湖北：华中科技大学出版，2007.

[12] 石东海. 单片机数据通信技术从入门到精通［M］. 西安：西安电子科技大学出版社，2000.

[13] 王东锋，等. 单片机 C 语言应用 100 例［M］. 北京：电子工业出版社，2009.

[14] 杨振江，杜铁军. 流行单片机实用子程序及应用实例［M］. 西安：西安电子科技大学出版社，2002.

[15] 侯玉宝，等. 基于 Proteus 的 51 系列单片机设计与仿真［M］. 北京：电子工业出版社，2008.

[16] 周航慈. 单片机应用程序设计技术（修订版）［M］. 北京：北京航空航天大学出版社，2003.

[17] 田立，等. 51 单片机 C 语言程序设计快速入门［M］. 北京：北京航空航天大学出版社，2008.

[18] 杨居义. 单片机课程设计指导［M］. 北京：清华大学出版社，2009.

[19] 彭伟. 单片机 C 语言程序设计实例 100 例—基于 8051＋Proteus 仿真［M］. 北京：电子工业出版社，2009.

[20] 李朝青. 单片机原理及接口技术［M］. 北京：北京航空航天大学出版社，2006.

[21] 万光毅，严义. 单片机实验与实践教程（一）［M］. 北京：北京航空航天大学出版社，2003.

[22] 夏继强，沈德金. 单片机实验与实践教程（二）［M］. 北京：北京航空航天大学出版社，2001.

[23] 周兴华. 手把手教你学单片机［M］. 北京：北京航空航天大学出版社，2005.

[24] 李广弟，等. 单片机基础（修订本）［M］. 北京：北京航空航天大学出版社，2001.

[25] 徐爱钧，等. 单片机高级语言 C51 Windows 环境编程与应用［M］. 北京：电子工业出版社，2001.